AF452231

INDUSTRIES AGRICOLES

(DISTILLERIES)

PAR

M. CH. BARBIER

EXTRAIT

DE

L'ENCYCLOPÉDIE PRATIQUE DE L'AGRICULTEUR

PUBLIÉ PAR MM. FIRMIN DIDOT FRÈRES, FILS ET Cie

PARIS

TYPOGRAPHIE DE FIRMIN DIDOT FRÈRES, FILS ET Cie

IMPRIMEURS DE L'INSTITUT, RUE JACOB, 56

1863

INDUSTRIES AGRICOLES.

(DISTILLERIES.)

INDUSTRIES AGRICOLES. (*Econ. rurale.*) — Sous la dénomination d'industries rurales nous ne comprenons que les fabrications qui appartiennent essentiellement au domaine agricole, dont elles complètent pour ainsi dire les travaux culturaux. Leur caractère est d'être à la portée de toutes les exploitations et de s'alimenter sur la ferme sans emprunter à autrui.

Les sucreries, huileries, meuneries, etc., ont bien avec l'agriculture des rapports intimes, et elles lui apportent toujours un précieux auxiliaire ; mais elles sont rarement à sa portée : elles s'alimentent commercialement et se rattachent plutôt à l'industrie proprement dite. Nous les retrouverons au mot TRAVAUX INDUSTRIELS annexés à l'agriculture.

Les industries rurales sont de deux sortes. Les beurreries, fromageries, salaisons (*voy.* LAITERIE, etc.) ont pour but de procurer, sous une forme plus facilement vendable ou transportable, l'écoulement des produits directs destinés à la consommation de l'homme. On peut en dire autant de la fabrication des eaux-de-vie, des vins, des cidres, etc.

D'autres traitent des matières spécialement ou exclusivement destinées à la nourriture des animaux. Dans celles-ci, le produit fabriqué n'est guère considéré que comme un moyen d'abaisser le prix de revient cultural de ces matières ; le but principal est d'assurer, par l'emploi des résidus, la production à bon marché des engrais.

Les féculeries de pomme de terre, qui se rattachent à cette seconde catégorie, ont été précédemment décrites.

Dans cet article nous nous occuperons des distilleries. Nous nous étendrons particulièrement sur celles qui traitent des racines ou des céréales de second ordre, et qui sont appelées à jouer un rôle si important.

Dans ces dernières années, l'opinion publique en France, a accueilli avec une telle faveur tout ce qui se rattache à ces questions qu'on serait tenté d'y voir un engouement peu réfléchi. Et pourtant, quand on étudie leur portée, quand on se rend compte de la diversité des intérêts qui y sont engagés, on reconnaît que l'opinion n'a été que bien inspirée et que, sous les allures modestes des industries agricoles, elle a pressenti avec raison toute une révolution économique.

L'industrie de la distillation occupe le premier rang. En exonérant les produits bruts destinés aux animaux d'une partie des frais qu'ils occasionnent, pour les reporter sur un élément qui ne remplit dans l'alimentation qu'un rôle relativement secondaire, tandis qu'il acquiert une valeur commerciale importante, elle est le pivot de toutes les améliorations réalisables en agriculture.

Fourrages, bétail, engrais, fertilité ne sont que les termes successifs d'une même donnée. On reste le maître des autres dès qu'on obtient le premier à bon marché.

Sous l'impulsion industrielle, l'extension de la culture des racines exerce son influence sur l'ensemble de l'économie rurale. Elle équilibre les récoltes ; elle obvie aux intempéries ; elle assure les résultats généraux et elle agrandit le cercle des débouchés.

Au point de vue social, en créant du travail pour tous les bras et à toutes les époques, l'usine réagit contre la tendance de l'émigration vers les villes, cause sérieuse de perturbations dont on s'alarme à bon droit, mais contre laquelle tous les pouvoirs se sentent impuissants.

Elle donne la sécurité du travail et la suffisance du salaire qui peuvent seules rattacher l'ouvrier aux campagnes.

Ajoutons enfin que, selon la pensée profonde

et vraie du vénérable doyen de l'agriculture, M. Darblay l'aîné, « elle a non-seulement pour « effet d'améliorer et d'accroître la production « du sol, mais elle est encore pour les ouvriers « ruraux une bonne fortune. Elle leur donne « une idée de l'influence de la science et de « l'excellence des machines; elle relève à la « fois leur intelligence et leur dignité. »

Tels sont les bienfaits que procure l'annexion de l'industrie à l'agriculture, dans les conditions de solidarité et de fusion intime où elle se présente lorsque l'usine est installée dans la ferme.

D'ingénieux efforts se succèdent pour ramener à cette échelle la grande industrie sucrière, ou tout au moins pour assurer à la ferme le bénéfice des premières transformations. On ne saurait trop y applaudir, et le cadre ne sera jamais trop élargi.

Toutefois, il ne faut pas s'exagérer l'importance des résultats. Le champ de la sucrerie est limité dans nos climats à une seule plante, la betterave; tandis que la distillerie s'adresse aux neuf dixièmes de nos produits culturaux. Aussi, aucune industrie ne réalise mieux que celle-ci le programme agricole par l'abondance ainsi que la diversité des matières qu'elle peut employer; par la facilité avec laquelle elle se prête aux conditions si variées de l'exploitation, et par l'immensité des débouchés ouverts à sa production. (*Voyez* ALCOOL, ALCOOMÉTRIE.)

Avec le sol et le climat que la Providence nous a si généreusement départis, nul ne peut prévoir à quel degré de prospérité s'élèverait notre agriculture le jour où l'utilité de la distillerie serait appréciée comme elle doit l'être, et où dans chaque ferme l'alambic aurait pris place à côté de la charrue.

Si on a pu dire avec une profonde vérité que pas une goutte d'eau ne devait aller à la mer sans avoir fait pousser un brin d'herbe; on peut dire aussi que pas une racine, pas un grain, pas un fruit ne doivent aller à la mangeoire sans avoir passé par l'alambic.

A la faveur de 18 à 20,000 distilleries de grains ou de racines, la Prusse et l'Allemagne peuvent envoyer leur bétail jusque sur nos marchés.

La Belgique, qui n'a que 5,000,000 d'habitants ne compte pas moins de 700 distilleries. Malgré l'élan provoqué par les circonstances exceptionnelles des dernières années, en avons-nous autant pour 30,000,000 d'habitants de plus?

§ 1. *Historique.*

Les expressions *al-ka-ol, al-cool, al-ambic,* ont pu faire attribuer aux Arabes l'invention de l'art de la distillation, ou au moins faire penser que c'est par eux qu'il a été connu en Europe.

Dans son histoire de la chimie, Hoefer lui attribue une origine beaucoup plus ancienne. Pline décrit un procédé distillatoire très-curieux qui prouve combien l'esprit humain est habile à faire varier les moyens pour arriver au même but. « On allume, dit-il, du feu, sous le pot « qui contient la résine; une vapeur (*halitus*) « s'élève et se condense dans de la laine qu'on « étend sur l'ouverture du pot et qu'on exprime « pour en extraire l'huile. » Ce procédé, dont Pline ne prétend pas être l'inventeur, reporterait déjà cette découverte au delà de deux mille ans.

M. de Humboldt rappelle aussi un passage d'Aphrodise, le célèbre commentateur d'Aristote : « On rend, dit-il, l'eau de mer potable en la « vaporisant dans des vases placés sur le feu, et « en recevant la vapeur condensée sur des cou-« vercles. »

Il ajoute qu'on peut « traiter de même le vin et d'autres liquides ».

Quelle qu'en soit l'origine, controversée d'ailleurs, c'est seulement au treizième siècle qu'on trouve, dans les auteurs, Armand de Villeneuve et Raymond de Lulle de Palma, l'indication des procédés employés à la fabrication des alcools ou eaux-de-vie. Limitée pendant plusieurs siècles au traitement des vins, cette industrie a vu dans les temps modernes étendre son domaine à mesure que les découvertes de la science augmentaient la nomenclature des matières alcoolisables.

§ 2. *Matières alcoolisables.*

On peut les diviser en trois catégories :

1° Les liquides vineux ou fermentés, tels que les vins, bières, cidres, poirés;

2° Les matières contenant le sucre tout formé et susceptibles de passer immédiatement à l'état vineux sous l'action d'un ferment, telles que les sucres, les fruits juteux, les racines sucrées;

3° Enfin, les matières dans lesquelles le sucre n'existe pas tout formé, mais se forme secondairement aux dépens de l'un des éléments qu'elles contiennent, par une opération nommée saccharification : telles sont les fécules, les racines et fruits féculents et les céréales.

En principe, la distillation consiste à réduire des liquides en vapeur, par l'action de la chaleur, et à les ramener ensuite, avec d'autres caractères, à l'état liquide, en les condensant par le refroidissement. Son but est d'isoler certains corps fixes ou des corps d'une volatilité différente, tels que les huiles essentielles, les éthers, les alcools, etc.

L'alcool n'est qu'une tranformation du sucre, et le sucre existe dans tous les corps qui ont eu vie.

La chimie actuelle connaît six à sept espèces d'alcools obtenues, dans le laboratoire, de diverses substances dans lesquelles, d'après les idées ayant cours vulgairement, on s'étonnerait de les rencontrer. Mais jusqu'ici l'industrie ne s'est adressée qu'aux matières que nous venons d'énumérer.

Dans cette limite, quelle que soit la matière

sucrée et sa forme, jus, bouillie, ou morceaux, *on ne peut distiller que du vin*, c'est-à-dire un liquide ayant reçu et conservé intacte la fermentation vineuse. Toutes choses égales d'ailleurs, la quantité d'alcool obtenue est toujours en raison de la quantité de sucre transformé par cette fermentation, et désignée sous le nom de richesse du vin.

Les types principaux de ces liquides vineux, qui servent à la consommation de l'homme et peuvent être distillés directement, sont, ainsi que nous l'avons vu, les vins de raisin, les bières, cidres et poirés.

La richesse des principaux vins de raisin a été indiquée à l'article ALCOOMÉTRIE.

Voici, d'après M. Lacambre, celles des bières les plus renommées :

Quantité d'alcool pour 100, en volume.

Ale d'exportation de Londres...	de 7	à 8 (1).
Ale de Hambourg..............	5 1/2	à 6
Ale ordinaire de Londres.....	4	à 5
Porter d'exportation...........	5	à 6
Porter ordinaire de Londres....	3	à 4
Salfator de Munich............	5	à 6
Bock de Munich...............	4	à 5 1/2
Bière ordinaire de Bavière.....	3	à 4
Lambick de Bruxelles.........	4 1/2	à 6
Faro de Bruxelles.............	2 1/2	à 4
Bière de Diest (*Gulde beer*).....	3 1/2	à 6
Peeterman de Louvain.........	3 1/2	à 5
Bière blanche de Louvain, 1re qualité.................	2 1/2	à 3 1/2
Double uytzet de Gand.......	3 1/4	à 4 1/2
Simple uytzet de Gand........	2 3/4	à 3 1/2
Bière d'orge d'Anvers.........	3	à 3 1/2
Bière forte de Strasbourg......	4	à 4 1/2
Bière forte de Lille...........	4	à 5
Bière blanche de Paris........	3 1/2	à 4

Nous avons réuni, dans le tableau suivant, des données, empruntées aux auteurs ou accusées par des distillateurs, sur le rendement pratique des autres matières alcoolisables exploitées ou susceptibles de l'être. Quelques-unes sont plus spécialement à la portée de la petite culture, et pourraient être associées dans un même travail. Toutefois, l'influence qu'exercent sur les rendements la qualité des matières et la bonne marche de l'opération est si considérable, qu'on ne doit demander à ces chiffres que des approximations, en les considérant comme des éléments de comparaison plutôt que comme des résultats exacts en industrie.

(1) « Les chiffres consignés ici, dit M. Lacambre, sont les « résultats moyens d'une multitude d'expériences direc- « tes que, pour la plupart, j'ai faites et répétées moi- « même avec le plus grand soin ; toutefois, je ne puis « garantir l'exactitude parfaite de tous les chiffres que je « donne, vu les variations rapides et importantes que les « bières subissent avec l'âge. Les chiffres que je donne « doivent être considérés comme des moyennes entre « les deux états extrêmes de fermentation. Les premiers « chiffres doivent être attribués à des bières très-jeu- « nes et les seconds à des bières faites, c'est-à-dire vieil- « les pour leur espèce, mais encore potables. »

RENDEMENT PRATIQUE EN ALCOOL à 100 DEGRÉS PAR 100 KILOGRAMMES DE MATIÈRES.

Le premier chiffre donne les quantités au-dessous desquelles il y a indication de mauvais travail ou de mauvaises matières ; le second donne les limites actuelles d'un très-bon travail sur de bonnes matières, et n'est guère dépassé industriellement.

SUCRES.		Litres.
Sucre bonne cassonade (1)........	36	à 45
Glucose sec et compact...........	34	à 41
Mélasse des colonies à 39° Baumé...	14	à 21
— des betteraves...........	12	à 17
Miel à 36° Baumé..............	19	à 32

FRUITS SUCRÉS.		
Cerises à kirsch..................	3	à 4,50
Prunes à kirch, couetsches fraîches.	4	à 5
Pruneaux de couetsches..........	7	à 9
Groseilles......................	3,50	à 5
Figues fraîches.................	5	à 7
— sèches...............	20	à 25
Mûres, framboises..............	4	à 7
Sureau.......................	3,50	à 5
Fruits amassés, pommes, poires et prunes qui contiendraient à l'état mûr environ 6 pour 100 de sucre (2).....................	1,50	à 2,50
Melons........................	5	à 7
Potirons et citrouilles, espèces sucrées (3)....................	3,50	à 5

TIGES ET RACINES.		
Cannes à sucre.................	8	à 10
Tiges de sorgho (4).............	3	à 5
— de maïs (5).................	4	à 5
— de millet..................	2	à 3,50
Racines de chiendent...........	1,50	à 3
Betteraves (6).................	3,50	à 5

(1) Le sucre pur ou cristallisé donne théoriquement, par 100 kilog., 51 kilog. 12 d'alcool absolu (anhydre), soit 63 à 64 litres d'alcool à 100°. Il n'est d'ailleurs jamais employé en cet état pour la distillation.

(2) Cette indication se rapporte aux mélanges de fruits gâtés ou amassés un peu verts, qu'on met au fur et à mesure dans un tonneau. En Normandie, on admet, d'après M. Lacambre, que 1,000 kilog. de pommes bien mûres donnent 8 hectolitres de cidre bonne qualité, contenant 6 pour 100 en volume d'eau-de-vie à 20° Cartier, ce qui fait 2 litres 50 d'alcool pour 100 kilog. de pommes. M. Lacambre ajoute que l'on peut dépasser de beaucoup ce rendement en faisant cuire les fruits par un barbottage de vapeur avant de les soumettre à la fermentation.

(3) Si on appliquait à la grande culture les résultats moyens de la culture maraîchère on trouverait, par hectare, un rendement dépassant en poids 100,000 kilog. et en alcool 40 hectolitres, ou le double de ce que l'on obtient d'un hectare de betteraves. En tenant compte de l'exagération de ces chiffres, la culture de ces fruits n'en mérite pas moins d'être essayée, au point de vue de l'alcoolisation.

(4) M. Leplay accuse un rendement de 6,5 par son système. Des expériences suivies en Afrique prouvent que si le produit traité par la trituration ne s'élève pas à plus de 4 pour 100, il peut atteindre par la macération 5 ou 6 pour 100. Mais alors il est nécessaire de distiller la canne fraîche, qui s'altère rapidement. Le produit d'un hectare en Afrique, dans de bonnes conditions, est d'environ 30,000 kilog.

(5) Tiges dépouillées de leurs feuilles.

(6) Lorsque nous traiterons de la distillation des betteraves, nous verrons les écarts considérables que présente leur titre saccharin selon les espèces, la nature du sol, les engrais employés.

	Litres.
Carottes....................	3,50 à 5
Navets, rutabagas..............	2 à 4
Panais	3 à 4
Topinambours.................	4,50 à 6,50
Asphodèle frais (1)............	4 à 7

MATIÈRES FÉCULENTES.

Céréales. Blés durs..	24	à 26
— Touzelles................	28	à 30
— Brie	27	à 29
— Seigle	24	à 27
— Orge	21	à 25
— Avoine	19	à 22
— Maïs	28	à 31
— Millet, panis.............	26	à 29
Sarrasin..................	24	à 27
Riz	35	à 37
Riznza (2)...............	29	à 31
Pommes de terre...	5	à 7
Fécules blanches sèches........ ...	34	à 40
Châtaignes vertes......•... ...	12	à 16
Glands verts (3)............	5	à 8
Marrons d'Inde (3)...	6	à 9
Légumineuses. Feves de marais...	12	à 15
— Haricots..........	15	à 17
— Pois............		id.
— Lentilles...........		id.

§ 3. *Des fermentations.*

La théorie chimique de la fermentation a été exposée à ce mot. On a vu qu'il existe un grand nombre de fermentations qui ont reçu le nom du principal produit de la réaction.

Celle dite *vineuse* ou *alcoolique* est la plus intéressante pour le distillateur, puisque c'est par elle que doivent passer, ainsi que nous l'avons dit, au moyen d'un traitement approprié, toutes les matières soumises à la distillation.

Nous allons d'abord en rappeler ici les principes généraux, en nous appuyant sur l'excellent traité de M. Dubrunfaut, qui est resté l'ouvrage classique sur cette industrie. Lorsque nous passerons en revue les principaux groupes des matières qui sont communément employées, nous indiquerons les conditions spéciales que cette fermentation exige selon leur nature ou le procédé employé.

Fermentation vineuse. — Le phénomène de la fermentation vineuse ne s'accomplit que par la réunion de cinq agents : 1° sucre, 2° eau, 3° chaleur, 4° ferment, 5° air.

Si leur concours est indispensable, le rôle de chacun d'eux diffère.

1° Le *sucre* est l'élément inerte, pour ainsi parler, du travail. Son rôle est passif; c'est sur lui que s'exerce l'action des autres pour opérer sa décomposition ou transformation. Il donne alors naissance à de l'alcool et à de l'acide carbonique, chacun pour à peu près la moitié de son poids avec une légère perte. Le premier reste combiné au liquide; le second se dégage. Pour apprécier *a priori* le rendement d'une cuve, on en pèse le moût à l'aréomètre; on calcule le poids du sucre; et, en introduisant un coefficient pratique, d'après la quantité des sels divers que contient le moût, l'évaporation, etc., on arrive à des approximations assez exactes.

2° *L'eau* est, dans toute la nature, l'un des agents les plus puissants de la désorganisation des corps. C'est grâce à l'état de dissolution auquel elle amène les matières sucrées que le ferment peut intervenir utilement. Aussi c'est de la proportion dans laquelle elle s'y trouve associée que dépendent la régularité, la rapidité de la marche, et la transformation complète.

M. Duplais cite une expérience intéressante à laquelle il s'est livré en 1854, et qui démontre l'influence de cette proportion. L'opération a porté sur 5 cuves de 25 hectolitres à une température de 20° centigrades. Chacune a reçu un mélange de 300 kilog. de mélasses de raffinerie de sucre candi (215 litres à 42°) et d'une certaine quantité d'eau. Les résultats sont consignés dans le tableau suivant:

Nº de la cuve.	Nombre de litres résultant du mélange.	Densité du mélange au pèse-sirop.	Nombre de jours qu'a duré la fermentation.	Rendement en alcool à 100°.	Proportion en alcool pur pour 100 du moût.
		degrés.		litr. centil.	
1	600 à	15	8	78 75	26,25
2	750	12	5	83 55	27,85
3	1,000	9	3	90 45	30,15
4	1,500	6	2	93 15	31,05
5	2,250	4	1	93 90	31,30

3° La *chaleur* est un autre agent de décomposition. Par ses proportions elle exerce une influence analogue à celle de l'eau sur la marche de la fermentation vineuse. A 0° celle-ci ne se produit pas. Elle commence au-dessus de 10; au-dessus de 30, elle passe facilement à la fermentation acétique; enfin, à la température de l'ébullition, tout pouvoir fermentescible est complétement anéanti. L'échelle thermométrique est donc comprise utilement entre 10 et 30°.

On ne doit pas perdre de vue que, toutes choses égales d'ailleurs, l'accroissement de la température est proportionnel à la masse en fermentation, et qu'il faut par conséquent une température initiale d'autant plus grande relativement que la masse à fermenter est plus petite. D'après M. Dubrunfaut, elle devrait être :

pour une cuve de 5 hectolitres....	25 à 28
de 10.................	20 à 25
de 20.................... ...	15 à 20
de 30 à 100 hect. et au-dessus....	12 à 15

mais ces données s'appliquent plutôt à la con-

(1) L'asphodèle ne pouvant être l'objet d'une culture, son exploitation ne s'adresse qu'à l'état sauvage, et reste nécessairement exceptionnelle et transitoire.

(2) Résidus du perlage du riz.

(3) Les résultats de ce travail ont été jusqu'à ce jour peu encourageants à cause du rôle que jouent les tannins contenus dans ces fruits.

duite des moûts artificiels qu'à celle des moûts naturels, comme les moûts de raisin, de fruits juteux, etc. Elles doivent avoir aussi pour coefficient le titre saccharin du moût, etc.

4° et 5° *L'air et les ferments.* Le rôle de *l'air* dans la fermentation et la nature ainsi que l'action des *ferments* sont restés pendant longtemps les points les plus obscurs de la chimie. Ils sont encore controversés aujourd'hui, malgré les remarquables travaux de MM. Pasteur et Berthelot.

Pour la pratique, il nous suffira de savoir que l'intervention de *l'air* est une nécessité démontrée; mais cette nécessité paraît n'être que passagère. Du moment où le moût a reçu le mouvement, le renouvellement de l'air est inutile. Il peut même, dans certaines circonstances, devenir nuisible en produisant l'acétification. Pour le moût du raisin, notamment, il doit être évité avec soin, surtout vers la fin de la fermentation, alors que cesse la production du gaz acide carbonique, qui s'interposait comme un couvercle.

Quant aux *ferments*, on désigne sous cette dénomination des substances organiques azotées qui paraissent être spécialement les agents provocateurs de la décomposition. De sorte que pratiquement on pourrait concevoir la fermentation vineuse comme l'ensemble des phénomènes qui s'accomplissent avec le concours de *l'eau*, de la *chaleur* et de *l'air* en proportions convenables, par l'influence d'un élément actif, le *ferment*, sur un élément passif, le *sucre*, pour le transformer en alcool.

Chaque nature de ferment donne lieu à une fermentation *sui generis*. Plusieurs *ferments* agissent simultanément, d'autres n'agissent que successivement. Dans le même milieu deux ferments n'ont jamais une égale énergie. La prédominance de l'un paralyse et même pour certains détruit l'action des autres.

Toutes les matières azotées peuvent, dans des conditions données, jouer le rôle de ferments vineux. Mais c'est toujours à la levûre de bière que l'industrie s'adresse de préférence, à cause de l'énergie de son action. L'essentiel est de l'obtenir de bonne qualité. Plus elle est fraîche mieux elle vaut.

On reconnaît que la levûre est acide lorsqu'elle rougit le papier bleu de tournesol, et quelques gouttes de teinture d'iode, dans une dissolution refroidie obtenue par l'eau bouillante trahissent, par une coloration en bleu, la présence de la fécule avec laquelle on falsifie souvent les levûres sèches.

Le dégagement du gaz acide carbonique commence du moment où la fermentation vineuse s'établit. Son intensité est en rapport avec l'activité de celle-ci, et il prend fin en même temps qu'elle.

De tous les points de la masse où il se forme, il entraîne et remonte à la surface de la cuve les matières en suspension qui forment ce qu'on appelle le chapeau. Il les y soutient tant qu'il se produit. La chute du chapeau est donc une indice certain de l'achèvement de la fermentation.

Le développement de la chaleur dans la cuve est toujours en raison directe de la quantité d'acide carbonique formé. On doit tenir compte de cette donnée pour apprécier la température initiale à fournir, ainsi que nous l'avons dit précédemment.

La fermentation *vineuse* ne s'exerce que sur le sucre. Elle est terminée dès que celui-ci est entièrement converti en alcool.

Fermentation acétique. — Après cette conversion, si on laisse le vin exposé au renouvellement de l'air en présence d'une température élevée (au-dessus de 30° centigrades), il se produit, sous l'influence de l'oxygène, une fermentation d'une autre nature, qui s'exerce sur l'alcool et le transforme à son tour. C'est la fermentation *acétique*, d'autant plus redoutable que les conditions qui favorisent la fermentation vineuse la favorisent également. Seulement elle paraît due surtout à leur exagération : intervention constante de l'air; échelle de la température commençant où l'autre finit; ferment en excès, etc.

Les levains particuliers qu'elle fournit sont de la plus grande énergie, et la présence d'une très-petite quantité d'acide acétique qui se serait produit après le travail d'une cuve peut entraîner l'acétification d'une nouvelle charge, même à une température basse relativement. On évite ces dangers par des soins de propreté, le lavage à l'eau de chaux du matériel en chômage et une surveillance attentive de la marche de l'opération.

Une remarque importante, c'est que la fermentation acétique ne produit pas de gaz acide carbonique. Un ralentissement du dégagement de ce gaz dans la fermentation vineuse est un symptôme sur lequel doit se porter l'attention.

Avant de distiller les vins qui ont subi un commencement d'acétification, on neutralise l'acide au moyen de la craie.

Fermentation putride. — A la suite de la destruction de l'alcool par la fermentation acétique et en présence d'un excès de substances azotées se produit la fermentation *putride*, qui est le dernier terme de cet ordre de décomposition.

Ainsi, dans le phénomène complexe de décomposition ou *pourriture* (comme la nomme Liebig), des substances organiques, on remarque d'abord la destruction des matières sucrées, *fermentation vineuse;* ensuite la destruction des matières alcooliques, *fermentation acide ou acétique;* enfin la destruction des matières azotées, *fermentation putride.*

Fermentation visqueuse et lactique. — A côté de celles-ci peuvent se présenter deux autres fermentations, auxquelles on a donné le nom de *fermentation visqueuse* et *fermentation lactique*. Elles agissent sur les matières sucrées ou amylacées en les transformant, la première en une sorte de substance gommeuse, la seconde en *acide lactique*. Celle-ci, que l'on confond très-souvent avec la fermentation acétique, en diffère essentiellement dans ses causes, dans sa marche et dans ses résultats. Nous aurons occasion d'y revenir en nous arrêtant sur les fermentations spéciales des diverses matières alcoolisables. Contentons-nous de signaler ici qu'elle a pour caractères essentiels de s'exercer dans une liqueur neutre et de n'exiger ni la présence de l'alcool tout formé ni l'intervention continue de l'oxygène de l'air.

Ces altérations sont principalement dues à l'insuffisance de l'énergie du ferment vineux. Les levains spéciaux qui en résultent sont plus dangereux encore que ceux de la fermentation acétique. On les détruit dans le matériel par un lavage à l'eau acidulée dans la proportion de 6 à 8 pour 100 d'acide sulfurique à 66°. Enfin, on les combat dans les moûts par le tannin et l'acide sulfurique dans une proportion qui peut aller, selon les circonstances, jusqu'à 5 millièmes.

Dans la plupart des usines agricoles, les cuves sont placées dans le même local que la distillerie, et profitent de la chaleur produite par les appareils. Dans les usines importantes, la fermentation s'opère dans un local spécial. Tout doit y être disposé de telle sorte qu'on puisse en régler la température à volonté et se débarrasser du gaz acide carbonique, dont l'action est si délétère sur la santé des ouvriers. Le sol sera, autant que possible, dallé d'une manière imperméable et lavé fréquemment. On ne saurait trop insister sur les soins de propreté dans l'usine et le matériel. C'est la plupart du temps dans ces soins qu'est le secret des bons rendements. La présence, même en très-petite quantité, de l'un des mauvais ferments que nous avons indiqués, suffit pour provoquer des altérations dans le travail et compromettre les résultats.

§ 4. *De la distillation.*

La distillation s'opère dans des appareils spéciaux, nommés *alambics* ou *appareils distillatoires*. Leur nombre est considérable et leurs formes sont très-variées.

Depuis l'alambic primitif en verre, décrit par Raymond de Lulle et encore usité dans tous nos laboratoires de chimie, jusqu'aux appareils continus à condensateur les plus parfaits d'aujourd'hui, le caprice de l'invention a enfanté de nombreuses et quelquefois bien bizarres combinaisons. Leur curieuse nomenclature ne présenterait qu'un intérêt historique.

L'air a été pendant longtemps seul employé à la condensation. On comprend combien son action était lente et incomplète. Au dix-septième siècle, Nicolas Lefèbvre appliqua l'eau au chapiteau dans un appareil qui est toujours en usage chez nos pharmaciens. Quelque temps après, Porta imagina le serpentin, et Glauber l'alambic, que Woulf copia dans l'appareil de laboratoire qui porte son nom.

Vers le commencement du dix-huitième siècle, l'art du distillateur passa du laboratoire dans l'atelier. A l'industrie, il fallait des appareils économisant le combustible et abrégeant l'opération. Argant lui donna le chauffe-vin. Édouard Adam, s'inspirant des précédents et, dit-on, de l'appareil de Woulf, fit sortir la construction des anciens errements pour lui ouvrir la voie qu'elle suit aujourd'hui.

Enfin, vers 1808, par l'appareil de Cellier-Blumenthal, procurant la distillation continue, tous les desiderata de la fabrication se trouvèrent remplis. C'est cet appareil, modifié par Derosne, qui est aujourd'hui le type autour duquel sont venus se grouper les perfectionnements de détail de notre époque.

Tous les appareils anciens étaient construits pour le traitement des vins. Lorsque l'industrie a demandé l'alcool à des matières pâteuses ou en morceaux, elle a dû approprier les moyens de travail à ces nouveaux besoins. Les appareils spéciaux qu'elle emploie dans ce cas forment une classe à part, mais ils sont toujours construits sur les mêmes principes physiques que les autres.

Il n'entre pas dans le cadre de cet article de passer en revue la série des appareils qui sont entre les mains de l'industrie. Nous en donnerons seulement la classification, en réservant les dessins et la description pour les appareils spéciaux, pour ceux qui peuvent le mieux s'approprier aux besoins de l'agriculture, ou qui, présentant des avantages particuliers, sont encore peu connus.

Abstraction faite des sels et des parties solides, on donne le nom de *vin* au mélange *d'eau* et *d'alcool* qui résulte de la *fermentation vineuse*. La distillation fournit le moyen d'isoler *l'alcool*. L'opération est fondée sur la propriété qu'il possède de se vaporiser à la température de 79°7, tandis que l'eau exige 100 degrés. En amenant le mélange à une température supérieure à 80 et inférieure à 100, l'alcool se vaporise et se dégage, tandis que l'eau reste. Du moment où les vapeurs alcooliques passent dans un milieu plus froid que celui de leur température initiale, elles se condensent, et sont recueillies à l'état liquide.

Telle est, dans ses termes élémentaires, la loi de la distillation des vins.

Les organes essentiels de cette opération sont donc : 1° une chaudière ou cucurbite, dans laquelle se produit la vapeur alcoolique; 2° un tuyau formant le couvercle de la chaudière pour recevoir et conduire cette vapeur; 3° un réfrigérant dans lequel elle se condense.

Leur réunion forme l'*alambic simple*, dont l'emploi s'est continué, comme nous l'avons dit, dans plusieurs industries. Il suffit pour réaliser une distillation complète, et lorsqu'il **est** bien conduit, il peut donner des produits d'aussi bonne qualité que les appareils les plus compliqués. Sous le nom d'alambic à tête de Maure, c'est le seul connu dans les pays vignobles où la distillation en eaux-de-vie, des marcs et de quelques fruits est pratiquée en petit. Il sert à la bouillée des vins comme à celle des matières semi-fluides. C'est avec lui qu'au contact de l'Allemagne nos contrées de l'est se sont depuis longtemps familiarisées avec la distillation des pommes de terre. Ses imperfections ne doivent faire oublier ni les services qu'il a rendus ni ceux qu'il peut rendre encore. Son bas prix et sa simplicité le mettent à la portée des plus modestes exploitations, et c'est encore à lui qu'il faut demander de faire descendre l'idée industrielle dans les masses agricoles, car c'est là qu'elle portera tous ses fruits.

Nous venons de parler de ses imperfections. Leur examen nous conduira à la classification des divers systèmes d'appareils, celui-ci étant *le premier*.

Afin que l'alcool se dégage seul, nous avons vu que la température doit être maintenue entre 80 et 100 degrés. Cette condition exige une grande surveillance de la part du bouilleur. Dans ces limites étroites, un coup de feu vaporise l'eau, mélange ses vapeurs à celles alcooliques et affaiblit le produit. L'alcool d'ailleurs, en raison de son affinité pour l'eau, en entraîne toujours avec lui. Les premières vapeurs sont toujours les plus riches. Cette richesse diminue progressivement jusqu'à l'épuisement, qui se reconnaît lorsque les produits, sortant à une température régulière de 10 degrés centésimaux, ne marquent plus que 10 degrés à l'*aréomètre* (*voyez* ce mot). On a ainsi une richesse moyenne qui constitue le *degré alcoométrique* ou *titre* du produit. Alors, tant qu'il reste inférieur à celui qu'on veut obtenir, il devient nécessaire de procéder, sur ce produit, à une ou plusieurs nouvelles opérations qu'on nomme *rectifications*. D'où une grande dépense de temps et de combustible.

Ensuite, le réfrigérant n'opère qu'à la condition de maintenir, par un renouvellement de l'eau, le tuyau que parcourent les vapeurs dans un milieu où la température soit assez basse pour opérer leur condensation. D'où une perte de la chaleur transmise à cette eau. Enfin, l'eau épuisée dans la chaudière a reçu une somme de chaleur qui se trouve également perdue lorsqu'on la remplace par de nouvelles matières à distiller.

Toutes les modifications qu'on a fait subir à l'appareil simple ont eu pour but d'éviter ces pertes de chaleur et d'obtenir le titre voulu avec plus de rapidité.

La première est celle qui constitue le *deuxième système*, désigné sous le nom de *système à chauffe-vin et à double effet.*

Elle consiste à utiliser la température abandonnée par la condensation d'une partie des vapeurs au chauffage du vin à distiller ou des flegmes à rectifier.

L'organe de cette fonction se nomme le *chauffe-vin*. Il s'interpose entre la chaudière et le réfrigérant à un niveau supérieur à tous les deux. Il est construit sur les mêmes principes que le réfrigérant. Il se compose d'un serpentin noyé dans une cuve et que traversent les vapeurs avant d'arriver au réfrigérant. Ici la cuve est hermétiquement fermée par un couvercle et remplie des liquides à distiller. Ils y sont amenés, par ce courant de vapeur, à une température élevée. Les vapeurs alcooliques qui se dégageraient alors des flegmes sont conduites au serpentin du réfrigérant par un tuyau qui prend naissance dans le couvercle.

Dans un travail continu, ce système économise : 1° toute la chaleur qui aurait été employée à distiller; 2° le temps nécessaire à cet échauffement; 3° l'eau qui se serait échauffée à la place des liquides pour la condensation des vapeurs.

Cette dernière économie, très-appréciable quelquefois, est en rapport avec les dimensions de la cuve et du serpentin du chauffe-vin.

Avec ce système comme avec le premier, dont il ne diffère d'ailleurs que par l'addition de cet artifice, on n'obtient encore que des produits d'un faible degré, qu'il faut rectifier.

Ces inconvénients disparaissent dans le *troisième système*, dit à *vapeur et à rectificateur*.

Nous avons ici deux organes de plus que dans le précédent : une deuxième chaudière et un rectificateur.

Les deux chaudières servent à la production de la vapeur alcoolique. Elles sont étagées. Le feu se fait sous la première; de son couvercle part un cou de cygne qui plonge au fond de la seconde. Celle-ci, à son tour, peut se vider dans la première par un tuyau de fond; de son couvercle part également un cou de cygne qui se termine par l'organe *rectificateur*. Cet organe n'est pas autre chose qu'un serpentin à spires verticales, noyé dans un bac et aboutissant au serpentin du chauffe-vin.

Le bac s'alimente, par un tuyau de fond, au chauffe-vin et se décharge, par le même moyen, dans la seconde chaudière.

A son coude inférieur, chaque spire du serpentin rectificateur est rattachée, par un petit tuyau en appendice, à un tuyau horizontal longeant le dessous du bac et communiquant d'un bout au fond de la seconde chaudière, de l'autre à la tête du serpentin du réfrigérant. Sur ce tuyau, des robinets isolent l'arrivée de chaque appendice.

Les vapeurs produites dans la chaudière inférieure se rendent dans celle supérieure. Elles s'y condensent en l'enrichissant jusqu'à ce que le liquide contenu dans celle-ci entre à son tour en ébullition. La contenance des chaudières est calculée de telle sorte que la richesse de ce liquide soit alors doublée. C'est l'objet de l'addition de la seconde chaudière. Une troisième remplirait un rôle analogue. Les nouvelles vapeurs traversent les spires du rectificateur. Les produits de leur condensation descendent, par les appendices, dans le tuyau parallèle au bac, d'où ils peuvent à volonté retourner dans la seconde chaudière (ce qu'on appelle *rétrogradation*) ou être envoyés au serpentin réfrigérant.

Enfin, continuant leur marche, les vapeurs qui ont traversé le rectificateur se condensent dans le chauffe-vin, et se rendent au réfrigérant.

Dans le *premier système* nous n'avions qu'un organe de condensation, le réfrigérant. Dans le *second* nous en avions deux, le chauffe-vin et le réfrigérant. Dans *celui-ci*, nous en trouvons cinq, y compris la rétrogradation.

Presque toute la chaleur produite par ces condensations successives est utilisée au profit du vin, et on obtient dans les produits un titre d'autant plus élevé.

Cependant, on doit remarquer que si l'interposition d'une seconde chaudière joue un rôle puissant sur l'élévation du titre, il n'en est pas de même du rectificateur en dehors de son rôle de chauffe-vin. En effet, la rétrogradation des produits dans la seconde chaudière les mélange à nouveau d'une quantité d'eau au moins égale à celle qui les accompagnait dans les spires. Pour tirer un bon parti de ces dispositions, il faudrait que la rétrogradation s'opérât dans un vase indépendant interposé entre lui et la seconde chaudière, et dans lequel les produits pussent s'enrichir au moyen des vapeurs envoyées par celle-ci.

C'est ce qui a été réalisé, par des dispositions beaucoup plus simples, dans le *quatrième système*, désigné sous le nom *appareil a distillation* continue ou de Cellier-Blumenthal, remanié par M. Derosne, et qui ne laisse rien à désirer.

La théorie de la distillation continue, qui avait été entrevue par Adam dans les combinaisons caractérisant le troisième système, repose sur ce fait que l'analyse est d'autant plus complète qu'elle s'opère à une température moins élevée.

Le tableau suivant, dû à M. Grœnig, démontre que le titre alcoolique augmente très-rapidement en rapport avec l'abaissement du point d'ébullition.

Il en résulte, qu'en construction, les divers organes de condensation donnent des produits à des titres d'autant plus élevés que les vapeurs s'éloignent d'avantage de leur point de départ.

Telle est la théorie qui a été appliquée dans l'appareil Cellier-Blumenthal-Derosne.

LIQUIDES ALCOOLIQUES.

TEMPÉRATURE en degrés centigrades.	TITRE ALCOOLIQUE	
	du liquide en ébullition, en centièmes.	de la vapeur qui se dégage, en centièmes.
76,7	92	93
77,7	90	92
77,8	85	91
78,2	80	90 1/2
79,0	70	90
79,2	70	89
80,0	65	87
81,3	50	85
82,7	40	82
83,9	35	80
85,0	30	78
86,3	25	76
87,7	20	71
88,9	18	68
90,0	15	66
91,3	12	61
92,5	10	55
93,9	7	50
95,0	5	42
96,3	3	36
97,6	2	28
98,9	1	13
100,0	0	0

Dans le troisième système l'analyse se fait, comme nous l'avons vu, dans la seconde chaudière. Dans *le quatrième*, nous avons bien également deux chaudières étagées avec les mêmes communications, mais elles n'ont d'autre fonction que de fournir la vapeur : car une fois l'opération en marche, si le travail a été bien conduit, le vin ne doit y arriver que complétement dépouillé d'alcool. La seconde chaudière, sous laquelle passe également la flamme, est surmontée d'une colonne munie d'une série de plateaux superposées. C'est dans cette colonne que se fait l'analyse, par la mise en contact du vin descendant avec les vapeurs ascendantes, sur les larges surfaces développées par ces plateaux. Cette colonne est surmontée d'une seconde, munie d'une autre série de plateaux, ou plutôt de cuvettes dans lesquelles le vin est traversé en barbottage par les vapeurs. Celle-ci est le *rectificateur*, et mérite véritablement ce nom, car c'est elle qui joue le rôle du vase indépendant dont nous avons parlé dans l'examen du troisième système. En effet, un organe, semblable à celui décrit, dans ce système, sous le nom de rectificateur, fait suite à cette colonne et remplace le chauffe-vin, qui est supprimé. Le produit des vapeurs qui se condensent dans cet organe est envoyé directement au réfrigérant si son titre est assez élevé. Dans le cas contraire, il est ramené, par la rétrogradation, dans cette même colonne, où il est analysé à nouveau par les vapeurs déjà enrichies pendant leur ascension à travers les plateaux dans la colonne inférieure. Il y entre avec une richesse supérieure à celle du vin qu'il y rencontre, et, après s'être dépouillé à mesure de sa descente, il sort avec une richesse à peu près égale à celle de ce même vin avec lequel il arrive dans la colonne inférieure, où ils achèvent ensemble leur dépouillement.

« Par ces ingénieuses combinaisons, dit M. Du-« brunfaut, les vapeurs les plus aqueuses sont « toujours mises en contact avec le vin le plus « dépouillé, et, réciproquement, les vapeurs les « plus alcooliques, quand on veut les enrichir, « sont toujours mises en présence du liquide le « plus riche en alcool. Tout concourt donc « ainsi et à dépouiller le vin de son alcool sans « jamais lui rendre un liquide plus riche que « lui, et à déflegmer les vapeurs sans jamais les « mélanger avec un liquide moins riche qu'el-« les. Remarquons bien cet avantage, car il « n'appartient qu'au système de la distillation « continue, je dirai plus, il est dû tout entier « aux dispositions créées par M. Derosne dans « l'appareil qui porte son nom. » Cet appareil, très-répandu aujourd'hui dans l'industrie, est trop apprécié pour que nous insistions davantage.

Les explications dans lesquelles nous sommes entré, en classant les différents systèmes, suffisent pour faire comprendre les principes qui ont présidé à leur construction.

Si on veut faire ressortir le côté économique de chacun d'eux, en tenant compte du prix d'acquisition de l'appareil, du combustible, ainsi que de la main-d'œuvre qu'il exige et de la quantité de travail journalier une fois que sa distillation est commencée, on trouvera, en moyenne, le rapport suivant dans la dépense pour la fabrication d'un hectolitre d'alcool à 60° :

La dépense par l'appareil simple étant 100 celle par l'appareil à chauffe-vin sera..... 64
   —   à condensateur....... 50
   —   à distillation continue. 42

L'écart entre le premier et le dernier système serait encore plus considérable si on voulait obtenir l'alcool au titre commercial de 90 degrés.

Nous avons vu que l'analyse était d'autant plus parfaite que le contact du vin avec la vapeur était plus prolongé. C'est le but qu'ont poursuivi les constructeurs par l'artifice des plateaux.

La tendance générale était naturellement d'en augmenter le nombre. Dans l'appareil à distillation continue dont nous allons donner la description, les dispositions adoptées tendent, au contraire, à le réduire, tout en obtenant la plus grande circulation du liquide à distiller et en lui procurant un contact divisé et immédiat avec les vapeurs.

Le plateau de M. Egrot, indiqué en plan (fig. 1) et en coupe (fig. 2), consiste en une série de galeries concentriques cloisonnées dont le plafond est à des hauteurs décroissant depuis la circonférence, et est traversé par de petits bouilleurs fixés à écrous.

Le vin arrive en tête de la première galerie, guidé par les cloisons a, a (fig. 2); il parcourt la série dans le sens indiqué, (fig. 1) par des flèches ; rencontre sur son chemin les bouilleurs bb (fig. 2), et descend sur le plateau intérieur au moyen du tuyau de trop-plein central c (fig. 1 et 2).

La longueur de parcours qui résulte de ces dispositions et l'efficacité relative des bouilleurs ont permis de restreindre de 5 à 3, au maximum, le nombre des plateaux dans la construction de l'appareil Egrot et de supprimer la seconde chaudière. La distillation s'opère avec une faible pression, par conséquent sans craindre que l'appareil *vinasse* (1), et la quantité de vin distribuée par rapport au parcours n'est jamais assez grande pour provoquer la formation des mousses.

1. — Appareil a distillation continue du système Egrot. Plan du plateau

2. — Détails d'un plateau. Coupe.

Nous empruntons au traité de distillation de M. Duplais le dessin suivant (fig. 3), qui donne une élévation de l'appareil, la légende des pièces qui le composent, la mise en train et la marche.

« A, A, A, colonne à distiller munie des plateaux précédemment décrits.

B, bac placé au-dessous de la colonne à distiller et recevant le vin qui a été épuisé par la distillation.

C, trop-plein du bac.

D, colonne à rectifier.

E, cou de cygne conduisant les vapeurs alcooliques de la colonne à rectifier dans le serpentin rectificateur.

F, enveloppe contenant le serpentin rectificateur et servant de chauffe-vin à l'appareil.

G, enveloppe contenant un serpentin dans lequel s'opère la réfrigération.

I, sortie du serpentin.

(1) On dit qu'un appareil *vinasse*, lorsque l'alcool arrive mélangé de vin. Cet accident se produit, sous l'influence d'une forte pression, au moindre coup de feu dans un grand nombre d'appareils à hautes colonnes.

J, entonnoir recevant le vin et le conduisant au bas du chauffe-vin.

K, tuyau conduisant le vin échauffé dans le premier plateau de la colonne à distiller.

n, n, n, n, tuyau faisant la rétrogradation des petites eaux produites dans le rectificateur.

Q, Q, Q, robinets servant au nettoyage des godets de chaque plateau.

R, cuvette régulatrice.

R, robinet flotteur avec sa boule.

S, S, tuyau en U conduisant le vin dans l'entonnoir J ; il est ainsi disposé pour que le distillateur ait le robinet régulateur du vin à sa portée.

T, robinet régulateur du vin.

U, tuyau conduisant le produit alcoolique à l'éprouvette.

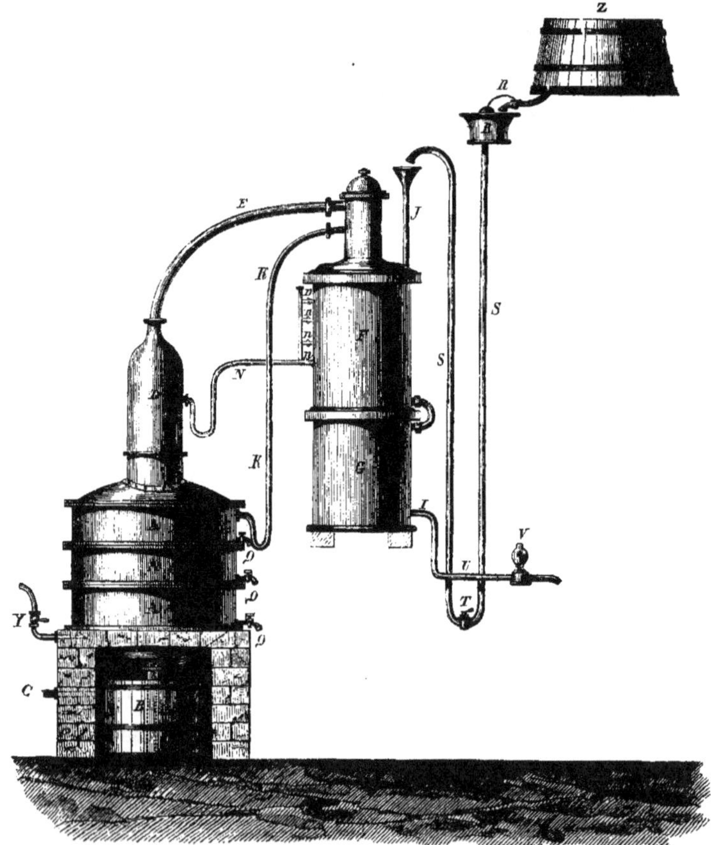

3. — Appareil de distillation continue du système Egrot. Élévation.

V, éprouvette.

Y, robinet à cadran pour régulariser l'entrée de la vapeur.

L'appareil disposé pour marcher à feu nu est indiqué par la fig. 4. Cette figure représente la construction intérieure du fourneau par une coupe en élévation.

a, chaudière.

b, tuyau-siphon à écoulement continue.

c, tuyau pour vider complétement la chaudière.

d, tube indicateur marquant la hauteur du liquide dans la chaudière ; il ne sert que pour s'assurer si la vidange par le siphon s'effectue bien.

e, f, g, h, massif du fourneau.

i, foyer.

j, barreaux de la grille.

k, cendrier.

l, l, tour à feu.

Mise en train et marche de l'appareil. —

Après avoir monté, à l'aide d'une pompe ou d'un monte-jus, le vin ou jus fermenté dans un bac figuré en Z (fig. 3), le distillateur ouvre le robinet à cadran T, qui fait passer le liquide par le tuyau

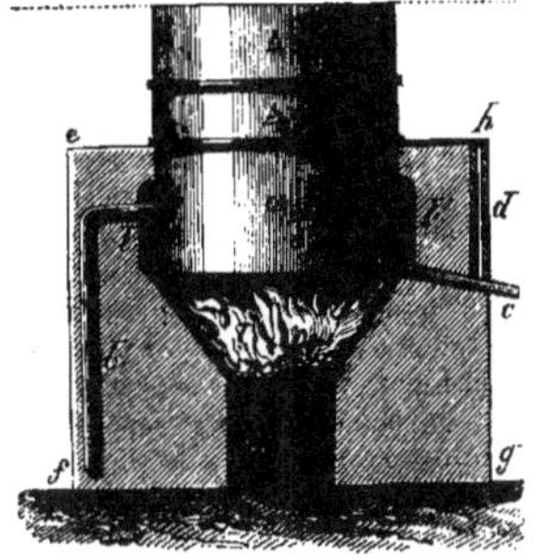

4. Chaudière à feu nu pour l'appareil du système Egrot.

en U, pour se déverser dans l'entonnoir J, lequel le porte au bas du chauffe-vin ou du réfrigérant, suivant que ce dernier doit être refroidi par le vin ou par l'eau. Il est plus rationnel de refroidir le réfrigérant avec de l'eau et de n'envoyer le vin ou jus fermenté que dans le chauffe-vin, parce que ce dernier liquide, ayant presque constamment une température au-dessus de 15°, forme un mauvais réfrigérant, et que l'usage du vin dans la pièce G, ne doit être utilement employé que lorsque l'on manque d'eau. Il y a donc urgence pour l'installation d'une distillerie de s'assurer, comme premier point, d'une source ou d'un puits fournissant de l'eau aussi fraîche que possible.

Le vin ayant rempli totalement le chauffe-vin F s'écoule de cette pièce par le tuyau K, qui l'introduit dans le plateau supérieur de la colonne A, A, A, pour de là se déverser, par des trop-pleins intérieurs, sur l'avant-dernier et enfin sur le dernier plateau, emplissant toutes les cases de ces plateaux, ce dont on s'assure, quand le vin sort par le tuyau de sortie du plateau inférieur. A ce point, l'appareil est prêt à être mis en marche; pour cela on ferme le robinet à cadran T; le vin n'ayant plus d'écoulement par le tuyau en U emplit la cuvette R, et fait lever la boule, laquelle en s'élevant fait tourner la clef du robinet du flotteur et le ferme.

L'appareil étant dans cet état, on envoie la vapeur dans le double-fond, dont on règle l'entrée par le robinet à cadran Y. Si l'on chauffe par le feu direct, on met le feu sous la chaudière a (fig. 4). La chaleur ne tarde pas à mettre en ébullition le liquide contenu dans chaque plateau; les vapeurs alcooliques s'élèvent, puis montent dans la colonne à rectifier D, où elles se purifient; de là elles passent, par le cou de cygne E, dans le serpentin rectificateur du chauffe-vin F, où, recevant l'action du liquide réfrigérant, elles se condensent pour retourner en petites eaux dans la colonne à rectifier D, par les robinets n, n, n, n. Cet effet se produit tant que le vin contenu dans le chauffe vin n'est pas arrivé à un degré calorifique convenable pour laisser passer les vapeurs les plus légères, qui se rendent alors rectifiées dans le serpentin du réfrigérant G, pour sortir définitivement condensées par le tuyau I et se rendre dans

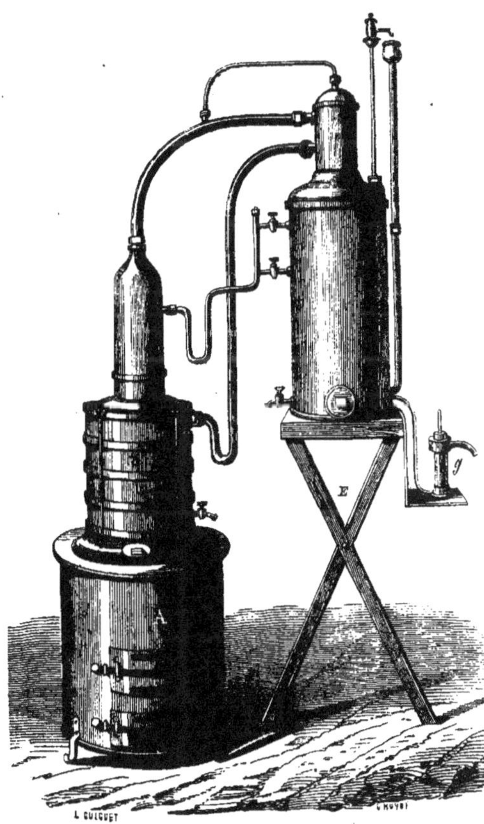

5. — Appareil portatif à distillation continue du système Egrot.

l'éprouvette V. Cette pièce, d'un modèle perfectionné, permet, par sa construction, de voir le filet et le degré alcoolique du liquide, sans qu'on ait à craindre de le voir se volatiliser en pure perte en s'échappant de l'alambic, ou s'enflammer par le contact trop rapproché d'une lumière.

Aussitôt que la distillation est commencée, l'opérateur peut ouvrir le robinet régulateur T, de manière à laisser couler une quantité de vin correspondante à celle distillée; le vin s'écoule alors au bas du chauffe-vin, et soulève les couches supérieures du liquide, qui se sont trouvées fortement échauffées par le contact des vapeurs circulant dans le serpentin rectificateur; le vin échauffé passe par le tuyau K, pour être introduit dans le plateau supérieur de la colonne à distiller, où, en parcourant tout le contour et rencontrant une quantité notable de vapeur, il se trouve rapidement mis en ébullition. Le vin passe successivement sur les autres plateaux, et arrive à sortir par le tuyau de sortie des vinasses, complétement épuisé, c'est-à-dire dépouillé de tout son alcool. C'est là où reposent le principe et les avantages de cet appareil : *distillation prompte sous un petit volume.* »

En réduisant les dimensions de cet appareil, M. Egrot l'a rendu facilement transportable, ainsi qu'on le voit par la figure 5. Ce modèle, qui peut distiller de 800 à 1,400 litres par jour, au titre que l'on désire, ne dépense pas plus de 1 fr. 50 de combustible. Il occupe 1ᵐ de longueur et 0,70 de largeur sur 2ᵐ de hauteur, et se place partout. Le fourneau A est en tôle garnie de terre réfractaire. Le chauffe-vin repose sur un pied en bois.

Les avantages que ce petit appareil à distillation continue présente dans ses rendements, ainsi que dans la facilité de son transport et de son installation, peuvent être utilisés dans un grand nombre de circonstances.

Nous avons vu que, pour répondre aux besoins de l'industrie, on a dû chercher à obtenir des alcools à un titre plus élevé que celui qui résultait d'une distillation opérée par les appareils simples, d'abord en recommençant une ou plusieurs fois la même opération sur les mêmes produits; qu'ensuite ce résultat avait été obtenu directement au moyen d'appareils dans lesquels s'opère, simultanément et d'une manière continue, cette série d'opérations qui porte le nom de rectification.

Mais jusque-là il ne s'agit que d'une concentration, tandis que la rectification n'a pas seulement pour but d'élever le titre alcoolique.

Tous les liquides obtenus par la distillation contiennent des huiles essentielles ou des éthers qui leur sont propres et qui caractérisent leur origine. Agréable et recherchée dans un très-petit nombre de produits, tels que ceux du vin, du jus ou des mélasses de cannes, des cerises à kirch, etc., l'odeur de ces huiles ou éthers dans les autres est repoussée par la consommation, et elle déprécie, dans des proportions considérables, les alcools qui en sont infectés.

On a reconnu que ces produits odorants sont, les uns plus volatils, les autres moins volatils que l'alcool. Les premiers sont les éthers qui passent avant l'alcool, et qui forment ce que dans le langage technique on appelle les goûts de tête; les seconds sont les huiles essentielles et différents acides organiques, qui n'entrent en ébullition qu'à une température beaucoup plus élevée que celle de l'alcool et même de l'eau, mais qui n'en sont pas moins entraînés par l'action mécanique des vapeurs, avec d'autant plus d'abondance que cette action se produit plus rapidement. On nomme ceux-ci goûts de queue.

C'est sur ces observations qu'est basée la rectification proprement dite, qui a pour but de les éliminer. Elle consiste à fractionner les produits obtenus en mettant à part ceux qui se présentent les premiers et les derniers. Lorsque l'opération a été conduite avec soin, les produits intermédiaires sont livrables tels que les réclame le commerce, sous le nom de bon goût, ou mieux sans goût. On en assure le succès en la conduisant avec le plus de lenteur, avec la température la plus basse, et par intermittence.

Nous verrons plus loin, en traitant de la betterave, le parti que M. Dubrunfaut a tiré des alcalis pour l'affinage des goûts de tête dans la rectification.

Quant aux innombrables procédés chimiques préconisés pour opérer directement la désinfection, la plupart sont sans efficacité suffisante et rentrent dans la classe des recettes de charlatan; les autres ne sont ni pratiques ni économiques, et doivent être laissés au laboratoire.

La disposition des appareils joue un grand rôle dans la rectification. Plus les condensations sont multipliées et habilement ménagées, plus les produits s'affinent et perdent leur odeur d'origine. De sorte que le meilleur appareil pour la distillation des matières dont on recherche les odeurs essentielles, comme le vin, la canne, les cerises, est toujours l'alambic simple, chauffé au bain-marie ou à la vapeur.

L'organe qui exerce le plus d'influence sur la qualité des produits est le *condenseur à rétrogradation*. Celui dont nous donnons le dessin fig. 6, et qui est construit par M. Franck-Delerue, peut être regardé comme réunissant les meilleures conditions. Nous l'avons trouvé dans toutes les grandes usines du nord, dont les produits sont le plus appréciés.

A est la colonne du rectificateur. Le tuyau B conduit les vapeurs alcooliques à la partie inférieure du serpentin C. Elles en parcourent de bas en haut toutes les spires CC, et par leur extrémité supérieure aboutissent à un tuyau H, qui communique avec le réfrigérant I, où elles achèvent leur condensation par les moyens ordinaires. Chaque spire est légèrement inclinée vers la colonne de rectification. Les produits condensés s'écoulent par les tubes *g*, accouplés deux à deux, et se rendent au rectificateur par les tuyaux de rétrogradation G. Un siphon J, réglé par un robinet, plonge à peu de distance du fond du bac, et sert de trop plein.

La température du bac est maintenue constante et uniforme entre 55 et 60 degrés centigra-des, d'un côté par le fonctionnement de ce siphon, qui puise aux couches inférieures ; d'un autre, en faisant arriver, au moyen du tuyau F, l'eau froide dans un distributeur E, qui règne au-dessus du bac. Le fond de ce distributeur est percé d'une multitude de petits trous, dont le diamètre est calculé de telle sorte que l'eau tombe constamment en pluie sur toute la surface.

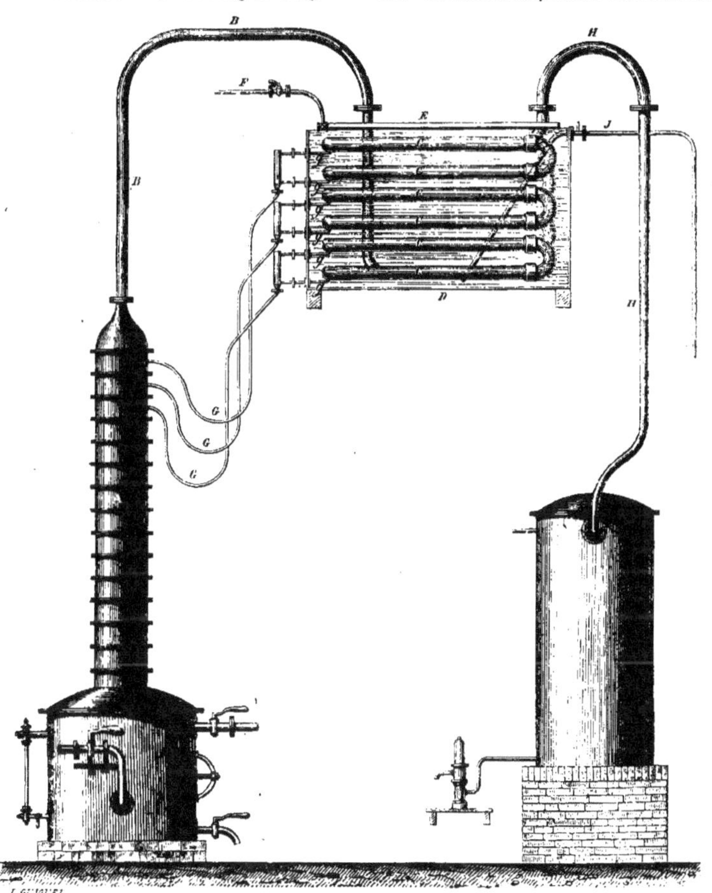

6. — Appareil distillatoire muni du condenseur Franck.

On comprend que le grand développement donné aux surfaces du contact entre les vapeurs et le bain réfrigérant permette d'obtenir une production rapide et considérable ; tandis que l'uniformité et la régularité de la température basse qui règne dans tout le parcours de ces vapeurs assure la qualité du produit. Dans la pratique des distilleries du nord, où il est employé, ce condenseur donne, lorsqu'il est bien conduit, les résultats suivants :

Bon goût............	84
Demi-fin............	13
Mauvais goût........	1,5
Perte..............	1,5
Total..............	100

D'après les principes que nous avons expliqués dans ce qui précède, la perfection dans la construction d'un appareil consisterait à graduer le refroidissement des vapeurs depuis leur point

génieuse application dans l'appareil rectificateur dont nous devons la connaissance à notre ami M. Ecker, l'un des agronomes les plus distingués de l'Allemagne.

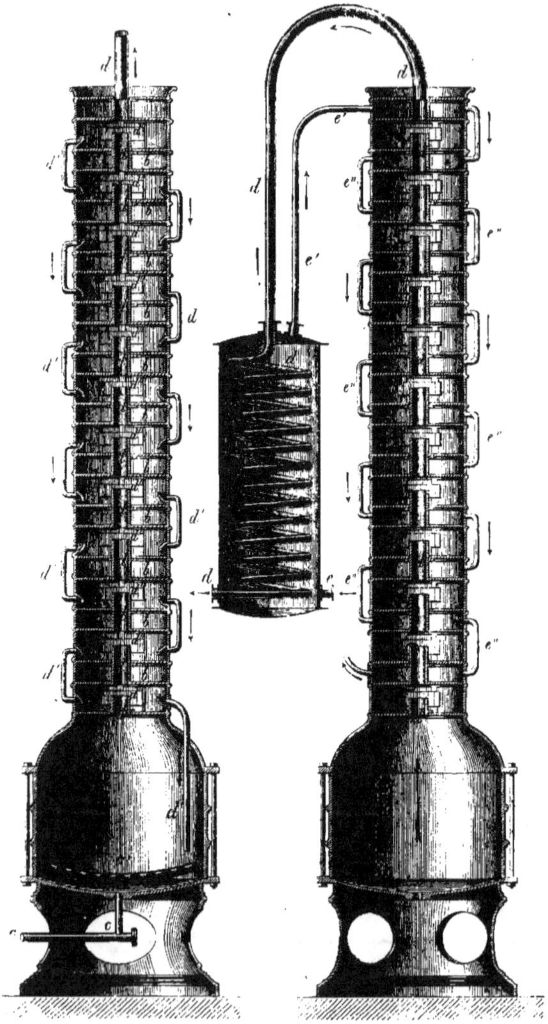

Il a été construit dans les célèbres usines de son oncle, M. Robert, de Vienne, dans lesquelles tout ce qui concerne la distillation et la sucrerie est amené au degré de perfection le plus élevé.

Cet appareil, représenté ci-contre par deux coupes verticales (figures 7 et 8), est chauffé par la vapeur.

La colonne se compose essentiellement de deux groupes d'éléments alternés et superposés.

Dans l'un se fait le travail d'analyse ; dans l'autre circule le liquide refroidisseur.

Les plateaux *a* (fig. 7), qui forment le premier groupe sont reliés entre eux par deux tuyaux : l'un interne *d*, destiné à l'ascension des vapeurs ; l'autre externe *d'*, destiné à la descente des vinasses.

Les plateaux *b*, qui forment le second groupe, ont moins de hauteur que les premiers. Ils sont reliés entre eux extérieurement par les tuyaux *e"* (fig. 8).

Après son départ de la chaudière, chaque tuyau *d* (fig. 7) prend naissance à la voûte et à l'axe d'un plateau d'analyse *a*, traverse le plateau de refroidissement *b*, et débouche, dans le plateau supérieur de son groupe, à peu près aux deux tiers de sa hauteur. Une calotte *d"* est superposée à son débouché, et force les vapeurs à traverser en barbottage le liquide qui occupe le plateau.

Lorsqu'elles ont atteint ainsi le plateau le plus

7. u.
Appareil rectificateur de M. Robert, de Vienne (Autriche). Coupes verticales.

de production jusqu'à la sortie des produits, en les accompagnant, dans tout leur parcours, d'un courant d'eau froide marchant en sens inverse.

Ces données théoriques ont reçu la plus in-

élevé de la colonne, les vapeurs se rendent, par le cou de cygne *d* (fig 8), dans le serpentin du réfrigérant, où elles achèvent leur condensation.

Chaque tuyau de trop-plein de vinasses *d*

s'ouvre latéralement dans ces mêmes plateaux *a*, à un niveau un peu supérieur à celui du plan de section de la calotte *d″*, de sorte que celui-ci baigne toujours dans les vinasses. Il débouche dans le plateau inférieur du même groupe, aussi latéralement, à un niveau un peu supérieur à celui de son ouverture correspondante. Enfin, lorsqu'elles sont arrivées au bas de la série, les vinasses retombent dans la chaudière, ainsi qu'on le voit figure 7.

Par l'alternance de ces tuyaux extérieurs à la colonne, les vinasses descendantes traversent, selon son diamètre, chaque plateau d'analyse *a*, en restant soumises, pendant cette traversée, au barbottage de la vapeur amenée par le tuyau *d*.

Enfin, les tuyaux *e′* (fig. 8), qui conduisent le liquide refroidisseur, alternent de même que ceux des vinasses et forcent également ce liquide à traverser, selon son diamètre, le plateau *b*.

Cette traversée de leurs plateaux respectifs par les liquides des premier et second groupes (l'eau et les vinasses) s'exécute en sens contraire. Il en résulte que, bien que la température de ces liquides s'accroisse simultanément à mesure de leur descente ; chacun d'eux ne s'en trouve pas moins constamment vis-à-vis de l'autre dans des rapports inverses de température.

Les plateaux du deuxième groupe s'alimentent, par le tuyau coudé *e′*, au réfrigérant à serpentin qui reçoit à son tour, en *e*, l'eau d'un réservoir supérieur, avec une pression correspondante à la hauteur de ce dernier. Ils se déchargent par le tuyau qu'on remarque (fig. 8) au-dessous de l'avant-dernier plateau du premier groupe.

Ainsi, pour nous résumer :

Un courant ascendant de vapeurs, au centre de la colonne, traverse successivement d'abord, au moyen d'une enveloppe, un milieu condensateur, ensuite, et en barbottage, les vinasses.

Deux courants descendants superposés marchent en sens inverse, tantôt à l'intérieur, tantôt à l'extérieur de la colonne ; l'un conduit l'eau, l'autre les vinasses, en faisant dans tout leur parcours un échange constant de leurs températures.

Ceci bien compris, la conduite de l'appareil ne présente aucune difficulté.

D'un réservoir supérieur, les flegmes sont introduits, par le tuyau coudé *cc* (fig. 7), dans la chaudière. La vapeur y est introduite, d'autre part, au moyen d'une conduite que le dessin ne permet pas d'apercevoir, et elle est distribuée uniformément par le serpentin *c′*, percé d'un grand nombre d'ouvertures.

En même temps, d'un réservoir également supérieur, l'eau est introduite en *e* (fig. 8) au bas du réfrigérant, et à partir de ce moment les vapeurs alcooliques, les vinasses et l'eau suivent chacune la marche qui lui est propre, et que nous venons de décrire.

Il est inutile d'ajouter que des robinets règlent tout le service de la tuyauterie.

Dans de mêmes usines, on emploie ou la vapeur ou l'eau chaude au lavage des betteraves au moyen d'un appareil d'une grande efficacité. C'est en raison de son origine que nous allons le décrire ici avant de nous occuper des distillations spéciales.

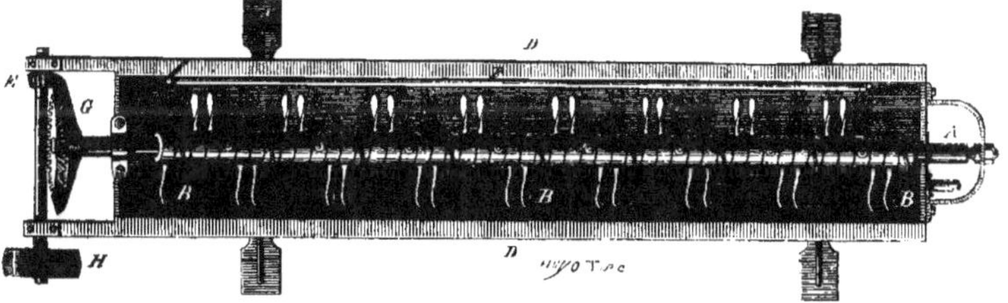

9. — Laveur à vapeur pour les racines, de M. Robert, de Vienne. Plan.

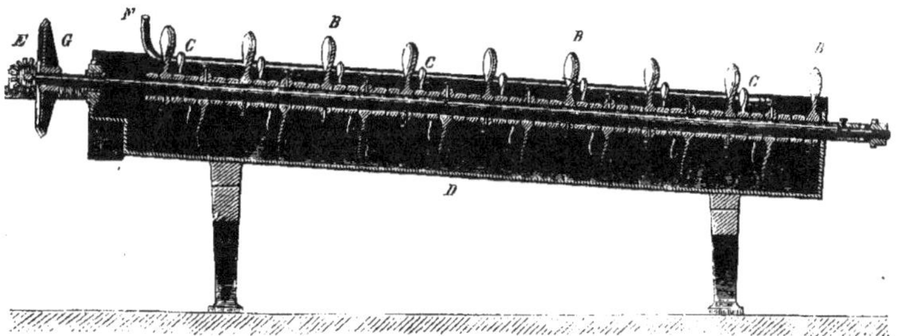

10. — Laveur de M. Robert. Coupe longitudinale

La figure 9 en donne le plan. La figure 10 en donne une coupe longitudinale, et la figure 11 une coupe transversale prise par une coupe un peu en arrière du support inférieur.

Ce laveur se compose d'une caisse demi-cylindrique en tôle dans laquelle tourne un arbre armé de palettes creuses en fonte en forme de cuillers, et d'un tuyau de distribution.

A l'extrémité supérieure, un artifice de vidange pour les betteraves; à l'extrémité inférieure, un trop-plein et un écoulement de fond pour les boues complètent ses dispositions.

La caisse D repose, dans une position inclinée, sur deux supports en fonte. L'arbre est mis en mouvement au moyen de deux roues d'angle GE que commande la poulie H.

Les cuillers sont montées sur un anneau par lequel elles s'engaînent sur l'arbre les unes à la suite des autres. Elles sont fixées par une vis de pression qui traverse cet anneau, et disposées de manière à former une hélice qui règne d'un bout de l'arbre à l'autre, ainsi que l'indique la figure 10. (Le plan présente à cet égard une erreur de dessin que fait comprendre la fig. 10.)

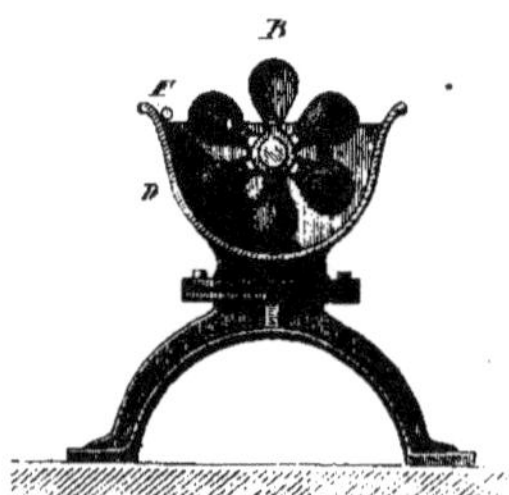

11. — Laveur de M. Robert. Coupe transversale.

Il y a, comme on le remarque dans la figure 11, six cuillers par chaque tour complet de l'hélice, et huit tours d'hélice sur la longueur de l'arbre, ou 48 cuillers. Dans la figure 10 on voit les cuillers B en projection selon toute leur longueur. Les cuillers C sont figurées moins longues parce qu'elles sont inclinées sur le plan de projection, et comme ce dessin est en coupe, on n'aperçoit pas celles que masque l'arbre.

A l'extrémité inférieure de la caisse se trouvent le trop-plein et l'écoulement de fond. A l'extrémité supérieure, le plafond se relève brusquement par deux plans inclinés, qui déversent les betteraves de chaque côté du laveur. L'arête de cet angle-plan est arrasée à un niveau un peu supérieur à celui du trop-plein.

Le tuyau F distribue, par un grand nombre de petits trous, des jets de vapeur ou d'eau chaude sur toute la ligne du travail.

Les betteraves sont introduites à l'extrémité inférieure. Elles cheminent vers le haut par une série de chocs selon une directrice héliçoï-dale, en recevant à la fois un mouvement de rotation et de progression. Dans leur parcours, en même temps que chaque choc provoque la désagrégation de la terre adhérente, elles sont soumises alternativement à un jet de vapeur ou d'eau chaude et à un bain dans la caisse alimenté par la condensation de la vapeur ou l'arrivée de l'eau. Le trop-plein maintient, sur toute la longueur du parcours, le niveau du bain à une hauteur convenable pour procurer dans les meilleures conditions l'effet de cette alternance. D'après la communication qui nous a été faite, ce système ne laisse rien à désirer.

Les principes généraux de la fermentation et de la distillation, que nous avons esquissés dans ce qui précède, s'appliquent aux liquides de toute provenance qui ont subi la fermentation vineuse, par conséquent à la distillation du vin du raisin. Celle-ci ne présente rien de particulier; seulement elle exige les soins les plus minutieux pour la conservation de l'arôme qui donne aux produits leur plus grande valeur.

Nous avons vu que les meilleurs appareils dans ce but sont ceux du *premier système;* aussi la fabrication des eaux-de-vie fines les emploie presque exclusivement.

Distillation des marcs du raisin. — Dans certaines contrées où les débouchés ne sont pas en rapport avec la production, dans l'Espagne par exemple, on ne distille que les vins, mais en France, et surtout dans les vignobles où les vins sont peu riches, on distille également les marcs, avant ou après leur pressurage.

Ils contiennent encore après cette opération une quantité importante de vin retenue par la grappe et la peau. Le pressurage, quelque énergique qu'il soit, ne parvient jamais à les en dépouiller.

En les faisant macérer dans l'eau on en obtient une partie, et on opère comme pour les vins. Cette méthode a l'avantage de donner une eau-de-vie dont l'arome est à peu près semblable à celui du vin; mais elle est très-dispendieuse en raison du peu de richesse du liquide: aussi est-elle peu employée.

En général, la distillation des marcs s'opère en nature, soit dans les appareils du premier système, à feu nu ou au bain-marie; soit dans des appareils spéciaux, au moyen d'une injection de vapeur.

Celui que représente la figure ci-dessous est dû à M. Villard de Lyon, qui l'a fait breveter en 1847.

Il se compose de trois cuves munies d'un double fond, sur lequel repose le marc. Une tuyauterie met chaque cuve en communication, d'abord de bas en haut avec les autres; ensuite, par une conduite commune, avec le serpentin du réfrigérant. Un générateur envoie la vapeur, par une conduite séparée, au-dessous du double fond de chacune; de sorte que la distillation peut s'opérer simultanément sur toutes, ou successivement en enrichissant les vapeurs par leur passage à travers les deux ou trois cuves.

Cet ingénieux appareil, dont nous retrouverons plus tard le principe et les principales dispositions appliqués au traitement des betteraves, est monté sur un chariot, et peut se transporter où l'on veut.

Voici la légende des pièces qui le composent :

1. Vases distillatoires destinés à recevoir la matière solide.

2. Tuyaux établissant la communication des vases entre eux, de la partie supérieure de l'un à la partie inférieure de l'autre.

3. Couvercles ayant toute la largeur du vase et fermés au moyen de vis à charnière.

4. Robinets adaptés aux tuyaux 2 et servant à diriger les vapeurs alcooliques à volonté, soit dans le réfrigérant, quand elles sont au titre commercial, soit dans le fond du vase suivant, quand elles sont à l'état de flegmes.

5. Tuyau commun aux trois vases distillatoires, servant à conduire les vapeurs au serpentin réfrigérant.

6. Robinets de vidange servant à évacuer les eaux produites par la condensation.

7. Alcoogène, ou cylindre analyseur ayant pour objet d'empêcher les matières pâteuses entraînées par les vapeurs d'arriver jusqu'au serpentin.

8. Bâche du serpentin réfrigérant.

9. Serpentin réfrigérant.

10. Chaudière à vapeur ou générateur tubulaire.

11. Chambre ou réservoir à vapeur.

12. Soupape de sûreté.

12. Appareil intermittent locomobile pour la distillation des marcs de raisin. Système Villard.

13. Tuyau conduisant la vapeur du générateur dans une boîte commune à trois autres tuyaux, qui sert de deuxième prise de vapeur.

14. Tuyaux de vapeur, la conduisant isolément dans chacun des vases distillatoires.

15. Chariot pour le transport de l'appareil.

Le fonctionnement de cet appareil est intermittent, et a lieu par roulement en rechargeant successivement chaque cuve épuisée.

Dans l'appareil suivant, M. Villard a cherché à obtenir un fonctionnement continu et une simplification du matériel, en opérant au moyen d'une seule colonne dans laquelle les marcs, introduits par le haut, sortent épuisés par le bas.

Les marcs sont disposés sur des plateaux perforés ou paniers que l'on descend dans la colonne, et qui sont supportés par une crémaillère. A mesure qu'on introduit un plateau, on tasse fortement les marcs contre les parois de la colonne de manière à forcer les vapeurs à les traverser dans toute leur surface. Chaque dernière charge est en outre fortement tassée, afin de former une sorte de couvercle pour la colonne. La vapeur est introduite entre le deuxième et le troisième plateau inférieur; elle s'échappe entre le cinquième et le sixième supérieur au moyen d'une gorge ménagée, à cette hauteur, par un renflement de la colonne; elle traverse l'analyseur, et enfin se rend au réfrigérant.

A des intervalles réguliers, la crémaillère inférieure s'abaisse, pour laisser descendre le dernier plateau dans une chambre située au-dessous de la colonne, sur un double rang de galets fixes.

Une tringle, manœuvrée de l'extérieur, pousse le plateau horizontalement et l'engage dans une seconde chambre située à côté de la première. Dans la cloison qui les sépare existe une trappe fermée par un ressort. La trappe se soulève sous l'impulsion donnée au plateau par la tringle et se referme aussitôt que le passage est effectué. Le plateau trouve dans cette seconde chambre un autre jeu de galets, qui l'amènent par une pente jusqu'à la porte de sortie.

Un piston supérieur, formant l'extrémité d'une crémaillère commandée par une manivelle, presse alors sur la série de plateaux, et la fait descendre d'une quantité suffisante pour permettre l'introduction d'un nouveau plateau.

Les légendes et les deux dessins de ces appareils sont empruntés au traité de distillation de M. Duplais.

Légende de la figure 13.

1. Colonne distillatoire.
2. Chambre à vapeur.
3. Chemin de fer de la chambre à vapeur.

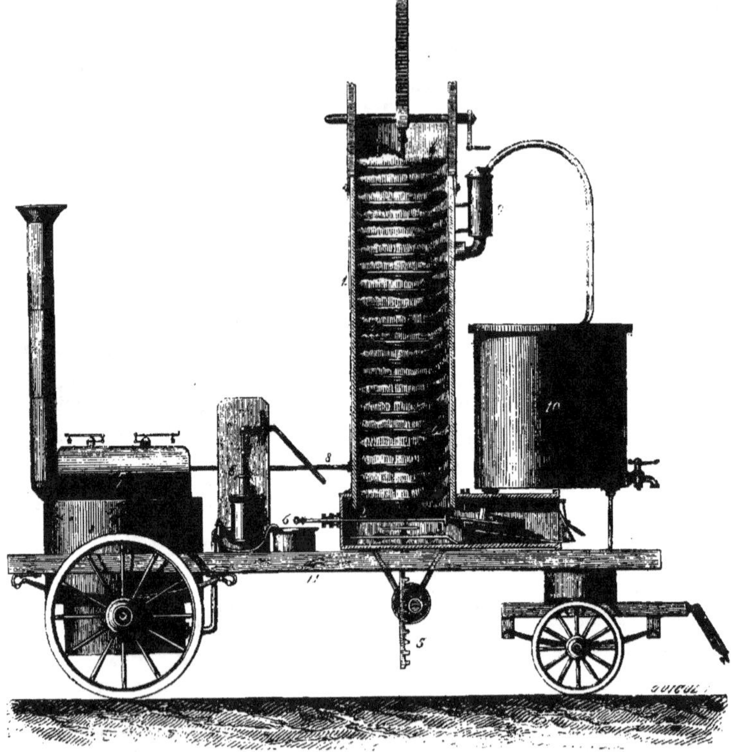

13. — Appareil continu locomobile pour la distillation des marcs de raisin. Système Villard.

4. Paniers contenant le marc de raisin.
5. Crémaillère supportant, dans la colonne, la série de paniers.
6. Pompe alimentaire pour la chaudière à vapeur.
7. Chaudière à vapeur et réservoir.
8. Tuyaux de vapeur.
9. Alcoogène ou cylindre analyseur.
10. Bâche et serpentin.
11. Chariot à quatre roues.

Avec cet appareil, ainsi qu'on le voit, le chargement se fait continuellement à la partie supérieure, et le déchargement à la partie inférieure, sans que la distillation éprouve la moindre interruption.

DISTILLATION DES FÉCULENS.

Les grains.

Nous allons passer en revue les distillations spéciales qui intéressent le plus l'agriculture par les résidus qu'elles lui fournissent.

La première par ordre de date est la *distil-*

lation des grains, bien qu'on ne puisse lui assigner une origine certaine.

Elle a naturellement pris naissance dans les pays déshérités des produits de la vigne. Il y a plus d'un siècle qu'on la trouve répandue en Pologne et en Allemagne, d'où elle a pénétré dans la Hollande et l'Angleterre.

En France, où elle n'avait pas, Dieu merci, les mêmes raisons d'être au point de vue de la consommation, elle pouvait néanmoins, comme opération exclusivement agricole, exercer sur l'amélioration du sol une influence égale à celle qu'on lui reconnaissait dans ces contrées. Toutefois elle n'a guère été pratiquée que dans quelques-uns de nos départements qui s'en trouvent le plus rapprochés, et elle y est encore peu répandue aujourd'hui.

De ce qu'elle s'adresse à des matières employées à l'alimentation de l'homme, faut-il chercher la cause de ce discrédit dans les préjugés populaires qu'elle soulève aux époques de pénurie. On ne peut pas dire que cette cause n'ait pas agi, puisque les gouvernements eux-mêmes ont quelquefois cru devoir en tenir compte, et que des prohibitions sont venues sanctionner en quelque sorte ce préjugé. Mais elle n'est ni la seule ni la plus influente.

Si on se reporte en arrière, à partir d'une trentaine d'années, on verra qu'il fallait aux meilleures pratiques beaucoup plus de temps encore qu'aujourd'hui pour faire leur chemin dans le monde agricole.

Ce n'est que vers la fin du dernier siècle que la distillerie des grains nous est arrivée de l'Allemagne, en même temps que celle des pommes de terre, dont elle semblait la compagne inséparable; et ces industries étaient restées confinées entre les mains des anabaptistes, les plus intelligents des cultivateurs de l'est. L'idée, qui avait pénétré également par la frontière belge, avait aussi, peu à peu, gagné du terrain dans les départements du nord, qui ont toujours marché à la tête du progrès agricole.

Mais tout cela se passait dans une zône restreinte, quand l'école de Roville entreprit de vulgariser cette pratique en faisant comprendre les avantages que l'agriculture devait en retirer. « Il n'y a, écrivait Mathieu de Dombasle, aucun cultivateur qui ne sache qu'en bonne agriculture on doit toujours faire consommer dans la ferme par les bestiaux une partie des récoltes; mais il n'est pas de meilleure manière de leur faire consommer les grains ou les pommes de terre qu'on leur destine qu'en les soumettant d'abord à la distillation... Ces vérités sont tellement connues dans les pays où la distillation se trouve entre les mains des cultivateurs, que ceux-ci croiraient qu'y renoncer ce serait renoncer à l'agriculture, et que même dans les années de disette les gouvernements se gardent bien de prohiber la distillation des grains, de peur de tarir la source de la reproduction pour les années suivantes, d'autant plus que les grains qu'on dis-

tille ne sont pas perdus pour la nourriture des hommes, puisqu'on les retrouve en aliments d'un autre genre, comme viande, lait, beurre, fromage. » En même temps, le célèbre agronome appuyait sa propagande par la publication de son *Instruction théorique et pratique sur la fabrication des eaux-de-vie de grain et de pomme de terre.*

Sous son influence, enfin, les savants se prêtèrent à la recherche des méthodes, les journaux se firent l'écho de leurs découvertes et les sociétés d'agriculture s'ébranlèrent. L'éveil, sinon l'impulsion, était donné, lorsqu'un événement désastreux vint paralyser tous les efforts. La pomme de terre, attaquée par une maladie inconnue et incurable, disparut de la consommation, et la distillerie de grains, que le public agricole s'était, avec raison, habitué à lui associer dans sa pensée, fut indirectement frappée du même coup. Quand, peu après, un fléau analogue vint à son tour attaquer la vigne, et que le haut prix auquel s'éleva l'alcool réveilla l'idée de la distillation, un nouveau compétiteur s'était présenté.

A la faveur des circonstances, des habitudes culturales que les sucreries avaient créées dans nos départements les plus avancés; à la faveur surtout de procédés simples et pratiques mis à la portée des cultivateurs, la betterave avait pris possession du terrain. Sa supériorité d'ailleurs n'avait pas échappé aux deux précurseurs de la distillerie agricole. Dans ses principes d'agriculture, Thaër écrivait : « Les distilleries ne donnent jamais autant de profit que lorsqu'elles peuvent être réunies à une exploitation rurale. Ce sera surtout le cas si, pour cette fabrication, on choisit, *non les grains qui peuvent facilement être transportés, mais les récoltes racines* qu'on peut se procurer en si grande quantité. Alors, nul établissement dans les villes ne pourra soutenir la concurrence de ceux de la campagne, à cause du bas prix auquel ceux-ci obtiennent la matière première, et de l'emploi avantageux qu'ils peuvent faire de son résidu. » — « Je crois, disait de son côté M. de Dombasle à propos de l'extraction du jus par la macération, que, lorsque cette question sera examinée, la préférence qui a été donnée à la pomme de terre pour la préparation de l'eau-de-vie sera dévolue à la betterave traitée par le procédé de macération; et il est vraisemblable que de toutes les substances dont on peut extraire l'alcool on trouvera que c'est la betterave qui peut la donner au prix le plus bas au moyen de ce procédé. »

Les événements ont justifié ces prévisions, et si pendant les moments de la plus grande cherté des alcools on rappela la distillation des grains, ce ne fut que pour établir avec la betterave un parallèle qui les confirmait.

Quand on compare en effet la quantité d'alcool produite par un hectare cultivé en seigle avec celui d'un hectare de betteraves, on est frappé de la différence que présentent les résultats.

Un hectare de seigle produit en moyenne 1,500

kilog. de grains, dont on obtient 415 litres d'alcool. Dans les mêmes conditions de fertilité, la même surface produira, en betteraves de Silésie, 35,000 kil., dont on obtiendra (à raison de 4 1/2 pour 100 kilog.) 1,575 litres d'alcool, c'est à-dire près de quatre fois plus que dans le premier cas.

D'autre part, le résidu de la distillation des grains, administré seul, fournira 71 rations de gros bétail ; tandis que, sur les bases de 75 pour 100 de pulpe par 100 kilog. de betteraves et d'une ration de 50 kilog. par tête , l'hectare de betteraves fournira 25,000 kilog. de pulpe ou 500 rations, c'est-à-dire six fois plus que l'hectare de grains. Il permettra par conséquent d'entretenir six fois plus de bétail et de fumer une surface six fois plus grande.

Enfin, l'un exigera trois fois plus d'engrais qu'il n'en produit ; l'autre produira près du double de celui qu'il exige.

Si on ajoute les considérations relatives à l'état d'épuisement, d'appropriation, etc., dans lequel ces deux emblaves laissent le sol, on comprendra la faveur légitime qui s'attache à la culture de la betterave.

Dans les pays même où des conditions spéciales ont fait naître et prospérer les distilleries de grains, où l'agriculture leur doit sa situation prospère, on remarque une tendance qui leur est contraire, à mesure que la facilité des communications simplifie la question complexe des approvisionnements et des débouchés. Les nations où ces usines ont reçu le plus grand développement, l'Allemagne, la Belgique, etc., les modifient petit à petit pour y substituer le travail des racines. On peut même prévoir que, comme industries commerciales, elles disparaîtront un jour de l'Europe.

Les relations, que les voies ferrées établissent entre les peuples et que les traités de commerce débarrassent des vieilles entraves auront pour résultats de rendre chaque sorte de produits à sa destination naturelle. Avec ses ressources variées, notre agriculture ne peut qu'y gagner.

Toutefois, de cet ensemble de faits et de ces exemples est-on autorisé à conclure qu'il faut renoncer à la distillation des grains dans la ferme ? Avec ce caractère absolu, cette conclusion serait complétement erronée.

Si cette pratique perd de l'importance exclusive qu'elle a eue autrefois, il est un très-grand nombre de cas où l'agriculture y trouvera toujours de précieuses ressources. Ainsi, à très-peu d'exceptions près, il y aura toujours bénéfice à distiller les grains avariés, peu vendables, ceux destinés au bétail, etc.

Après avoir comparé les grains avec les racines pour faire ressortir la supériorité relative de ces dernières, que l'on compare également deux fermes à céréales donnant une égale production, mais dont l'une vendrait toute sa récolte, tandis que l'autre en distillerait une partie. La première aura tout exporté, sans rien laisser au sol. Si la seconde retire la même somme nette en alcool, il lui restera tous les résidus et l'engrais qu'ils procurent.

La seule question à examiner, avant de se déterminer à distiller des grains, est d'établir le rapport de leur valeur sur le marché avec la valeur de l'alcool et les frais de fabrication. Ceux-ci seront toujours moindres dans la ferme que chez le fabricant, et pour peu que les résidus ressortent en bénéfice ou à un prix inférieur à leur valeur nutritive, l'opération est bonne. Rien de ce qui assure la production des engrais ne doit être négligé.

Si donc il convient d'écarter de la ferme la distillation des grains à titre d'opération principale, il en est tout autrement lorsqu'on se borne à la faire concourir secondairement avec celle des racines à la nourriture du bétail. Dans ces limites, son intervention offre des avantages incontestables.

C'est dans ce sens que nous allons nous en occuper.

Nous avons vu, dans le paragraphe 2 de cet article, qu'il existe toute une classe de produits végétaux qui ne contiennent point de sucre tout formé, mais chez lesquels, par des opérations convenables, une partie des éléments peut se transformer en matière sucrée susceptible de subir la fermentation vineuse.

Ce sont les féculents, dont l'élément principal, *la fécule ou l'amidon* (1), se prête à cette transformation que l'on nomme saccharification. Les plus importants des féculents, au point de vue de la distillation comme au point de vue de l'alimentation, sont les *céréales* et la *pomme de terre*. Les mêmes réactions chimiques produisent les mêmes effets dans les uns et dans les autres. Seulement, quelques-unes des opérations par lesquelles on les obtient diffèrent.

Nous nous arrêterons d'autant moins sur le choix des grains que nous admettons qu'on ne distille que ceux produits par la ferme; le plus souvent même que des grains inférieurs. Qu'il nous suffise de dire qu'en dehors du bon conditionnement, la valeur des grains s'apprécie par le rapport du poids à la mesure.

Le tableau suivant, dû à M. Payen, indique la composition des diverses espèces de céréales.

Le seigle et l'orge sont ceux auxquels on s'adresse de préférence.

Le seigle, à cause de son rendement considérable pour un prix relativement peu élevé. L'orge, en raison de l'aptitude remarquable qu'elle possède de germer le mieux et de développer le plus de diastase. C'est elle qui est exclusivement employée à la préparation du malt.

(1) **Voyez ces mots.**
On désigne plus spécialement sous le nom *d'amidon* la fécule provenant des *graines ;* sous le nom de *sagou,* celle qui provient de la *tige* de certaines plantes, telles que le palmier sagoutier, etc. ; et on réserve le nom de *fécule* à celle que l'on extrait des *racines*. Comme, dans l'industrie qui nous occupe, le traitement des matières amylacées est le même, nous emploierons indifféremment les expressions *fécule* ou *amidon*.

On nomme *diastase* un principe azoté qui se produit pendant la germination des fruits féculents. « Il prend naissance, selon M. Girardin, à mesure que la végétation s'établit. Son rôle est alors de réagir sur la fécule des graines ou fruits, et de la rendre soluble pour qu'elle puisse servir à la nutrition des organes. »

GRAINS.	AMIDON.	GLUTEN et autres matières azotées (1).	DEXTRINE, glucose ou substances congénères.	MATIÈRES GRASSES.	CELLULOSE.	SILICE, phosphate de chaux, magnésie et sels solubles de potasse et de soude.
Blé dur de Vénézuéla...	58,12	22,75	9,50	2,61	4,00	3,02
— d'Afrique......	64,57	19,50	7,60	2,12	3,50	2,71
— de Taïganrok...	63,30	20,00	8,00	2,25	3,60	2,85
Blé demi-dur de Brie...	68,65	16,25	7,00	1,95	3,40	2,75
— blanc Tuzelle......	75,31	11,65	6,05	1,87	3,00	2,12
Seigle............	65,65	13,50	12,00	2,15	4,10	2,60
Orge.............	65,43	15,96	10,00	2,76	4,75	3,10
Avoine...........	60,59	14,39	9,25	5,50	7,06	3,25
Maïs.............	67,55	12,50	4,00	8,80	5,90	1,25
Riz..............	89,15	7,05	1,00	0,80	1,10	0,90

C'est par l'action de ce principe que la fécule, après une première transformation, qu'on nomme *dextrine*, passe à l'état de *glucose*, ou sucre de fécule, qui peut subir la fermentation vineuse.

A l'état mûr, tous les grains contiennent du glucose et de la dextrine tout formés. Les matières sont ainsi échelonnées, en quelque sorte, pour assortir les besoins de la plante naissante : à mesure que le glucose est absorbé, la dextrine achève sa transformation et le remplace, tandis qu'à son tour l'amidon se transforme pour remplacer la dextrine. Telle est la marche naturelle mais lente de la saccharification, et que nos procédés industriels ont pour but d'accélérer en la modifiant.

Le *malt* est le grain germé, puis desséché qui joue le rôle d'entraîneur dans le travail de la saccharification des féculents. Il n'agit que par la diastase que la germination a développée.

(1) Les proportions des substances azotées ont été déduites de l'analyse élémentaire en multipliant par 6,5 le poids de l'azote obtenu.

Le *gluten* est une matière membraneuse azotée, peu différente de la fibrine animale, qui forme comme un réseau dont les mailles emprisonnent les granules de l'amidon. Il est insoluble dans l'eau froide. Il joue dans les phénomènes de la transformation de l'amidon en dextrine le même rôle que la diastase, mais avec beaucoup moins d'intensité.

Pour disposer les grains à la fermentation, trois opérations sont indispensables et communes à toutes les méthodes : la *mouture*, la *trempe* et la *macération*.

On *mout*, en farine grossière ou concassage, et seulement au moment de leur emploi, tous les grains qu'on destine à la distillation. Une mouture en fine farine n'aurait d'ailleurs d'autre inconvénient que de rendre plus difficultueuses les diverses opérations.

Les grains échauffés en nature ou en farine perdent sensiblement leurs propriétés fermentescibles.

La *trempe* a pour objet d'amollir la farine et de la disposer à la macération.

Elle s'effectue soit dans une cuve spéciale, dite cuve à saccharification, soit simplement dans une cuve à fermentation. Admettons une charge de 150 kilogr. de farine de seigle, avoine et orge mélangés, représentant à peu près 100 kilogr. de fécule (amidon et dextrine), conformément au tableau qui précède. On la dépose dans la cuve et on y verse, à la température de 45 à 50°, suivant qu'on opère en été ou en hiver, une quantité d'eau suffisante pour l'amener à l'état de bouillie très-claire. L'important est que, lorsqu'on a fortement battu et agité le mélange avec un râble, pendant 10 à 15 minutes, il ne soit pas descendu au-dessous de 30 à 35 degrés. On s'en assure au moyen du thermomètre. C'est une précaution que l'on ne doit jamais négliger. Il est essentiel de ne pas verser à la fois toute l'eau de la trempe, afin de bien délayer la farine. On commence par de petites quantités ; on brasse jusqu'à ce qu'on obtienne une bouillie un peu épaisse, mais bien homogène et sans grumeaux, que l'on délaye en ajoutant, à mesure du brassage, de nouvelles quantités d'eau. Lorsqu'on est certain que le délayage est parfait, on couvre la cuve et on la laisse en repos pendant une demi-heure, après quoi on passe à la macération. La température initiale de 45 à 50°, que l'on donne à l'eau de la trempe, est indiquée par la pratique. Plus basse, ses effets seraient ralentis ; plus élevée, on s'exposerait à nuire aux propriétés du gluten.

La *macération* n'est à proprement parler qu'une véritable saccharification opérée par l'action du gluten sous l'influence d'une température convenable. Elle reproduit artificiellement la partie utile des phénomènes de décomposition qui s'accomplissent naturellement dans l'acte de la germination. Au contraire de ce qui se passe dans la plante, où le sucre est consommé à mesure qu'il est formé, le but est de conserver tout le sucre dans des conditions telles qu'il puisse servir à une seconde opération, la fermentation vineuse. Ce but ne peut être atteint qu'en provoquant, dans un temps relativement court, la réaction qui a pour effet la pénétration des globules de la fécule, la décomposition du gluten, son action saccharifiante, etc.

On abrège le temps en faisant intervenir soit, comme nous le verrons plus loin, un acide minéral, soit un excédant d'eau et de chaleur dans des quantités et à des moments donnés, soit un entraîneur, comme le malt.

Le concours de ces divers acteurs, agents chimiques dissolvants, agents entraîneurs, température de la masse, quantités de liquide, durée de la réaction, peut être simultané dans des proportions déterminées pour chacun, de sorte que l'augmentation des uns compense la diminution des autres (1).

Dans le traitement des fécules proprement dites, les agents chimiques ou les entraîneurs paraissent indispensables.

On peut s'en passer dans le traitement des grains. L'expérience bien connue de Kirchoff dé-

(1) Voici les principales données chimiques concernant ces transformations :

L'amidon est inaltérable à l'état sec. Il est insoluble dans l'eau froide.

Sous l'action de la chaleur seule, c'est-à-dire chauffé dans un tube à 200 ou 220 degrés, il se convertit en dextrine.

Cette conversion est beaucoup plus rapide si l'opération se fait dans un vase fermé, dans lequel il ne puisse pas perdre son eau d'hydration.

La rupture des couches superficielles du granule, par le gonflement des couches centrales commence vers 55°. Elles est très-sensible à 70°, et elle est à son maximum à 100 degrés. L'amidon occupe alors environ trente fois son volume primitif.

De 100 à 130°, il se forme toujours de l'empois. A 150° l'amidon se dissout, le liquide devient diaphane

Dans la marmite de Papin, 5 parties d'eau et une partie d'amidon se convertissent en dextrine, vers 160 degrés. A 180° la saccharification commence.

A la dose de 2 millièmes, la diastase fait éprouver à l'amidon les mêmes altérations. Son maximum d'activité est à la température de 70°, qu'on ne doit jamais dépasser.

Mais, se bornant a son rôle de préparateur du sucre pour les besoins de la plante, elle n'agit que sur l'amidon, tandis que l'acide sulfurique agit de la même manière non-seulement sur l'amidon, mais aussi sur le sucre de canne, sur la gomme, sur le ligneux, etc. En un mot, l'acide sulfurique convertit en sucre de raisin toutes les matières désignées sous le nom d'aliments hydrocarbonés.

Lorsqu'il a été converti en empois, l'amidon peut subir avec le temps seul toutes les transformations que nous venons d'indiquer.

Tant qu'il n'en a éprouvé aucune, une solution d'iode mise en contact a froid le colore en bleu; a mesure qu'il se convertit en dextrine, la teinte passe au violet, puis au pourpre, et lorsque la saccharification est terminée, l'iode n'a plus d'action.

L'inuline, que nous retrouverons en traitant du topinambour, a la même composition chimique que l'amidon. Elle en diffère toutefois par les caractères suivants : Elle est un peu soluble dans l'eau froide et son empois est beaucoup moins consistant Elle est colorée en jaune par la teinture d'iode. Chauffée à 100 degrés, elle entre en fusion. Enfin, son ébullition prolongée dans l'eau la convertit en une matière gommeuse.

La diastase et les acides agissent sur l'inuline de la même manière que sur l'amidon.

montre que le maltage ou la germination préalable n'est point nécessaire pour les amener à subir la fermentation vineuse. Cette pratique est certainement utile à la rapidité des opérations, et on ne peut guère s'en dispenser dans la distillation industrielle; mais sa suppression, qui délivre le travail de grands embarras, surtout dans les petites exploitations, exerce peu d'influence sur le rendement.

En exposant ses derniers travaux sur la saccharification des fécules par le malt, dont nous aurons à nous occuper plus loin, M. Dubrunfaut indique que les grains peuvent fournir par l'action du gluten seul le rendement maximum correspondant au sucre que la fécule représente théoriquement, pourvu qu'on satisfasse aux conditions suivantes :

1° Il faut que la matière amylacée soit complétement transformée en empois dans une masse d'eau égale au moins à neuf ou dix fois son poids. Le globule acquiert ainsi son maximum de gonflement. Cette proportion porte sur la quantité de fécule (amidon et dextrine) contenue dans la farine des céréales qui sont le plus ordinairement employées dans la distillation. D'après le tableau qui précède, cette quantité est d'environ les deux tiers du poids de la farine.

2° La température d'empesage doit être portée de 68 à 70 degrés.

3° Elle doit être ramenée à 50° environ pendant que se développe l'action du gluten. Cette matière se trouve altérée plus ou moins fortement dans sa propriété saccharifiante, lorsqu'on la chauffe au delà de 90°, et la température qui assure le mieux son efficacité est celle de 50°.

L'observation de ces règles n'exige que de la vigilance et de l'attention. En elle-même l'opération est très-simple. Elle consiste à battre fortement, avec un râble, et pendant huit a dix minutes, la farine trempée, en faisant graduellement arriver dans la cuve un jet d'eau chaude, jusqu'à ce que le mélange ait acquis la température de 68 à 70°, et qu'il soit dans la proportion de 9 ou 10 hectolitres d'eau pour 150 kilogr. de farine représentant 100 kilogr. d'amidon et de dextrine.

Ainsi, en opérant, comme nous l'avons vu, une trempe de 150 kilogr. de farine, si on a employé 4 hectolitres d'eau, on devra en ajouter 5 à 6 hectolitres pour la macération : et si le liquide de la trempe est descendu à 35°, la température de ces 6 hectolitres devra être de 95° afin d'arriver à la moyenne de 70, indiquée pour l'encollage.

On abaisse ensuite la cuve à 55° avec de l'eau froide; on la couvre hermétiquement, et on l'abandonne à elle-même pendant quatre à cinq heures, en ayant soin que la masse ne descende pas au-dessous de 50°, et en agitant de temps en temps pour remettre en suspension les matières déposées.

Après ce repos, on rafraîchit encore jusqu'à

20 à 22°, et on met en levûre. Le volume doit alors renfermer de 60 à 65 kilogr. de fécule pour 10 hectolitres de liquide.

Dans le travail en grand, on emploie une cuve spéciale nommée cuve à saccharification, dont la figure 14 donne une coupe passant par l'axe et la figure 15 un plan ou vue en dessus.

Lorsque la trempe est faite, on amène le liquide dans cette cuve. Sa capacité est en rapport avec la quantité de liquide nécessaire seulement à la macération.

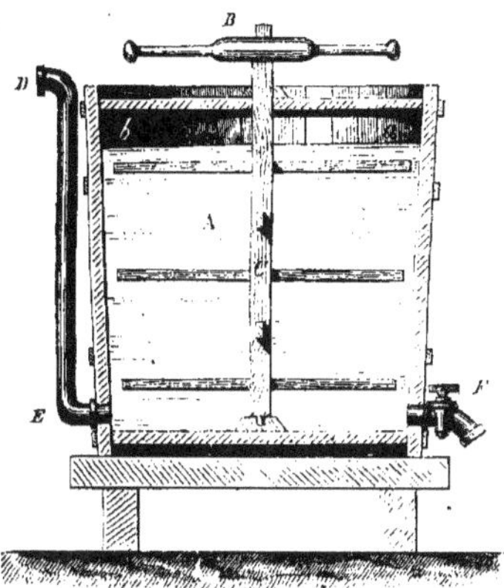

14. — Cuve à saccharification. Coupe.

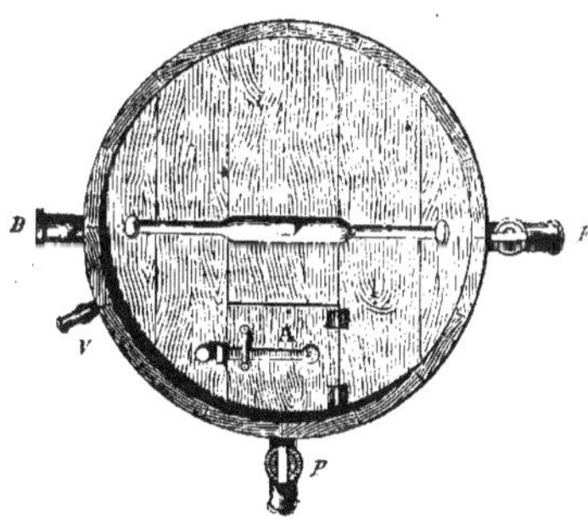

15. — Cuve à saccharification. Vue en dessus.

D'après la base adoptée de 150 kilogr. de farine (100 kilogr. de fécule), elle contiendrait 14 hectolitres. En effet, pour ramener 10 hectolitres de 70° à 55°, si on admet que la température de l'eau froide à ajouter soit de 8°, il en faudra 320 litres, ce qui portera à 1,320 litres la quantité totale du liquide à saccharifier.

Une injection de vapeur, introduite par le tuyau DE, permet de porter rapidement et de maintenir la température au degré voulu. Un couvercle hermétique s'oppose d'ailleurs au re-froidissement. L'agitateur BC, qui se manœuvre par le haut, est armé de cinq ailes, qui brassent la matière avec énergie. L'introduction se fait par la trappe A du plan ; la vidange, par le robinet F, placé au-dessus du fond, et pour les dépôts, par le robinet de fond P.

De la cuve à saccharifier, on envoie le moût dans les cuves à fermentation.

Si cette méthode procure le rendement le plus élevé, elle exige des manœuvres de chaleur et de liquide qu'on ne peut facilement effectuer que dans les grands établissements, outillés des appareils spéciaux pour rafraîchir après la macération. Pour ramener de 50° à 22° les 1,300 litres du moût macéré, il ne faudrait pas moins de 2,600 litres d'eau à 8° ; on arriverait à 40 hectolitres d'eau par 100 kilogr. de fécule : la proportion indiquée plus haut se trouverait diminuée de plus de moitié, et on augmenterait la dépense du combustible pour la distillation.

Il faut donc recourir aux appareils rafraîchisseurs en usage dans les brasseries. Les plus simples sont de grands vaisseaux plats en sapin, qui offrent une surface assez étendue pour que le liquide n'y occupe qu'une hauteur de 10 à 15 centimètres et qu'il se vaporise rapidement, puisque le succès dépend de la rapidité du refroidissement. Mais les plus simples sont encore dispendieux : ils occupent beaucoup de place et réclament les soins de propreté les plus minutieux. D'autre part, en maintenant pendant huit à dix heures le moût en contact, par une grande surface, avec l'air atmosphérique, leur emploi expose à tous les dangers d'altération qui résultent de cette situation et qui amènent souvent la perte d'une cuvée entière.

Aussi, cette méthode serait peu utilisable dans les petites exploitations si elle ne pouvait subir quelques modifications dans le but de simplifier les manœuvres de la chaleur et du liquide.

Nous ne pensons pas que son rendement se trouverait beaucoup diminué si on augmentait le temps de la macération, à une température plus élevée, dans une quantité de liquide moindre, et telle par exemple qu'en ramenant la cuve de 50° à 22°, on arrivât à peu près à la proportion de 60 à 65 kilogr. de fécule par 10 hectol.

Sur les mêmes bases que précédemment, l'opération serait alors conduite ainsi qu'il suit : La trempe n'emploierait que deux hectolitres d'eau, qu'on ne laisserait pas descendre au-dessous de 40°. On y ajouterait 2 hectol. à 100° pour obtenir la moyenne de 70°. Après le brassage, on laisserait macérer, en cuve couverte, pendant quatre heures sur cette température, avec la précaution d'agiter, à un quart d'heure d'intervalle, pendant la première heure ; puis, on abaisserait, au moyen d'une addition de 125 à 150 litres d'eau de 8° à 10°, et, dans cette masse de 650 litres, ou de six fois et demie le poids de la fécule, on maintiendrait la température pendant six heures sans la laisser descendre au-dessous de 50°. Enfin, en ajoutant 9 hectolitres d'eau au même degré, on ramènerait à 25°, pour mettre en levûre. On obtiendrait ainsi la proportion de 65 kilogr. de fécule par 10 hectolitres; on n'aurait que 1,550 litres à distiller, c'est-à-dire à peu près la même quantité que dans le premier cas, tandis qu'on éviterait les difficultés et les dangers du refroidissement en bac.

On peut utilement employer les vinasses, soit chaudes pour la trempe et la macération, soit froides pour refroidir après la macération. L'addition, dont nous parlerons plus loin, de balles de blé dans le travail est ici naturellement indiquée.

Quoi qu'il en soit, il est désirable que des expériences bien suivies viennent renseigner sur les meilleures conditions d'application aux petites distilleries agricoles.

La saccharification sans malt, par des méthodes analogues aux précédentes, est très-répandue dans le nord de l'Allemagne, ainsi qu'en Suède et en Norvège. M. Lacambre, qui la nomme procédé des anciens, en donne l'analyse suivante :

« Ce procédé consiste, en quelque sorte, à confondre en une seule et même opération la saccharification et la fermentation. Voici comment on opère d'après cette méthode :

« On mélange, dans des proportions variables, du seigle, de l'avoine et de l'orge, qu'on fait moudre ensemble; la farine est versée dans une cuve ordinaire, de petite dimension et peu profonde. On délaye le mélange farineux dans une quantité d'eau tiède suffisante pour réduire la matière en bouillie, puis on continue à débattre, en y versant de l'eau bouillante, jusqu'à ce que la chaleur du mélange s'élève à 60 ou 65° cent.; alors on débat vivement pendant une bonne demi-heure; puis on ajoute assez d'eau froide pour rafraîchir le mélange, dont on abaisse ainsi la température jusqu'à 36 à 38° centig., enfin jusqu'à ce qu'en y plongeant le bras on ne sente plus qu'une chaleur très-douce et presque insensible; alors on y ajoute une forte proportion de levûre, laquelle provoque presque immédiatement une fermentation, qui ne tarde pas à devenir très-vive, et commence à diminuer au bout de quinze à dix-huit heures, lorsqu'on n'emploie que 14 à 15 kilogr. de matière farineuse par hectolitre d'eau.

« Cette méthode serait bien plus rationnelle si, après avoir délayé la farine dans de l'eau tiède, on y ajoutait assez d'eau bouillante pour élever la température à 75 ou 78° cent., et si l'on maintenait cette dernière pendant cinq ou six heures; la saccharification de la fécule serait ainsi bien plus avancée, surtout si l'on ajoutait au mélange des grains qui renferment beaucoup de gluten, comme le froment ou le seigle ; mais elle serait toujours loin d'être aussi parfaite que par une bonne macération opérée avec 20 à 25 pour 100 de malt.

« Cette méthode, comme me l'ont fort bien fait observer quelques distillateurs allemands qui ont essayé de la mettre en pratique chez eux, a principalement pour but d'éviter l'embarras de la fabrication du malt. Je sais fort bien que la préparation du malt est, en été surtout, un grand embarras et une dépense pour tous les distillateurs ; mais c'est une chose nécessaire, je dirai même indispensable pour un grand travail. Toutefois, je pense que l'on pourrait, en grande partie du moins, éviter ces embarras et ces dépenses, et obtenir des résultats assez satisfaisants, en se bornant à faire germer la quantité absolument nécessaire pour une bonne et prompte saccharification et en l'employant sans la faire sécher; il suffirait alors de bien l'écraser entre des cylindres et de l'employer comme du malt ordinaire, en ayant soin de la travailler immédiatement ou peu d'instants après l'avoir écrasée. »

Dans les autres contrées, comme en France, on a eu recours jusqu'à présent au maltage, pour une partie au moins des grains destinés à la distillation.

L'opération du *maltage* a trois phases : la trempe, la germination proprement dite, et la dessiccation du grain.

La *trempe* se fait à l'eau froide, qui doit recouvrir le grain de 8 à 10 centimètres. Elle a pour but de l'amollir en le pénétrant dans toutes ses parties, et elle exige par conséquent d'autant plus de temps qu'il est plus sec. On reconnaît que le grain est assez amolli lorsqu'en le roulant fortement entre les doigts, il s'écrase complétement. En général, une trempe de trente à quarante heures suffit. En été, il devient nécessaire de renouveler l'eau plusieurs fois pendant ce laps de temps pour éviter un commencement de fermentation, toujours préjudiciable.

La masse doit s'égoutter pendant dix à douze heures avant qu'on ne procède à la germination.

On peut faire *germer* dans un local spécial un peu enterré, à température constante, à l'abri du soleil et des courants d'air et dallé à plat, ou dans des cuves munies de couvercles, que l'on transporte dans un local réunissant ces conditions.

On y dispose le grain en tas retroussé, et on l'abandonne à lui-même jusqu'à ce qu'il se soit échauffé de manière à causer à la main une sensation bien accusée. Cet effet, qui se produit, selon la grosseur du tas et la température, de douze à vingt-quatre heures après l'entassement, doit être surveillé. On rabat alors le tas, en ne lui laissant qu'une hauteur de 40 à 50 centimètres. L'important est que sa température se maintienne voisine de 18° cent. On ne tarde pas alors à apercevoir, à l'extrémité des grains qui se trouvent dans l'épaisseur de la couche, un petit point blanc, qui est l'indice du commencement de la germination. A partir de ce moment il faut veiller avec soin à ce que la germination se développe également et régulièrement partout. On y parvient en opérant avec intelligence de fréquents retournements, de manière que le grain qui était placé dessus se trouve dessous, et que la chaleur se régularise dans la masse. Ces manœuvres seront plus activées à mesure qu'on verra se développer les fibres qui sont les radicules de la plante. On reconnaît que la germination doit être arrêtée lorsque ces fibres ont atteint une longueur de 15 à 18 millimètres. On enlève alors le grain pour le faire sécher.

La germination a pour effet de provoquer la saccharification d'une petite portion de la fécule, au moyen de la destruction d'une partie correspondante du gluten. Celui qui reste devient soluble, la fécule devient libre, et l'ensemble se trouve disposé à recevoir une saccharification plus prompte et plus complète.

Jusqu'ici, ces opérations sont assez simples et assez peu exigeantes en matériel pour qu'on puisse les organiser sans difficultés dans la ferme. Mais la construction des *tourailles destinées à sécher les grains* rentre dans les agencements industriels pour lesquels il est prudent d'appeler un homme de l'art. Aussi, dans les petites exploitations, ou lorsque la distillation des grains ne doit avoir lieu qu'accidentellement, il est plus simple d'acheter, près des brasseurs, de l'orge maltée. La quantité nécessaire est relativement peu importante (un cinquième ou un sixième des autres grains crus), et, malgré son prix élevé, il y a, dans ces conditions, plus d'avantage à l'acheter qu'à la préparer au moyen d'une installation spéciale. On peut encore en remplacer une partie par des balles de blé, ainsi que nous le verrons plus bas. Il nous suffira de dire qu'en principe la touraille consiste en une sorte de pyramide tronquée renversée, construite en matériaux incombustibles, ayant à sa base un fourneau et à son sommet une plate-forme en treillis serré de fil de fer, sur lequel on étend les grains en couches de 20 à 30 centimètres. A moins qu'on ne se serve du charbon de bois, dont le prix est généralement élevé, ou mieux du coke de houille, on doit, au lieu d'envoyer à cette plate-forme les gaz de la combustion, par conséquent la fumée, n'y envoyer que de l'air échauffé par le rayonnement du fourneau.

Il ne doit pas y arriver avec une température supérieure à 80 ou 85°. Pour les grains qu'on destine à la distillation, la température la plus convenable est de 65 à 70°.

C'est presque toujours sur l'orge, ainsi que nous l'avons dit, qu'on opère le maltage. On l'associe ensuite, en cet état, avec les autres grains crus, dans des proportions variables. Avec le seigle, par exemple, on met un cinquième d'orge. L'opinion des distillateurs est que non-seulement l'orge maltée est un puissant auxiliaire de la saccharification, mais que dans la macération elle donne à la pâte une légèreté qui se retrouve à la distillation et qui atténue l'inconvénient que présentent les matières pâteuses. Ils attachent à cet effet une si grande importance que

lorsqu'ils manquent de malt, ils cherchent à l'obtenir par des balles de blé, dans la proportion de 2 à 3 kilogr par 100 kilogr. de grain cru, et la pratique atteste l'efficacité de cette substitution.

Avec l'emploi du malt, il y a plusieurs méthodes de fermentation des grains, selon qu'on veut ou non envoyer à l'alambic des matières pâteuses, c'est-à-dire distiller en nature ou en extraits.

Malgré les inconvénients de la première, c'est encore, en raison de sa simplicité, la plus accessible à la petite culture.

M. Dubrunfaut donne, dans son *Traité de la distillation*, les descriptions suivantes des meilleures méthodes adoptées en France, en Angleterre et en Allemagne :

« *Méthode française.* — Supposons que l'on veuille opérer sur 100 kilogr. de grains.

Ce grain étant mélangé, dans la proportion de 80 kilogr. de seigle sur 20 de malt, on le réduit en grosse farine ; puis on le dépose, avec 2 ou 3 kilogr. de courte paille (balles de blé), dans une cuve de fermentation contenant 12 hectolitres ; on les trempe avec 3 hectolitres d'eau à 50° environ, puis on le fait macérer en y ajoutant 4 hectolitres d'eau bouillante et froide, mélangée de manière à ce que la masse mise en repos porte une température de 65 à 70° centigrades. On recouvre la cuve, et on l'abandonne à elle-même pendant trois ou quatre heures. A cette époque, on achève de l'emplir jusqu'à 20 ou 25 centimètres du bord, avec de l'eau froide et chaude, mélangée dans une proportion telle que toute la masse porte 25° de température environ. Enfin, on met en levûre avec un litre de bonne levûre de bière liquide.

Quelques heures après, la fermentation commence, et parcourt toutes ses périodes dans l'espace de trente heures environ : alors il est temps de mettre en chaudière.

Si l'on a bien opéré, et que la qualité du grain soit bonne, on doit retirer d'un semblable travail 45 à 50 litres d'eau-de-vie à 50° centésimaux.

Beaucoup de distillateurs sont loin d'en retirer autant, et il en est même qui n'obtiennent pas plus de 30 à 35 litres.

Plusieurs causes peuvent concourir à cette exiguïté de produits ; mais une des plus influentes est la proportion d'eau employée, c'est-à-dire qu'au lieu d'employer environ 11 hectolitres d'eau par 100 kilogr. de grains, ils n'en emploient que 6.

Dans un travail continu, les vinasses qui sortent de la chaudière doivent être déposées dans des tonneaux, ou dans une citerne construite à cet effet : là les matières solides gagnent le fond, et le liquide surnage. Ce liquide peut être employé avec succès dans d'autres travaux ultérieurs pour étendre le grain après la macération. On trouve dans cette pratique l'avantage de ramener à la fermentation une liqueur qui contient encore des matières fermentescibles échappées à un premier travail. On peut suivre cette marche pendant plusieurs opérations successives, c'est-à-dire pendant trois, quatre et même cinq ; et on retire ainsi du grain jusqu'à 60 litres d'eau-de-vie à 50° par quintal métrique ; produit considérable, que l'on ne peut pas obtenir en opérant autrement. On cesse d'employer les clairs des vinasses lorsque après plusieurs opérations ils sont devenus tellement acides, qu'ils nuiraient à la fermentation vineuse, au lieu de lui fournir des aliments.

Si l'on opérait avec une moindre proportion d'eau, on ne pourrait pas suivre la même marche, ou au moins on ne pourrait pas lui donner la même extension, parce qu'alors la fermentation, exigeant trois ou quatre jours au lieu de trente heures, donne des vinasses fortement acides.

Méthode anglaise. — Une autre méthode, usitée en Angleterre, permet d'utiliser les appareils perfectionnés et de ne distiller que des vins.

Cette méthode consiste à traiter les grains dans une cuve à double fond, pour en faire un extrait absolument de la même manière que les brasseurs de bière. Voici comment les Anglais opèrent :

Le grain étant mélangé en malt et seigle cru, concassé comme pour la macération par la méthode française, ils déposent dans une cuve à double fond une couche de courte paille de 2 centimètres environ d'épaisseur, soit environ 10 kilogr., et ils étendent par-dessus 200 kilogr. de grains mélangés et concassés.

Alors ils font arriver, par le conduit latéral qui communique avec l'espace ménagé entre les deux fonds, 400 kilogr. ou litres d'eau, de 44 à 50° centigrades de température, pendant qu'un homme ou deux, armés de râbles, sont occupés à brasser fortement. Ce brassage dure cinq ou dix minutes environ, puis ils abandonnent la matière à elle-même pendant un quart d'heure ou une demi-heure, afin qu'elle se pénètre bien d'eau. Cette opération est absolument la même et a le même but que la trempe qui précède la macération dans la méthode précédente ; il n'y a là de différence que dans la construction de l'appareil employé.

Immédiatement après cette trempe, les ouvriers reprennent leurs râbles et recommencent à brasser la masse, pendant qu'on y fait arriver de nouveau, toujours par le conduit latéral, 800 kilogr. d'eau bouillante. Le brassage cette fois doit durer un quart d'heure environ, puis on laisse en repos pendant une heure au moins. A cette époque, le grain, qui se trouve noyé dans l'eau, doit être précipité au fond de la cuve, et être recouvert d'une couche de liquide assez clair. On ouvre un robinet qui communique avec l'espace vide qui se trouve entre les deux fonds ; et comme le fond supérieur forme une espèce de filtre par les trous coniques qu'il porte sur toute sa surface, tout le liquide s'écoule par le robinet, et il est reçu au dehors pour être transporté dans les cuves de fermentation.

Cette première extraction finie, on amène, toujours par le même conduit, 600 kilogr. d'eau bouillante, et les ouvriers brassent encore pendant un quart d'heure ; on laisse reposer une heure, et on soutire cette extraction comme l'autre pour la mettre en fermentation. Le grain qui reste sur le double fond, après ces deux extractions, est assez bien épuisé de sa substance fermentescible, que l'eau a emporté en dissolution à l'état mucoso-sucré.

Cette opération, qui est une véritable macération bien entendue et bien faite, prouve jusqu'à l'évidence l'effet de cette macération sur le grain ; elle prouve que c'est, comme nous l'avons dit, une véritable saccharification.

Le liquide que l'on a obtenu, et que l'on a déposé dans les cuves de fermentation, est mis en levain quand sa température est tombée suffisamment, c'est-à-dire à 25 ou 35°, suivant la capacité de la cuve ; et l'on obtient ainsi un vin sans dépôt, qui peut être soumis à la distillation dans toute espèce d'appareil.

Si l'on trouvait que le grain restant sur le double fond ne fût pas suffisamment épuisé, on pourrait lui faire subir une troisième extraction.

Méthode allemande. — Les Allemands suivent la même méthode pour la distillation des grains, et il n'y a de différence dans leur travail qu'en ce qu'ils opèrent sur des grains qui ont tous subi la germination. L'opération alors ressemble exactement à celle de nos brasseurs, qui font également germer tout le grain dont ils veulent faire des extraits.

Si l'on voulait utiliser cette méthode, il conviendrait d'augmenter la proportion d'eau employée pour les extractions, ou au moins d'allonger les extraits avec de l'eau froide, de manière à élever la proportion d'eau employée, à dix ou douze fois le poids de la fécule. »

Il y a quarante ans, les auteurs allemands accusaient les rendements suivants en alcool à 100 degrés :

100 kil. froment	produisaient		21	à 23	litres.
—	seigle	—	19	22	—
—	orge	—	21	23	—
—	avoine	—	19	21	—
—	sarrasin	—	21	23	—
—	maïs	—	21	25	—

Méthode de M. de Dombasle. — On n'a pas oublié que M. de Dombasle a été le promoteur en France de la distillation des grains. La méthode qu'il a préconisée, comme le résultat de son expérience personnelle, trouve donc naturellement sa place ici.

« Je suppose, dit-il, qu'on veuille mettre en fermentation 100 kilogr. de farine (80 kilogr. de seigle et 20 kilogr. d'orge maltée) ; le cuvier de fermentation devra contenir 6 à 7 hectolitres, non compris la partie du cuvier qui doit rester vide. On fera chauffer de l'eau jusqu'à l'ébullition, et on la maintiendra bouillante pendant quelques instants ; on en fera refroidir une partie jusqu'à 50° centigrades pour faire la pâte. Pour cela, on se servira d'un cuvier plus large que profond, et de la contenance de 3 à 4 hectol., que j'appelle *cuvier de macération* ; on y mettra la farine et on versera peu à peu l'eau à 50° centig. en pétrissant et agitant continuellement, de manière que la farine soit pénétrée dans toutes ses parties et qu'il n'y reste aucun grumeau. On continuera d'ajouter de la même eau jusqu'à ce que la masse porte 31 à 34° du thermomètre ; on couvrira alors le cuvier, et on le laissera ainsi pendant une demi-heure. On prendra alors de l'eau qui ait bouilli pendant quelques instants, et qui soit encore bien bouillante au moment où on l'emploie ; on la versera dans le cuvier par petites quantités, en agitant continuellement la masse de manière qu'aucune partie de la farine ne se trouve exposée à une chaleur trop considérable. On continuera de verser de l'eau bouillante jusqu'à ce que la masse marque 60° du thermomètre ; on couvrira ensuite le cuvier, et on le laissera en repos pendant deux heures. On peut le laisser trois ou quatre heures, si la masse est considérable, ou si le local dans lequel on fait l'opération est assez chaud pour que la température de la masse ne diminue pas beaucoup. Au bout de ce temps, on découvrira le cuvier, et on agitera le liquide pour le faire refroidir le plus promptement possible. Une méthode qui m'a très-bien réussi pour opérer ce réfroidissement consiste à remplir d'eau froide une bouteille de cuivre ou de ferblanc à long cou, de la contenance de 25 à 30 litres : on plonge cette bouteille dans le liquide, et on l'y agite doucement ; lorsque l'eau qu'elle contient est chaude, on la change et on continue l'opération jusqu'à ce que le liquide soit refroidi au degré qu'on désire. Ce degré doit être calculé de manière que lorsque la masse sera transportée dans le cuvier de fermentation, en y ajoutant de l'eau froide en quantité suffisante pour remplir le cuvier jusqu'au point voulu, la masse se trouve au degré de température le plus convenable pour mettre en levain. Aussitôt que la masse est suffisamment refroidie, on la porte dans le cuvier de fermentation et on achève de le remplir d'eau froide ; il doit se trouver alors au degré convenable pour mettre le levain : ce degré varie de 20 à 25°, selon la saison, la grandeur des cuviers, la nature du grain qu'on emploie, la nature de l'eau, etc. A l'aide d'un thermomètre, on aura bientôt trouvé le degré le plus avantageux pour chaque distillerie et pour chaque circonstance. Si l'on a mis en levain trop chaud, la fermentation prendra rapidement, sera très-vive et le liquide passera à l'aigre dès le deuxième ou le troisième jour. Si, au contraire, on a mis en levain trop froid, on s'en apercevra facilement parce que la fermentation prendra lentement et aura très-peu d'activité ;

alors aussi la fermentation acide commencera avant que la fermentation vineuse soit suffisamment avancée.

En général, lorsque le levain a été mis à propos en suffisante quantité, la fermentation est déjà commencée deux heures après la mise en levain ; au bout de douze heures elle est très-active et continue ainsi jusqu'au troisième jour. Ainsi, un cuvier qui a été mis en fermentation le lundi présentera pendant toute la journée du mardi une vive fermentation avec des écumes élevées et une odeur très-forte ; si on plonge une chandelle allumée dans la partie vive du cuvier, elle s'éteindra sur-le-champ ; en goûtant le liquide il doit être douceâtre sans aucune aigreur. Le mercredi les écumes seront beaucoup diminuées, le liquide ne sera plus douceâtre, mais vineux, cependant pas encore acide. Le jeudi, les écumes sont totalement tombées et déposées au fond du cuvier ; le liquide est presque clair, légèrement acide, et il se forme ordinairement à la surface une pellicule blanchâtre : c'est le moment de prendre le liquide et de le distiller.

J'ai conseillé de faire la macération d'un cuvier à part ; cependant l'usage ordinaire des distillateurs est de la faire dans le cuvier de fermentation même. Je préfère le premier moyen, parce qu'il donne plus de facilité de refroidir dans un cuvier large et peu profond que dans les cuviers de fermentation, qui ont beaucoup plus de hauteur. D'ailleurs, en transvasant la masse dans le cuvier de fermentation, qui est froid, elle diminue encore de 1 ou 2°, ce qui est autant de temps de gagné pour le refroidissement, et *il est très-important qu'il se fasse le plus promptement possible*. En faisant la macération dans le cuvier même de fermentation, on est obligé d'ajouter une bien plus grande quantité d'eau froide pour amener la masse au degré de température convenable pour la mise en levain, et on a par conséquent un vin plus faible.

J'ai indiqué 60° comme le terme le plus favorable pour les macérations ; c'est en effet celui qui convient dans le plus grand nombre de circonstances, et on ne manquera jamais une fermentation pour l'avoir faite à ce degré ; cependant, il y a des cas où on obtiendra une plus grande quantité d'eau-de-vie en faisant la macération quelques degrés ou au-dessus ou au-dessous de 60° ; cela tient à tant de circonstances qu'il est impossible de donner des règles précises à ce sujet. C'est toujours par l'expérience et le thermomètre à la main qu'on doit se diriger. On peut dire cependant, en général, que la macération doit être faite plus chaude en hiver qu'en été, plus chaude dans les petits cuviers que dans les grands, plus chaude avec une grande proportion de malt qu'avec une proportion ordinaire, etc.»

Nous avons, malgré leur développement, inséré textuellement les descriptions des méthodes afin de ne pas laisser d'obscurité sur ces questions si délicates de macération et de fermentation, dans lesquelles de légères différences dans les manipulations ou dans la température peuvent modifier profondément les résultats. En pareille matière les détails ont une grande importance, et une analyse serait insuffisante, peut-être même dangereuse.

En parlant de la macération nous avons indiqué l'emploi d'un acide minéral comme agent de la saccharification, en remplacement du malt. C'est ordinairement à l'acide sulfurique que s'est adressée l'industrie. Mais les résidus de ce travail sont complétement perdus pour l'agriculture. Aussi l'aurions-nous passé sous le silence si nous ne pensions pas qu'il est possible de remédier à ce défaut capital en l'associant avec le travail de la betterave.

Voici d'abord comment on opère pour les grains. Ils sont mis en nature dans deux fois leur poids d'eau contenant 2 p 100 du poids de la fécule d'acide à 66. Ainsi admettons 150 kilogr. de grains mélangés représentant 100 kilogr. de fécule, il faudra 2 hectolitres d'eau et 2 kilogr. d'acide. Les grains trempent dans ce bain pendant vingt-quatre heures. Ils sont ensuite écrasés entre deux cylindres et versés dans la cuve à saccharification que nous avons décrite, pour y subir pendant quinze à seize heures l'action de la vapeur, jusqu'à ce que l'épreuve de la teinture d'iode indique la transformation de toute la fécule. On sature alors par la craie ; on laisse le liquide se déposer pendant dix à douze heures : on soutire le clair, et on l'envoie aux cuves à fermentation pour y être ramené à la température de 22 à 25°, à laquelle on met en levûre.

Le dépôt qui s'est formé n'est pas autre chose que du plâtre. On le délaye à plusieurs reprises avec cinq à six fois son poids d'eau, on soutire le clair et on l'emploie à la trempe d'une nouvelle charge.

Reprenons l'opération avant la saturation. Un fait qu'il ne faut pas perdre de vue, c'est que l'acide n'est point absorbé et qu'il se retrouve tout entier après avoir provoqué la saccharification. Nous avons donc ici : d'une part, une matière solide, le parenchyme des grains écrasés ; d'autre part, une matière liquide, chargée de la glucose devant fournir environ 25 litres d'alcool, et, quelle que soit la quantité de cette dernière, 2 kilogrammes d'acide sulfurique, c'est-à-dire, ainsi que nous le verrons plus loin, ce qu'il en faut pour aciduler 1,000 kilogr. de betteraves. Si donc on leur ajoute, avant leur fermentation, le mélange de grains et de liquide ci-dessus, l'acide libre sera utilisé à leur profit ; on leur procurera un enrichissement qui portera leur rendement à 65 litres d'alcool, et qui augmentera en même temps, dans une notable proportion, la valeur nutritive de leurs résidus.

La combinaison dans l'emploi des grains dépendra de la méthode adoptée pour le traitement des betteraves. Il nous suffira de l'avoir signalée à l'attention des agriculteurs.

On pourrait aussi substituer l'acide hydrochlorique à l'acide sulfurique, dans la proportion du double en poids et en opérer ensuite la saturation au moyen de la soude. On obtiendrait, comme résultat de cette saturation, du chlorure de sodium, ou sel ordinaire de cuisine, qui améliorerait les résidus.

Ce moyen est surtout recommandable lorsque la saccharification à l'acide se fait non plus sur les grains en nature, mais sur des farines ou sur des fécules libres. La matière pâteuse nous parait se prêter moins facilement aux combinaisons avec le traitement des betteraves.

Pour le travail des farines, la durée de la trempe est réduite à douze heures et la dose d'acide est augmentée d'un tiers. On peut même supprimer la trempe en délayant la farine dans cinq fois son poids d'eau à la température de 40° avec 6 kilogr. d'acide hydrochlorique par 100 kil. de farine, et porter immédiatement à l'ébullition au moyen de la vapeur, en agitant constamment. L'ébullition doit être prolongée pendant douze à quinze heures, de même que pour les grains. On sature alors avec la soude et on laisse déposer.

Avant d'abandonner le traitement des grains nous allons rappeler rapidement les principes appliqués dans les méthodes qui précèdent.

Trempe. — Durée de trois quarts d'heure à une heure au plus. Brassage énergique. Quantité d'eau suffisante pour procurer l'hydratation complète des matières farineuses sans laisser de grumeaux. Température de 40 à 45 degrés. Proportion du malt d'orge : 15 à 25 p. 100 du grain.

Macération. — Débattage assez prolongé pour rendre le mélange parfait. Il est utile que la matière soit mise en suspension à plusieurs reprises. Le développement des globules est en raison de la quantité d'eau ajoutée à celle de la trempe. Il atteint son maximum quand la somme est de dix fois le poids de la fécule, ou en moyenne, quinze fois le poids de la farine. La dissolution de l'amidon ne s'effectue rapidement qu'au-dessus de 60°. Au delà de 75° on paralyse l'action du gluten et celle de la diastase. Le gluten résiste moins que la diastase à une température élevée. La température la plus efficace pour l'encollage est de 70°. La durée de la saccharification est en raison inverse de la densité du moût et en raison directe de la température. Celle de 50° est la plus favorable à la réaction. A ce degré la prolongation de la macération n'a que des avantages. Le température de la mise en levûre varie selon les saisons. Elle est aussi en raison inverse de la quantité du liquide. Son minimum est de 20°, son maximum de 35°.

Pendant la durée de chaque phase de l'opération, la température qui lui est attribuée doit être maintenue aussi uniforme que possible. Les transitions de la température de la trempe à celle de l'encollage, de cette seconde à celle de la macération, et de cette troisième à celle de la mise en levûre doivent se faire dans le moins de temps possible.

On peut, à la rigueur, mettre en levûre avant que toute la fécule soit saccharifiée ; la fermentation complète alors la transformation : mais les rendements sont d'autant meilleurs que la saccharification a été plus avancée. On reconnaît qu'elle est complète lorsque la matière ne se colore plus en bleu par l'iode.

Fermentation. — Sa durée, de même que celle de la saccharification, est en rapport avec la densité du moût et avec la température. Toutes choses égales d'ailleurs, le moût provenant d'un mélange de grains crus avec 15 à 25 p. 100 de malt doit être moins dense que le moût provenant de grains entièrement maltés. Dans le premier cas le maximum utile est de 6 à 7° Baumé, dans le second il peut aller de 10 à 12°. Elle est encore proportionnelle à la qualité et à la quantité du ferment. Cette quantité varie de 1 à 4 kilogr. de levûre en pâte par 100 kilogr. de fécule. L'emploi des clairs de vinasse améliore toutes les opérations ; il permet de réduire la quantité de levûre.

Si la macération a eu une longue durée, celle de la fermentation peut être diminuée, et réciproquement. On n'est pas assuré d'un bon rendement tant que la somme des deux reste au-dessous de trente-six à quarante heures.

Plus la température de la fermentation a été élevée, plus on doit se hâter de distiller dès que celle-ci à complétement cessé.

Les pommes de terre.

En ce qui concerne la saccharification et la fermentation, une grande partie de ces principes est commune au traitement de la *pomme de terre,* soit qu'on opère sur sa pulpe, soit qu'on ait préalablement extrait la fécule.

De tous les trésors que le Nouveau Monde a fourni à l'Ancien, l'un des plus appréciables sans contredit est la pomme de terre, rapportée par les Espagnols peu après leur conquête du Pérou, vers 1550, selon leurs auteurs. De l'Espagne elle passa en Irlande, en Italie et dans les pays soumis à Charles-Quint. Comme racine fourragère, sa culture en grand ne remonte guère au delà du commencement du dix-septième siècle, vers 1685 en Angleterrre ; 1720 en Saxe ; 1730 en Écosse, et 1740 en Prusse.

La France est venue la dernière. Ce n'est que plus de deux siècles après son introduction sur le continent que cette précieuse plante y fut acceptée. Les méfiances et les inconcevables préjugés qui ont arrêté sa propagation forment une des tristes pages de l'histoire de l'économie rurale après le règne désastreux de Louis XIV. Tandis que le duc d'Orléans reprochait à Louis XV le pain de fougère dont se nourrissaient ses sujets, la science autorisée déclarait que la pomme de terre était un poison engendrant la lèpre, et le peuple, rejetant le poison, faisait du pain de fougère.

Pour triompher de cette conspiration de l'ineptie et de la routine, il n'a fallu pas moins que le patronage officiel de Louis XVI et l'infatigable dévouement de Parmentier. Parmi nos populations rurales, dont la pomme de terre forme la moitié de la nourriture, combien y en a-t-il qui connaissent seulement le nom de cet apôtre du bien?

Un très-intéressant mémoire sur la distillation de l'eau-de-vie de pomme' de terre, publié à Creuznach, en 1813, par le baron Van Recum, attribue à une famille d'anabaptistes, les Mollinger de Monsheim, près Vorms, dans le duché de Hesse-Darmstad, l'invention de la distillation des pommes de terre, qu'il fait remonter à 1769. « C'est à cette heureuse découverte, dit-il, que le ci-devant Palatinat du Rhin doit l'état florissant dont il jouit depuis 1770. Les résidus que procure la distillerie sont si nécessaires à l'entretien d'un grand nombre de bestiaux, qu'une ferme qui en est privée ne peut en aucune manière être mise en parallèle avec celle qui en est pourvue : et on peut mettre au nombre des calamités rurales toute mesure qui tend à charger d'impôts ces établissements. »

Ce mémoire, rédigé pour éclairer le gouvernement sur les dangers des mesures fiscales qu'il venait de prendre à l'égard des distilleries, et surtout pour prévenir le retour imminent des prohibitions dont elles avaient déjà été frappées, montre combien l'influence favorable de la distillerie était anciennement appréciée dans ces contrées, tandis qu'elle restait inconnue en France.

A l'époque où il écrivait, ce pays faisait partie de l'empire français ; et l'auteur, s'adressant au duc de Dalberg, qui en était originaire, ajoutait : « *Si jamais S. M. l'empereur voulait honorer le mérite agricole par une décoration, ce serait certainement un membre de la famille Mollinger qui devrait la porter.* »

Nous ignorons si le vœu du patriote agronome a été exaucé ; mais on doit lui savoir gré d'avoir tiré de l'oubli et conservé à la reconnaissance publique le nom de l'un des bienfaiteurs de l'agriculture.

Le troisième volume des *Annales du Muséum d'histoire naturelle,* renferme un travail très-étendu de Vauquelin sur l'analyse de 47 variétés de pommes de terre. Il en résulte que la quantité d'eau qu'elles peuvent retenir varie de 66 à 75 et 80 pour 100, et que la quantité d'amidon s'élève de 12 à 25 pour 100 ; mais que, sur cette quantité, le parenchyme, qui est d'environ 9 pour 100 du poids de la racine, en retient toujours 6 à 7 de son propre poids. Des autres expériences faites par divers auteurs, et notamment par M. Dubrunfaut, on peut conclure que les pommes de terre les plus pauvres contiennent au moins 14 pour 100 de leur poids en fécule, et que les plus riches peuvent donner jusqu'à 27 ou 28. Les autres matières découvertes par l'analyse n'ont pas d'intérêt pour la distillation. On les trouve d'ailleurs indiquées à l'article Fécule (*voyez* ce mot).

Il n'est pas de racine cultivée qui présente autant de variétés que la pomme de terre. Son aptitude à se modifier avec persistance selon le sol et le climat font que chaque localité possède, pour ainsi dire, une variété qui lui est propre, et dont la classification, difficile d'ailleurs, serait ici sans utilité.

Le tableau suivant, dû à Vauquelin, comprend les 47 variétés sur lesquelles ont porté ses observations.

TABLEAU DE LA QUANTITÉ DE FÉCULE CONTENUE DANS 100 PARTIES DE POMMES DE TERRE, D'APRÈS VAUQUELIN.

Nos.	NOMS DES ESPÈCES.	COULEUR EXTERNE.	COULEUR INTERNE	FÉCULE.
1	Hollande	Rouge.	Jaune verdâtre.	15,20
2	La duagienne	—	Jaune.	15,20
3	Violette franche	—	Jaune verdâtre.	15,00
4	— dégénérée	—	Blanche veinée de rouge.	19,20
5	Rouge longue	—	—	18,14
6	Borbourg	—	Blanche.	18,40
7	Chair rouge	—	Jaune et rouge.	12,20
8	Decroisilles	Rosée.	Blanche jaunâtre.	23,80
9	Calcinger	Rouge.	Blanche.	19,60
10	Bavière	—	Jaune.	17,00
11	Patraque rouge	—	Blanche jaunâtre.	13,80
12	Prime-rouge 1re levée	—	Jaune et rouge.	16,30
13	— 3 pieds	—	—	18,40
14	Truffe d'août	—	Jaune veinée.	18,00
15	Belle ardenne	—	Blanche jaunâtre.	17,40
16	Claire bonne	Rosée.	Blanche rosée.	24,00
17	Belle ocreuse	Rougeâtre.	Blanche jaunâtre.	18,60
18	Colon	Rouge.	Jaune veinée.	17,80
19	Tardive ardenne	—	Jaune.	21,40
20	Zelingen	—	—	21,00
21	Divergente	—	—	18,00
22	Moufiin	—	Blanche jaunâtre.	19,70
23	Patraque blanche	Blanche rosée.	Blanche veinée en rose.	17,60
24	Beaulieu marbré	Rosée.	Jaune.	17,50
25	Long brin	—	—	20,00
26	Brugeoise	Jaune rougeâtre.	Jaune veinée.	21,40
27	Patraque jaune	Jaune.	Jaune.	18,20
28	Grosse zélandaise	—	—	17,80
29	Jaune tardive	—	—	17,30
30	Champion	Rosée.	—	15,90
31	Oxnoble	Blanche jaunâtre.	—	22,30
32	Shan	— verdâtre.	—	18,80
33	Veinée à châssis	Blanche jaunâtre.	Blanche jaunâtre	17,30
34	Petite hollandaise	Jaune.	Jaune.	22,20
35	L'épais buisson	—	—	18,40
36	L'orpheline	Jaune et rouge.	—	24,40
37	La chinoise	Jaune.	—	17,70
38	Imbregme	—	Blanche.	18,50
39	Parmentière	—	Jaune.	19,30
40	Jaune haricot	—	Blanche.	21,30
41	Kidney	Jaune verdâtre	Jaune verdâtre.	16,40
42	Violette	Violette.	Jaune.	17,60
43	Bleue des forêts	Rouge violacée.	Blanche.	19,60
44	Bleue de Zélande	—	—	14,20
45	Autre —	—	—	19,60
46	Violette a chair marbrée.	Violette.	Blanche veinée de violet.	18,60
47	Bleue noirâtre	Violet foncé.	Blanche et violette.	16,50
	En moyenne…		18,44 pour 100.	

Il est peu probable que les 47 variétés que comprend le travail du célèbre chimiste aient été récoltées dans les mêmes conditions de sol et de culture; les résultats qu'il accuse ne doivent être acceptés que sous la réserve de cette observation.

Le tableau suivant, dû à MM. Payen et Chevallier, indique la valeur alimentaire de diverses espèces récoltées sur le même terrain, d'après la proportion d'eau et de matières solides qu'elles contiennent :

DÉSIGNATION DES VARIÉTÉS.	EAU.	MATIÈRE solide.
Patraque rouge.............	73 »	27 »
— blanche..........	69 »	31 »
— jaune.........	69 »	31 »
Divergente...............	74,20	25,80
Bloc...................	68 »	32 »
Schaw.................	72,50	27,50
Philadelphie.............	69 »	31 »
Fruit pain...............	67,50	32,50
Turlusienne.............	64,80	55,20
Mayençaise..............	75 »	25 »
New-York..............	64,25	35,75
Jersey.................	72 »	28 »
Moyennes...	69,85	30,15

Enfin, l'influence qu'exerce sur la proportion de matières solides la condition plus ou moins humide du sol est constatée par les mêmes auteurs ainsi qu'il suit :

NOMS DES VARIÉTÉS.	TERRAIN HUMIDE.		TERRAIN TRÈS-HUMIDE.		TERRAIN SABLONNEUX.	
	Eau.	Matière solide.	Eau.	Matière solide.	Eau.	Matière solide.
Patraque blanche.......	79,50	20,50	81,00	19,00	74,50	25,50
Patraque jaune........	77,50	22,50	85,00	15,00	71,00	29,00
Hollande jaune........	84,00	16,00	76,00	24,00	67,50	32,50
Hollande rouge........	77,00	23,00	75,50	24,50	72,00	25,00
Violette.............	84,00	16,00	86,00	14,00	78,50	21,50
Rouge ronde.........	79,00	21,00	86,50	13,50	74,00	26,00
Vitelotte.............	82,00	18,00	87,00	13,00	79,50	20,50
Moyennes...	79	21	82,60	17,40	73,85	26,15

C'est au cultivateur à se renseigner sur les espèces qui lui donneront dans sa localité la plus grande quantité de fécule et par conséquent d'alcool et à la placer dans un sol convenable.

Il est prudent de s'assurer de cette quantité avant de commencer le travail. Le moyen est à la portée des moins lettrés. Il suffit de choisir dans le tas des pommes de terre de moyenne grosseur, de les laver ou de les nettoyer très-proprement à la brosse, de les peser, de les couper ensuite en rondelles minces, de les dessécher complétement et de les peser de nouveau. La dessiccation est complète lorsqu'en répétant plusieurs fois le pesage des tranches à une demi-heure d'intervalle de leur séjour à l'étuve, on obtient constamment le même poids.

Alors la différence entre le poids trouvé pour la pomme de terre fraîche et celui des tranches desséchées indique la quantité d'eau de végétation. En retranchant du poids des tranches 9 pour 100, tant pour le parenchyme et les autres matières que pour la fécule retenue par le parenchyme, le reste est le poids de la quantité de fécule qu'on peut extraire. Mais celle que retient le parenchyme peut aussi être attaquée par la cuisson et la distillation.

On se renseigne également par l'extraction directe de la fécule d'une certaine quantité de pommes de terre d'essai, en s'y prenant ainsi qu'il a été indiqué à l'art. FÉCULERIE; mais ce second moyen, sans être beaucoup plus précis, est plus long que le premier.

On opère de deux manières la préparation de la pomme de terre en nature, par la *cuisson* et par la *râpe*.

Après leur lavage, les pommes de terre sont *cuites et réduites en bouillie*, soit dans des appareils isolés, soit dans un seul appareil chargé de ces deux fonctions.

L'appareil de cuisson le plus simple consiste en une chaudière à laquelle on superpose un tonneau dont le fond inférieur est percé de trous, et le fond supérieur est hermétiquement fermé et luté. C'est celui qui a été recommandé par M. de Dombasle pour les petites exploitations.

Lorsque les pommes de terre sont cuites, on les réduit en purée au moyen d'une presse dont la figure suivante donne le dessin (fig. 16).

Elle se compose d'un bâtis formé de quatre pieux A, fichés en terre et assemblés par des traverses. Celles-ci supportent une caisse cylindrique en fonte B, ayant à peu près la forme d'un chapeau et dont toute la surface est percée de trous. Un poteau AE supporte les guides D d'un piston C, dont le balancier F a son point d'appui en E, et un tuyau d'eau chaude H destiné à lubréfier les pommes de terre ainsi qu'à maintenir leur température pendant l'écrasage.

A l'extrémité du balancier est suspendue une tringle de fer ou de bois J, terminée par un étrier. On y ajoute souvent au point J une cheville sur laquelle on appuie avec la main pour aider à la pression du pied. Un baquet L reçoit la purée, qui est guidée par les plans inclinés qu'on remarque dans le dessin.

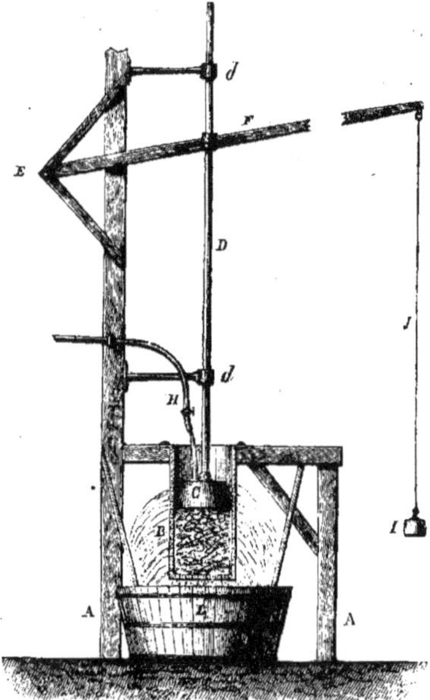

16. Presse à purée pour les pommes de terre.

Pour des quantités plus importantes on emploie une cuve A (fig. 17) échauffée par un géné-

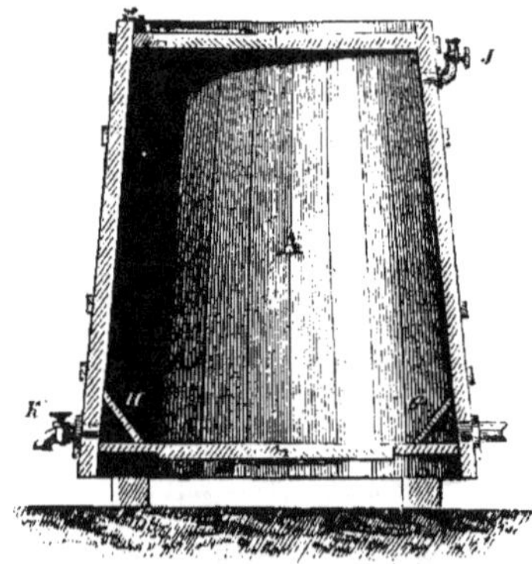

17. Cuve pour cuire les pommes de terre à la vapeur au moyen d'un générateur indépendant. Coupe verticale.

rateur isolé. La vapeur est introduite par le tuyau F, muni d'une garde qui consiste simplement dans une planche G en plan incliné, percée

de trous et fixée sur les douves et sur le fond. Un artifice semblable H empêche les matières d'obstruer le robinet de vidange K pour les eaux de condensation. Un petit robinet J sert d'échappement à l'air lors de l'introduction de la vapeur. Le fond supérieur, représenté par la figure 18, porte une charnière A, par laquelle se fait le chargement. Cette trappe est fermée par un loquet et lutée avec de la pâte.

On décharge en faisant tourner le loquet, qui maintient dans le fond inférieur (fig. 19) une

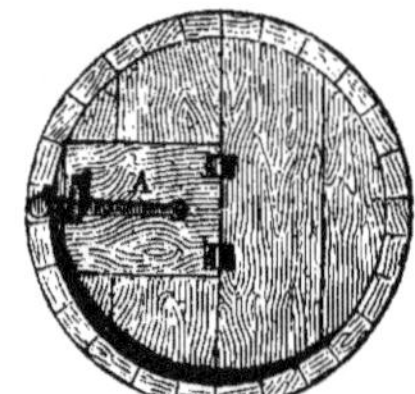

18. Fond supérieur de la cuve.

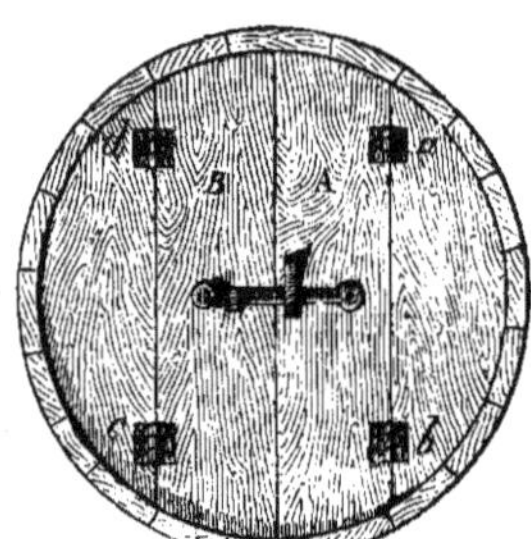

19. Fond inférieur de la cuve.

trappe à deux battants AB, mobile selon ab et cd.

Cette cuve est supportée par des pieds assez élevés non-seulement pour que le jeu de la trappe ne soit pas gêné, mais pour que les tubercule puissent s'écouler librement. Ordinairement on dispose le sol, au-dessous de la cuve, en plan incliné, afin d'écouler les liquides, qui se rendent dans un bac d'où on les porte à la cuve à saccharification, et aussi afin de faciliter le chargement à la pelle dans la trémie des cylindres broyeurs, dont la figure 20 donne le plan et la figure 21 l'élévation.

Cette machine consiste en deux cylindres horizontaux BC d'égal diamètre, supportés par un bâtis en chêne A et commandés, en sens contraire, au moyen des engrenages ab par une double manivelle EE placée à chaque extrémité de l'axe du cylindre C.

Chaque cylindre se compose de deux organes : 1° un noyau central d'une seule pièce, représentant deux troncs de cône assemblés par leur grande base, et traversé par l'essieu ; 2° une toile métallique enroulée et fixée sur trois ou cinq cercles de fer d'égal diamètre, consolidés sur le noyau et reliés entre eux par des attaches en fer.

On remarquera que les roues d'engrenage sont de diamètre inégal, et qu'elles communiquent par conséquent des vitesses inégales aux cylindres ; ce qui assure le bon fonctionnement de l'appareil.

La trémie D s'appuie sur le bâti cd. D'abord

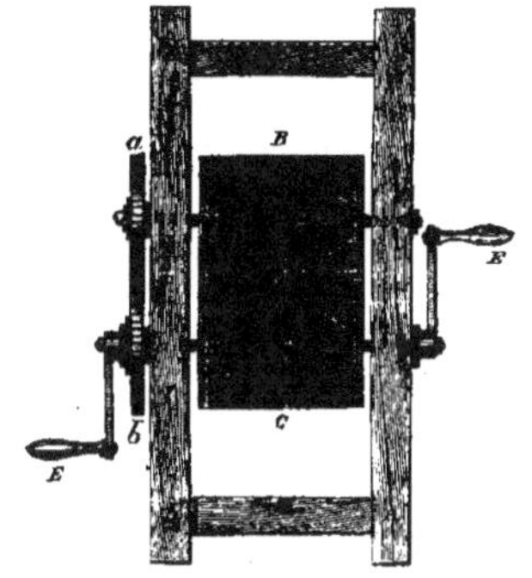

20. — Cylindres à broyer les pommes de terre cuites.
Plan.

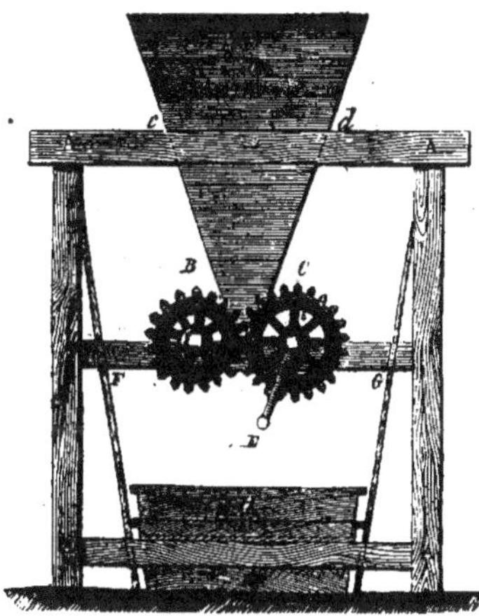

21. — Cylindres à broyer les pommes de terre cuites.
Élévation.

très-large à son évasement, elle devient très-étroite dans le bas et s'approche le plus possible des cylindres, sans les toucher.

Le bac H se compose de deux cuves plates s'emboîtant l'une dans l'autre. Celle intérieure reçoit la pulpe. L'eau de végétation et de condensation passe dans celle enveloppant I, par des trous percés dans le fond de la première.

La pulpe, déchirée et broyée par l'effet des vitesses inégales dans les cylindres, traverse la toile métallique et s'écoule sur les troncs de cône qui la rejettent dans le bac à chaque extrémité. Des planches GF sont installées de manière à retenir et à réunir dans le bac la pulpe déviée par la rotation des cônes.

Les ingénieuses dispositions de cet appareil, construit en 1817 par M. Thierry, ne laissent rien à désirer pour la réduction des pommes de terre en bouillie.

Mais ce mode de travail, dans des appareils distincts, présente un grand inconvénient, celui du refroidissement. Il se produit, quelle que soit la rapidité avec laquelle les pommes de terre passent de la cuve à cuire dans l'appareil broyeur.

La superposition de la cuve à la trémie des cylindres, qui a été recommandée, ne donne pas de bons résultats pratiques. La manœuvre d'ouverture et de fermeture alternée de la porte de la cuve est difficile, à cause de la pression qu'exercent les tubercules devenus pâteux, etc. Mais surtout, dans le travail des cylindres, le

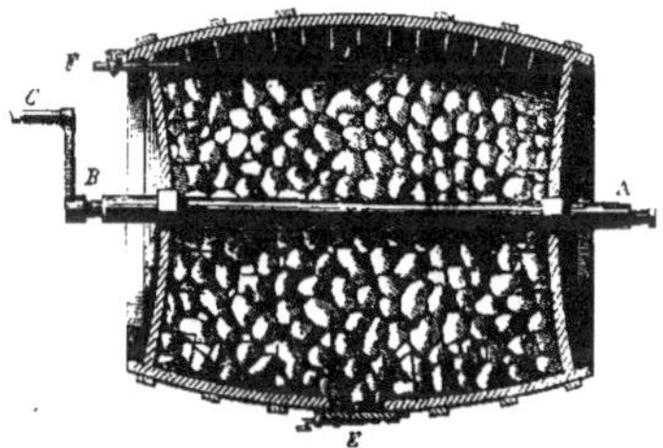

22. — Tonneau suédois pour cuire à la vapeur
et broyer les pommes de terre

refroidissement devient rapide par l'exposition à l'air de la pulpe sur la plus grande surface. Sous cette influence, une portion de l'amidon se prend en gelée, durcit et ne peut plus être complétement délayée dans l'eau qu'on y ajoute. Il est donc très-important que le broyage s'opère sans refroidissement. Divers appareils ont été imaginés dans ce but.

Celui que représente la figure 22 est très-usité en Suède, d'après le professeur Schwartz.

Il consiste en un tonneau de forme ordinaire, fortement cerclé et suspendu sur des tourillons au moyen d'un arbre AB, muni d'une manivelle C. Il porte sur l'une de ses douves une trappe E, qu'on lute pendant le travail. L'extrémité A de l'arbre est creuse. Cette cavité cylindrique se prolonge un peu au delà de l'affleurement intérieur du fond, et se termine par des ouvertures normales à l'axe protégées par une calotte en toile métallique.

Un tube, garni d'une boîte à étoupe, vient s'emboîter extérieurement dans ce cylindre et y amène la vapeur. Les douves et les fonds sont garnis de fortes pointes boulonnées qui devront déchirer les tubercules lorsqu'il seront cuits. F est le robinet qui échappe l'air au moment de l'introduction de la vapeur.

On emplit ce tonneau aux quatre cinquièmes seulement de sa capacité, à cause de l'augmentation de volume que procure la cuisson. On s'assure que celle-ci est terminée en essayant de faire tourner le tonneau. Les tâtonnements cessent avec un peu d'habitude. Alors on imprime au tonneau un mouvement de rotation prolongé jusqu'à ce qu'on ne rencontre plus qu'une faible résistance, qui indique que la masse est entièrement réduite en purée, et on le décharge en le ramenant au-dessous de la trappe E.

Nous empruntons à M. Payen la figure d'un autre appareil, qui lui a été communiquée par le même professeur, et qui s'applique aux grandes exploitations; la force qu'il exige ne peut être demandée qu'à un manège.

La figure 23 représente une chaudière à vapeur U, munie d'une soupape de sûreté A, d'un tube indicateur B, d'un entonnoir C avec son robinet E, et d'un ajutage à bride D.

Un tuyau FF porte la vapeur dans une cuve fermée, en bois épais doublé de cuivre. Cette cuve est divisée horizontalement en deux compartiments par un diaphragme en fonte HI, perforé comme une écumoire de trous coniques. Un agitateur JL tourne à frottement dans une boîte d'étoupe fixée au fond supérieur. Sa partie inférieure est armée de bras qui rasent le fond du second compartiment. Quatre ailes en fer, perforées de trous elliptiques PP, rasent de même le fond du premier compartiment ou le dessus du diaphragme. Deux roues d'angle JJ transmettent le mouvement. On introduit les pommes de terre dans le compartiment supérieur par l'ouverture S; on n'emplit que les huit dixièmes environ de la capacité, afin de laisser

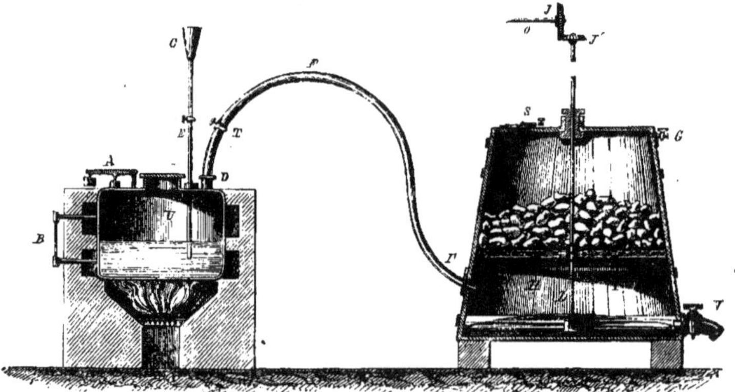

23. — Appareil à vapeur allemand pour cuire et réduire en purée les pommes de terre.

de la place pour le gonflement; on lute l'ouverture, et on donne la vapeur. On ne ferme le robinet G qu'après avoir laissé sortir une certaine quantité de vapeur, afin d'être assuré que tout l'air est expulsé. Une heure ou une heure et demie après l'introduction de la vapeur, suivant la masse à échauffer, les tubercules doivent être cuits. On s'en assure par la résistance qu'éprouve l'agitateur. Au fur et à mesure que les pommes de terre sont écrasées, par l'action des ailes perforées, elles passent au travers des trous du diaphragme et tombent dans le second compartiment; là elles sont délayées par les bras inférieurs et complétement réduites en une bouillie épaisse, que l'on soutire par le robinet V.

La *macération* des pommes de terre cuites et réduites en purée est la même que celle des grains par la méthode que nous avons exposée sous le nom de méthode française.

On ajoute à la purée la quantité d'eau néces-

saire pour la rendre liquide à la température de 40 à 45°; environ 6 kilogrammes d'orge maltée par 100 kilogr. de tubercules, et on brasse énergiquement. On laisse reposer une demi-heure. On répète le brassage en élevant, par une nouvelle addition d'eau, la température à 64 ou 70°; on laisse macérer pendant trois ou quatre heures; enfin, par une troisième addition d'eau, on ramène la température de 25 à 30°, de manière que la quantité totale du liquide soit de 3 hectolitres par 100 kilogr. de racines.

On met alors en levûre avec un quart de litre de levûre fraîche sur la même base de 100 kilogr. de pommes de terre, et on abandonne à la fermentation.

Ce procédé, très-simple en lui-même, est le plus généralement adopté dans les pays allemands et pour les petites exploitations; mais ici, comme dans le traitement des grains, ses rendements laissent à désirer. La saccharification, incomplète par la macération, se continue pendant la fermentation sans que toutefois elle s'achève sur la masse entière. Les travaux consciencieux de l'illustre chimiste Raspail sur les fécules ont démontré en effet que chaque grain de fécule est enveloppé d'un tégument solide, qui résiste, dans les tubercules cuits à la vapeur, à l'action du calorique en raison de la coagulation de l'albumine végétale. Il en résulte que le contact nécessaire entre la fécule et l'orge maltée n'a lieu qu'imparfaitement, par un intermédiaire en quelque sorte, et que les conditions utiles à la saccharification ne sont pas suffisamment remplies. Sans se rendre probablement compte de ces causes, un chimiste danois, Siemen de Pyrmont, avait trouvé, au commencement du siècle, le moyen d'en atténuer les effets en provoquant

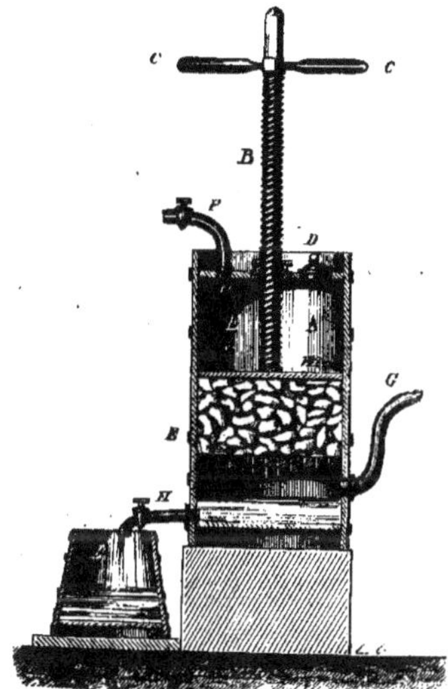

24. — Appareil Siemen pour la saccharification à la potasse.

la dissolution de l'albumine par la potasse caustique. C'est M. Moll, l'éminent professeur du Conservatoire, qui a fait connaître en France ce procédé, par une notice insérée dans le Journal *L'Agronome*, en 1834. Siemen est en même temps l'auteur d'un appareil pour cuire et réduire en pulpe les pommes de terre. Nous réunirons ces deux objets dans notre description.

L'appareil que représente la figure 24 consiste en une cuve A, divisée horizontalement, comme la précédente, en deux parties, par un diaphragme en fonte percé d'un grand nombre d'ouvertures coniques de 2 à 3 millimètres de diamètre. La vapeur est amenée au-dessous de ce diaphragme par le tube G. Chaque compartiment est muni d'une porte E et H, pratiquées dans la paroi. Un robinet F sert au dégagement de l'air. Une vis B, marchant dans un écrou fixé dans le fond supérieur, s'élève et s'abaisse dans le compartiment supérieur. Elle est terminée par une croix en fer m, dont chaque bras est armé, en-dessus, d'un couteau tranchant, et en dessous d'une brosse métallique.

Voici comment on opère : la vis B étant abaissée sur le diaphragme, on introduit, par l'ouverture D, les pommes de terre, qui recouvrent alors la croix par laquelle se termine la vis. Lorsqu'elles sont cuites, on manœuvre la vis au moyen des poignées C. Chaque fois qu'on la relève, les couteaux coupent les pommes de terre, et chaque fois qu'on l'abaisse, la brosse métallique les écrase et les force à passer en pulpe à travers les trous du diaphragme. Pour faciliter cette action, on verse un peu d'eau chaude par l'ouverture supérieure.

La bouillie est recueillie dans la cuve L, où on lui ajoute immédiatement une quantité de potasse caustique dissoute dans de l'eau chaude à la dose d'un millième du poids des tubercules, et on procède à la macération comme il a été précédemment expliqué.

Ce procédé, qui rappelle le nouet de cendres qu'emploient nos cuisinières pour aider à la cuisson des graines féculentes, augmente le rendement dans une proportion que l'auteur estime à plus de 25 pour 100. La présence d'une aussi faible quantité de potasse paraît sans influence sur l'usage alimentaire des résidus.

Nous avons déjà parlé, dans le traitement des grains, des inconvénients que présente leur distillation en nature. On les retrouve dans celle des pommes de terre cuites en purée. La grande industrie opère de préférence par extraits et se sert des appareils de distillation perfectionnés. Dans les petites exploitations, c'est la fermentation en nature et la distillation des matières pâteuses qui est le plus généralement adopté, à cause de sa simplicité et du peu de dépense de l'outillage. Elles emploient l'alambic simple, et opèrent par charges. On sait que ces matières sont sujettes à se déposer au fond de la chaudière et à brûler ; d'un autre côté, lorsque la chaudière est trop pleine ou que le feu est poussé trop vivement, elles montent dans le chapeau et pénètrent dans le serpentin.

L'appareil suivant, indiqué par M. Lacambre, et auquel nous avons apporté plusieurs modifications, remédie à ces deux inconvénients. Il se compose d'une chaudière F montée sur un fourneau, d'un chapeau I, d'une cuvette D, d'un tuyau H qui se rend au serpentin, et d'un agitateur G (fig. 25 et 26).

L'agitateur se manœuvre par la manivelle a, dont la poulie commande, par une courroie, la poulie B, sur l'axe de laquelle prend l'arbre de couche b. Celui-ci se termine par un engrenage conique C et met en mouvement un arbre vertical L, placé à l'axe de la chaudière et armé de quatre bras hélicoïdaux qui en rasent le fond.

Le chapeau I plonge, par son prolongement, dans la cuvette fermée D. Celle-ci est munie, au fond, d'un tube J plongeant dans la chaudière. Les matières entraînées dans le chapeau retombent dans la cuvette et font retour par ce tube. P est le tuyau de vidange des vinasses.

On ne doit emplir la chaudière que jusqu'aux cinq sixièmes; et même, si les matières sont visqueuses, que jusqu'aux quatre cinquièmes, et manœuvrer l'agitateur tant que la température n'a pas atteint 50 à 60°.

Les carneaux du fourneau doivent être construits de manière que le niveau du liquide leur

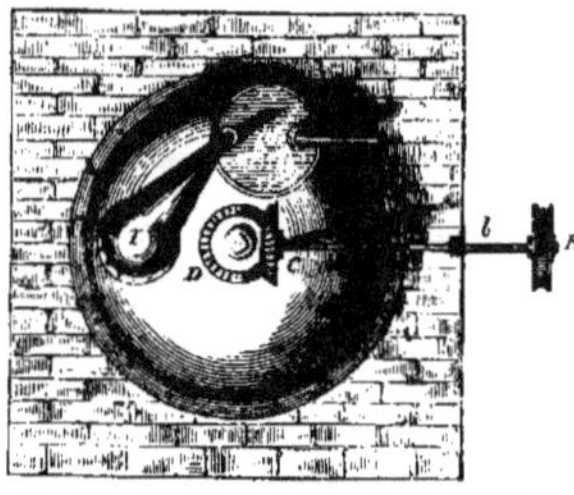

25. — Alambic simple, à feu nu, avec agitateur et cuvette de rétrogradation pour la distillation des matières pâteuses. Plan.

26. — Élévation passant un peu en avant de l'axe.

soit encore supérieur lorsqu'il s'est abaissé à la fin de l'opération. On doit proportionner leur hauteur avec la charge de la matière à distiller.

La fig. 26 donne une coupe verticale de l'appareil, et la fig. 25 en donne la vue en dessus pour montrer la disposition du chapeau, de la cuvette et de l'agitateur.

On obvie encore aux inconvénients de l'adhérence des matières au fond de la cucurbite et de leur carbonisation en opérant au bain-marie; on a de plus des produits de meilleure qualité.

La figure 27 représente un appareil de ce genre destiné à servir alternativement pour la bouillie et la rectification. Nous en empruntons le dessin et la description à l'excellent ouvrage de M. Lacambre.

« A B B, chaudière en fer battu dans laquelle est plongée la cucurbite de l'alambic.

A', cucurbite de l'alambic en cuivre, de 2 à 3 millimètres d'épaisseur; cette chaudière intérieure est fixée solidement et reliée avec la chaudière A; elle repose sur quatre pieds en fer forgé d, qui sont rivés sur les deux chaudières. Le dessus de la cucurbite sert en même temps à fermer la chaudière A, sur laquelle il se fixe au moyen de boulons l' l'.

a, Tuyau muni d'un robinet servant à évacuer l'air lorsqu'on commence une opération de rectification à la vapeur. Si au commencement de chaque opération on ne purgeait point d'air la capacité comprise entre les deux chaudières, la

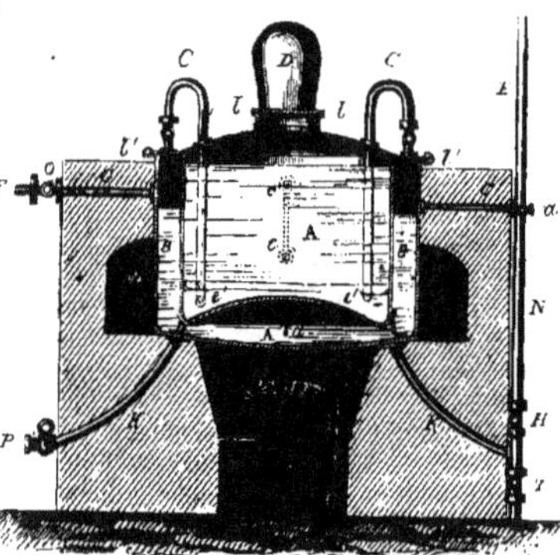

27. — Alambic simple au bain-marie pour la distillation des matières pâteuses.

distillation serait beaucoup plus lente, car la présence de l'air diminue considérablement l'action calorifique de la vapeur.

C, C, *Trompettes* ou tuyaux courbés, qui débouchent à 2 ou 3 pouces du fond de la cucurbite et, au moyen des robinets placés au-dessus de la chaudière A B B, mettent à volonté le haut de cette chaudière en communication avec la cucurbite A''. A leur extrémité, c'est-à-dire en e e les tuyaux c c sont coudés à angle droit, et ces coudes, comme l'indique la figure, doivent être dirigés en sens inverse, de manière que la vapeur, sortant de ces tuyaux selon la même directrice curviligne, imprime à la matière un mouvement continuel de rotation, pour éviter qu'il ne se forme des dépôts sur le fond de A'. Ce mouvement de rotation de la matière a en outre l'avantage de diviser la vapeur et de produire un épuisement très-prompt.

c c. Tube en verre traversant la chaudière pour voir le niveau dans la cucurbite A'; il ne doit jamais s'abaisser au-dessous de la partie supérieure des carneaux *e e*.

D, chapiteau ordinaire de l'alambic, lequel se place et se déplace avec la plus grande facilité; il s'emboîte dans le col de la cucurbite, de manière que le joint est très-facile à fermer hermétiquement.

e, e, carneau qui règne tout autour de la chaudière. Les produits de la combustion passent du foyer M dans les carneaux, où, après avoir circulé tout autour de la chaudière, ils vont se dégager par la cheminée d'une petite chaudière à vapeur placée à quelques mètres de distance.

F, tuyau avec robinet *o* servant d'apport de la vapeur entre les deux enveloppes. On n'emploie de la vapeur que pour la rectification, et alors on évacue entièrement l'eau que renferme la chaudière, comme il est expliqué plus bas dans la marche de l'opération avec cet appareil.

G, G, maçonnerie du fourneau.

H, I, robinets desservant le tuyau K et servant pour l'alimentation d'eau, quand l'alambic fonctionne au bain-marie, et pour évacuer l'eau de condensation lorsqu'on veut opérer à la vapeur seulement pour rectifier le flegme.

J, porte du cendrier.

K, P, tuyau de décharge des vinasses et des résidus solides; il doit se terminer par un gros robinet à large tubulure et être fait de manière à évacuer facilement tous les résidus solides des matières soumises à la bouillée.

L, porte du foyer. Les grilles ne sont point représentées sur cette figure; elles ont une surface totale de 0^m70 c. carré, et laissent entre elles un vide d'un centimètre, ce qui est à peu près le tiers de l'épaisseur des barreaux de la grille.

M, foyer du fourneau, carré à sa base et se terminant supérieurement par une surface conique.

Avec cet appareil, ajoute M. Lacambre, il faut trois heures pour opérer la bouillée de 9 1/2 à 10 hectolitres de grains fermentés, et l'on consomme 80 à 96 kilogr. de houille par opération.

Manière de se servir de cet appareil pour la bouillée. La cucurbite ne doit être remplie qu'aux cinq sixièmes et même aux quatre cinquièmes. L'agitation de la bouillée est nécessaire tant qu'elle n'a pas atteint de 50 à 60°. Elle s'opère avec un râble par l'ouverture du col. Alors, on pose le chapiteau, dont on lutte bien les joints *l, l*. Il ne tarde pas à s'échauffer : c'est un indice que la distillation va commencer; on ménage donc le feu pour éviter les boursouflements. Lorsque le flegme commence à couler et que l'on entend barboter la vapeur, on entretient un bon feu bien régulier. Pendant la marche, le robinet I est constamment fermé; le robinet H s'ouvre de temps en temps pour alimenter la chaudière enveloppante A, B, B. Le niveau de l'eau ne doit jamais descendre au-dessous des carneaux *e, e;* l'alimenta-

tion doit se faire en petite quantité, pour éviter la condensation de la vapeur, qui occasionnerait un vide et ferait passer les matières de la cucurbite dans la chaudière. Il pourrait en résulter une perte d'alcool notable.

On chauffe régulièrement jusqu'à l'épuisement presque complet en alcool.

Lorsque l'on veut rectifier les flegmes avec cet appareil, on vide la chaudière enveloppante A, B, en fermant le robinet H et en ouvrant le robinet I ; cela fait, on remplit aux trois quarts, de liquide à rectifier la cucurbite A', on remet le chapeau, on lutte les joints *l, l*, et on donne la vapeur dans la chaudière, dont on expulse l'air en ouvrant les robinets I et *a*. Après quelques instants, on ferme ce dernier lorsque la vapeur en sort, indice certain de l'expulsion complète de l'air. On continue de donner de la vapeur jusqu'à la fin de la rectification, dont la durée est de deux à quatre heures, suivant la pression de la vapeur, la teneur alcoolique du liquide et la capacité des appareils.

La rectification s'opère d'une manière régulière, quoique un peu lente lorsque la vapeur n'est pas en pression. Son action avec pression exige une plus grande force dans les pièces de l'appareil et limite son emploi, de sorte que son usage n'est pas général. En somme, cet alambic est un des meilleurs pour les distilleries agricoles où l'on traite les grains et les pommes de terre. »

C'est aussi dans l'ouvrage de M. *Lacambre* que nous trouvons le dessin de l'*appareil continu de Cellier-Blumenthal*, qui est très-employé en Belgique pour la distillation des *matières pâteuses*.

Disons tout de suite que dans la figure 28, l'appareil n'a pas ses dimensions en hauteur. Elles ont été réduites par un arrachement indiqué dans le dessin, de sorte que le tuyau *h''*, par exemple, se continue par le tuyau *r* et *a*.

Il se compose essentiellement 1° d'une colonne distillatoire A, dont la base B sert de récipient aux vinasses et est pourvue d'un tuyau intérieur par lequel elles s'écoulent; 2° d'un chauffe-vin C, muni d'un agitateur et dans lequel les matières, pompées en E, entrent inférieurement par le tuyau *h* et sortent supérieurement par le tuyau *ccc*, pour se rendre dans la colonne distillatoire; 3° d'un réfrigérant D, qui reçoit l'eau par le bas au moyen du tuyau *a*, et l'écoule par le haut au moyen du tuyau *b' c'*, qui traverse le récipient B et se vide par un robinet de décharge que la disposition de la figure ne permet pas d'apercevoir.

La vapeur est introduite dans la colonne par un tuyau situé au-dessus du robinet précédent, à la hauteur du premier plateau, et muni d'un robinet à cadran.

La sphère *g*, qui surmonte la colonne, est destinée à retenir et à renvoyer, par le tube *l*, à la conduite *ccc* les matières qui pourraient être entraînées par les vapeurs alcooliques. Celles-ci s'élèvent par le tube courbe *b*, traversent le serpentin du chauffe-vin *c*, descendent dans le réfrigérant, et s'écoulent par *lj'*, en indiquant leur titre à l'éprouvette *j*.

Le tuyau *rh''* sert à vider dans la colonne, à la fin du travail, les matières contenues dans le chauffe-vin C. La pompe est en communication avec la cuve à fermentation ou avec la citerne contenant les matières à distiller. Elle se manœuvre à bras au moyen de la manivelle S'. Le même arbre S communique le mouvement à l'agitateur du chauffe-vin, par les engrenages coniques R' et R. Cette manœuvre peut également être empruntée à un manége, mais un homme suffit au peu d'effort qu'elle exige. Seu-

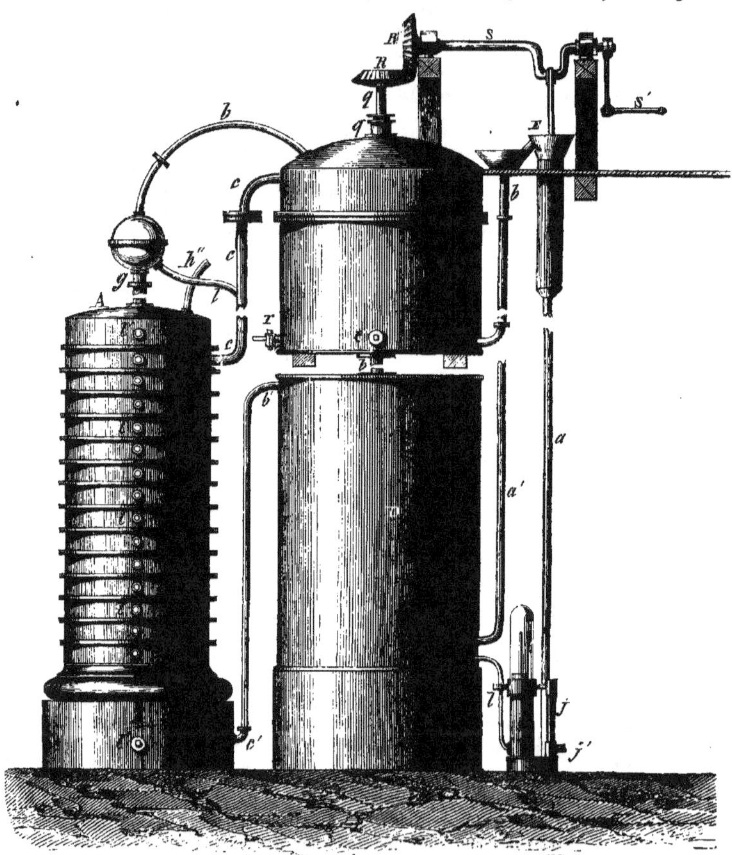

28. — Appareil continu de Cellier-Blumenthal pour la distillation des matières pâteuses.

lement, comme ce travail est continu, il doit être relayé.

La conduite de l'appareil est facile. On introduit d'abord dans la colonne un petit jet de vapeur pour l'échauffer. On emplit ensuite le chauffe-vin, en manœuvrant la pompe. Lorsque la matière est arrivée sur le premier plateau, on donne toute la vapeur nécessaire à la distillation. L'opération est alors en marche, et dès ce moment l'homme placé à la manivelle ne discontinue plus son service d'alimentation.

L'ouverture du robinet de vapeur et la vitesse du piston de la pompe doivent être coordonnées de telle sorte que les matières arrivent toujours bouillantes aux plateaux, et en quantité régulière pour que l'épuisement s'effectue complétement.

D'après M. Lacambre, ces appareils coûtent

peu d'entretien et dépensent peu de combustible. Aussi, malgré le prix assez élevé de leur installation, ils se répandent dans la plupart des grandes distilleries de grains de l'Angleterre et de l'Allemagne.

Aux efforts entrepris sur tous les points pour la délivrer des inconvénients qu'on lui reconnaissait, on voit que la distillation des *matières pâteuses* est restée en grande faveur. C'est toujours elle qui assure par les moyens les plus simples les rendements relativement les plus élevés et les meilleurs résidus.

Le travail par extraits, que nous avons vu appliquer aux grains, sous le nom de méthode anglaise, ne parvient pas, quelque parfait qu'on l'admette, à dépouiller les matières de toutes leurs parties alcoolisables.

Toutefois, l'avantage de n'employer, au lieu d'appareils spéciaux, que les appareils perfectionnés qui distillent les liquides de toute nature, présente souvent une ample compensation à cette infériorité dans le rendement.

Aussi, la Société centrale d'agriculture a-t-elle attribué sa plus haute récompense aux nouveaux procédés de M. Dubrunfaut pour le traitement des pommes de terre.

Dans ces procédés, le travail préparatoire de la cuisson est supprimé et remplacé par le râpage de la racine. Cette opération s'exécute comme il a été expliqué à l'article Fécule (*voyez ce mot*). On emploie une cuve à double fond décrite dans le travail des grains par la méthode anglaise. On étend sur ce double fond une couche de courte paille (balles de blé), et par-dessus la pulpe crue telle que la donne la râpe. Après une demi-heure d'égouttage, on écoule, par le robinet, l'eau de végétation. On empèse alors, par un brassage de la masse, avec de l'eau bouillante dans la proportion d'un hectolitre par 100 kilogr. de racines : on malte à raison de 6 kilogr. et on laisse macérer pendant quatre heures, la cuve étant couverte. On soutire le liquide qui a filtré par le double fond et on l'envoie à la cuve à fermentation. Après une seconde addition d'eau bouillante, dans la proportion d'un 1/2 hectolitre, et un second brassage, dont le produit va rejoindre le premier, on achève le refroidissement et l'épuisement de la pulpe en l'arrosant d'une même quantité d'eau froide que l'on ajoute aux premiers extraits. De ces lavages et refroidissements successifs il résulte que le liquide est arrivé à la température et à la densité convenables pour la mise en levûre.

Indépendamment de la fécule qu'il retient directement, ainsi que nous l'avons vu précédemment, le parenchyme retient, après l'égouttage, environ les 3/4 de son poids de liquide faiblement chargé de fécule, qui enrichit la pulpe. On pourrait l'extraire par les presses, mais ce qu'on en retirerait a trop peu d'importance pour qu'il n'y ait pas économie à le négliger.

Les vinasses de la distillation ne doivent pas être perdues. Elles remplacent l'eau dans le travail ou sont données au bétail en mélange avec les fourrages. Toutefois, les résidus de ce procédé sont inférieurs, comme nourriture, aux résidus obtenus par la cuisson.

Tous ces procédés emploient la pomme de terre à l'état frais. Leur travail est par conséquent limité à quatre ou cinq mois, au plus. Industriellement, il est avantageux d'en prolonger la durée. D'un autre côté, la rapidité avec laquelle s'altèrent les pommes de terre, lorsqu'elles ont été gelées ou qu'elles sont atteintes d'une maladie comme celle qui les a si cruellement frappées, ne permet pas de les distiller en temps utile et entraîne des pertes considérables. Dans ces divers cas, on a recours à l'extraction de la fécule par les moyens qui ont été indiqués dans l'article spécial (*voyez* le mot Fécule), en observant que la fécule destinée à la distillation n'exige pas les soins et la perfection qu'on lui donne lorsqu'elle est destinée au commerce pour la consommation. Ici on se contente d'obtenir une fécule bise. Les bonnes pommes de terre donnent en cet état 20 à 22 pour 100 de fécule sèche.

La distillation des fécules peut se faire toute l'année, et on emploie sans inconvénient les appareils perfectionnés pour les liquides.

La macération s'opère dans la cuve à saccharifier, dans les mêmes conditions que celles que nous avons indiquées pour la saccharification des grains sans malt : avec cette différence, qu'ici on fait nécessairement intervenir le malt, puisque la fécule ne contient pas de gluten qui puisse y suppléer.

Soit une charge de 100 kilogr. de fécule sèche. On l'encolle avec 10 hectolitres d'eau et à une température de 75 à 80° de manière qu'elle porte 70° après l'encollage. On ramène à 50° avec de l'eau froide. On malte avec 25 kilogr. d'orge en fine farine trempée séparément, et on brasse jusqu'à ce que le mélange soit bien intime. L'action du malt est ici immédiate, et la fluidification de l'empois est accomplie en dix à douze minutes. On laisse la saccharification s'opérer à cette température pendant deux ou trois heures. Néanmoins on peut ramener la température à 25° et mettre en levûre aussitôt que la liquéfaction a eu lieu. Dans ce cas la saccharification s'achève pendant la fermentation, dont la durée est alors plus longue. La proportion de fécule ne doit pas dépasser 6 à 7 kilogr. par hectolitre du volume total du liquide. M. Dubrunfaut assure avoir obtenu avec ce procédé de 46 à 48 litres d'alcool pur par 100 kilogr. de fécule à 20 pour 100 d'eau.

On doit à ce savant chimiste la préparation suivante d'un ferment artificiel pouvant remplacer le malt et la levûre :

« Dans une cuve préparée et conduite comme celles qui servent à la saccharification des fécules, on décompose du remoulage, des farines de seigle ou autres, par le moyen de l'eau, de la vapeur et de l'acide sulfurique à la dose de 5 pour 100 du poids des farines ; on maintient l'ébullition d'abord jusqu'à ce que le liquide cesse de se colorer en bleu par l'iode, ensuite on la prolonge en barbotage pendant six ou sept heures.

Une quantité de ce ferment contenant 8 à 10 kilogr. de grains ou de remoulage remplace 1 kilogr. de levûre pressée, et ne coûte rien comme ferment, puisqu'on en retrouve le prix par l'alcool que produit son amidon saccharifié.

Il constitue un véritable sirop dans lequel la matière amylacée a été transformée en sucre aussi complétement qu'il est possible, et il est tout à la fois fermentescible par le sucre et ferment par la matière albuminoïde et glutineuse du grain.

M. Dubrunfaut pense que, lorsque le prix relatif des grains et de l'alcool le permet, ce ferment peut à lui seul servir de base à une opération de distillation.

Il ajoute qu'il a pu par ce moyen extraire, par 100 kilogr. des matières suivantes, de moyenne qualité, les quantités d'alcool par ci-après :

Froment	30 à 32 litres.
Seigle	25 à 27
Orge	23 à 25
Avoine	20 à 22
Sarrasin	22 à 24
Riz	33 à 35
Remoulage de froment	15 à 16
Son de froment	8 à 9
Pomme de terre	8 à 9
Fécule ou amidon à 20 pour 100 d'eau	36 à 38
Noir de fécule	20 à 25

Ces produits sont en effet beaucoup plus élevés que ceux que l'on obtient par les anciennes méthodes, et cependant ils n'atteignent guère que les quatre cinquièmes de ceux qu'on peut obtenir avec le malt pour les fécules et même sans malt pour les céréales contenant du gluten, en employant les nouveaux procédés du même auteur, ces procédés reposent, comme nous l'avons vu, sur l'encollage à la température de 70° dans une quantité d'eau de dix fois le poids de la fécule; dans leur saccharification prolongée à la température de 50°; dans l'abaissement de la densité du moût à 5 ou 6° avant la mise en fermentation, et dans l'emploi des vinasses de la distillation.

Nous terminerons cette revue du travail des féculents par la saccharification de la fécule à l'acide, en rappelant que l'acide sulfurique ne peut être employé dans une distillerie agricole, et qu'il doit être remplacé par l'acide hydrochlorique, dont on opère la saturation par la soude. C'est ce dernier qui figure dans les doses que nous allons indiquer.

Dans toutes les opérations de trempe précédemment décrites, une cuve ordinaire pouvait remplir le même but que la cuve à saccharifier. Celle-ci n'avait d'autre avantage que d'opérer le brassage plus facilement; mais ici, où la vapeur intervient, la cuve à saccharifier est indispensable.

Soit une charge de 100 kilogr. de fécule sèche. On introduit dans la cuve 2 hectolitres d'eau, que l'on élève par la vapeur à 100 degrés. Pendant ce temps on a délayé à part la fécule avec 2 hectolitres d'eau froide et 4 kilogr. d'acide hydrochlorique. On verse alors la bouillie en trois ou quatre reprises, afin que la température, abaissée un instant à chaque versement, ait le temps de remonter à 100 degrés ; et on manœuvre l'agitateur pendant chaque addition de manière à rendre le mélange bien intime. Lorsque toute la bouillie est versée et que la masse entière est ramenée à 100 degrés, on lute la trappe et on abandonne la cuve à elle-même pendant six heures au moins, en ayant soin de maintenir la température à 100 degrés.

La saccharification serait d'autant plus prompte que la dose d'acide serait plus grande ; mais la quantité de sel de soude nécessaire à la saturation augmenterait la dépense. Après s'être assuré, au moyen de l'iode, que la saccharification est complète, on rouvre la trappe et on y projette peu à peu en agitant, une solution de sel de soude à 80 degrés, jusqu'à ce que la matière ne rougisse plus le papier violet de tournesol. Une dose de 1 kilogr. 1/2 à 2 kilogr. doit être suffisante. Enfin, on ramène à la température de 25° et à la densité de 5 à 6° Baumé pour mettre en levûre.

Si maintenant on se rappelle que 100 kilogr. de fécule peuvent se convertir en 100 kilogr. de sucre, c'est-à-dire théoriquement au moins en 50 kilogr. d'alcool absolu ou environ 60 litres d'alcool à 100° ; si on se reporte, d'une part, aux tableaux indiquant les quantités de fécule contenues dans les grains de pommes de terre ; d'autre part, aux rendements pratiques, on verra qu'avec les meilleures méthodes on obtient près des deux tiers de l'alcool existant théoriquement, tandis qu'on n'arrive qu'à la moitié au plus dans le traitement des betteraves.

Ajoutons que si les anciennes méthodes, qui sont peut-être le plus à la portée des petites exploitations, donnent des rendements peu élevés, les résidus sont d'autant meilleurs pour la nourriture du bétail, et que cette compensation est toute spéciale aux féculents. Il n'est pas douteux que, lorsque la maladie qui l'a attaquée aura disparu, la pomme de terre, qui contient à peu près le double de matières alcoolisables, ne rivalise avantageusement dans la ferme avec la betterave pour la production de l'alcool. Au moins, elle présentera toujours une grande ressource à la distillation dans les nombreuses localités où le sol, le climat, l'insuffisance de la main-d'œuvre, etc., s'opposent au développement de la culture de la betterave.

Selon les auteurs ses produits moyens par hectare seraient les suivants, en hectolitres mesurés par le comblage de chaque double décalitre, ainsi qu'on le pratiquait alors pour cette racine :

	hect.		kil.
D'après Burger.....	277 à 80 kilos l'un ou		22,000
Schwertz...	276	— —	21,000
Thaër......	177	— —	14,160
Schubart...	363	— —	29,040
Dombasle...	250	— —	20,000
D'après divers, en			
Angleterre	285	— —	28,000

soit en moyenne générale, 270 hectolitres ou 22,000 kilogr.

Sur cette base, à raison de 5 pour 100 seulement au lieu de 15 que donne la théorie, et de 8 à 9 qu'a obtenu M. Dubrunfaut, un hectare fournirait 1,200 litres d'alcool, c'est-à-dire la même quantité qu'un hectare de betteraves de Silésie rapportant 30,000 kilogr. calculés à 4 pour 100.

§ 6. *Distillation des racines sucrées.*

Le panais, la carotte et le topinambour. — Les racines sucrées sont celles dans lesquelles domine l'élément sucré tout formé, à l'état de sucre cristallisable ou de glucose, susceptible de subir la fermentation vineuse sans saccharification préalable.

Elles contiennent en outre une certaine quantité de fécule ou analogue qui doit être saccharifiée si on veut obtenir le rendement maximum.

Ainsi, le *panais* contient 6 à 7 p. 100 d'éléments sucrés, et 3,5 à 4 de fécule. La *carotte* contient 8 à 10 d'éléments sucrés et 2,5 à 3 de fécule. Selon les analyses de M. Basset, on en trouverait dans la *betterave* une proportion à peu près fixe de 2 à 2,20 p. 100, etc.

Dans le *topinambour*, qui ne contient pas de sucre cristallisable, l'élément sucré est à l'état de glucose et l'élément féculent à l'état d'*inuline*. Il peut fournir à la distillation un rendement presque égal à celui de la pomme de terre, et de beaucoup supérieur à celui de la betterave. C'est la plus riche des racines sucrées.

D'après M. Brogniart, le topinambour serait originaire des régions les plus septentrionales du Mexique. Son introduction sur le continent est, sinon antérieure, au moins contemporaine à celle de la pomme de terre. Sa culture est encore peu répandue en France. Ce n'est pas ici le lieu d'en rechercher les causes, mais on ne peut s'empêcher de déplorer l'aveuglement qui l'a repoussé jusqu'à ce jour, tandis que ses diverses qualités en font une des plantes les plus précieuses pour l'agriculture. (*Voy.* TOPINAMBOUR.)

Ses tubercules donnent à l'analyse :

	D'après	
	MM. Payen et Poinsot.	M. Braconot.
Eau..	76,04	77,20
Glucose et matières sucrées...................	14,70	14,80
Albumine et autres matières azotées.........	3,12	1,02
Cellulose................	1,50	1,22
Inuline...................	1,86	3,00
Acide pectique..........	0,92	»
Pectosine...............	0,37	»
Gomme.................	»	1,08
Matières grasses	0,20	0,06
Sels divers à bases minérales.................	1,29	1,60
Acide silicique..........	»	0,02
Totaux.......	100,00	100,00

Ainsi, en additionnant la glucose, l'inuline et la gomme, on voit que le topinambour renferme de 16,56 à 18,88 de matières alcoolisables, dont la plus grande partie (14,75) est à l'état de glucose ; et, de plus, de 1,02 à 3,12 de matières azotées susceptibles de fournir le ferment.

Cette composition est très-voisine de celle du raisin. Il n'existe donc pas de racine qui soit mieux disposée à la fermentation vineuse.

Si on le compare avec la pomme de terre et la betterave par rapport à la proportion d'eau et de matières sèches, on trouve qu'il est à peu près égal à la première et qu'il contient 2 fois plus de matières sèches que la seconde. L'abondance des matières grasses et azotées assure, d'un autre côté, à ses résidus la plus grande valeur alimentaire.

Enfin l'arome de ses flegmes est de beaucoup moins infect que celui de la pomme de terre et de la betterave.

Il est évident que, lorsqu'il sera apprécié comme il doit l'être, on l'emploiera, dans beaucoup de contrées, de préférence aux autres racines, pour la distillation.

Le panais, la carotte et le topinambour peuvent être traités, comme la pomme de terre, par la cuisson et la macération. Les opérations sont conduites ainsi que nous l'avons expliqué à l'égard de celle-ci. On leur applique également les diverses méthodes de traitement de la betterave que nous allons exposer.

En ce qui concerne le topinambour, la plupart des rendements accusés ne s'élèvent qu'à 4 et 5 litres d'alcool par 100 kilogr., c'est-à-dire à la moitié de la quantité théorique. Ce n'est pas assez. Nous avons entendu attribuer cette insuffisance aux difficultés spéciales que rencontre la macération sur des épaisseurs un peu considérables, par suite du ramollissement de la chair de cette racine et de sa trop grande aptitude à se tasser. Il serait bien simple de les éviter, au moins en très-grande partie, en n'employant que de petits macérateurs sur lesquels on procéderait par roulement.

D'un autre côté, nous savons que, chez M. Lupin, dans ses fermes du Cher, où 40 hectares de topinambours étaient consacrés à la distillation en 1859, on a obtenu, même au début du travail par la macération, un rendement de 7 1/2.

Nous ne pensons donc pas qu'on ait tiré jusqu'à présent un parti suffisant des éléments complexes qu'offre cette plante à l'alcoolisation.

Elle mérite qu'on recherche, par des expériences directes, quel est le traitement qui lui convient le mieux.

La betterave. — On sait à quelles circonstances politiques est due la création des sucreries indigènes, et on connaît leur influence sur les progrès de l'agriculture dans les départements où elles se sont élevées.

Lors du passage de l'empereur à Valenciennes, en 1853, un arc de triomphe, érigé par les fabricants de sucre, constatait que la production du blé dans l'arrondissement avant la fabrication du sucre était de 353,000 hectolitres, et le nombre de bœufs engraissés de 700, tandis que depuis le développement de ces industries la production du blé s'était élevée à 421,000 hectolitres et le nombre des bœufs à 11,500.

Cette influence n'a pas été moins appréciable sur le bien-être général de ces contrées.

D'après M. le baron de Morogues, dans le beau département du Nord, un sixième de la population se trouvait inscrit sur la liste des pauvres antérieurement à l'époque où l'extension de la culture de la betterave et la fabrication du sucre sont venues améliorer cette position terrible. Ce sont les 232 sucreries établies dans ce département dès 1836, dont l'installation avait coûté au moins 23,000,000 de francs et dont le roulement faisait circuler annuellement 7 à 8 millions dans le pays, ce sont, disons-nous, ces sucreries qui ont arrêté et fait rétrograder les progrès du paupérisme.

On doit également regarder comme un de leurs plus grands bienfaits d'avoir préparé l'avénement des distilleries, qui sont appelées à remplir vis-à-vis de la richesse publique un rôle plus étendu et aussi efficace.

Dans la sucrerie, la proportion des sels que contient la betterave exerce sur les rendements, à quantité égale de matières sucrées, une action qui a été jusqu'ici la pierre d'achoppement de la fabrication.

Dans la distillation, les sels sont sans influence, et le distillateur industriel peut ne s'attacher, pour fixer son choix, qu'à l'élévation du titre saccharin.

Dans la distillation agricole, une autre considération doit intervenir. Elle a été exposée, avec une parfaite intelligence du côté pratique, dans le remarquable rapport que M. Baudement a présenté à la Société centrale d'agriculture, dans sa séance du 6 août 1856.

« Nous laisserions de côté, dit-il, une des questions les plus intéressantes que soulève la distillation des betteraves, si nous ne disions quelques mots du choix de la variété la plus propre à cette opération industrielle. Nos documents ne permettent pas de résoudre encore cette question, mais ils posent quelques jalons que l'on retrouvera et que l'on complétera plus tard si l'on poursuit ces recherches.

« Il ne faudrait pas croire que la variété la plus riche en sucre soit nécessairement celle qu'il faut préférer. Si le but du cultivateur-distillateur est d'obtenir de l'alcool, il est aussi d'augmenter ses ressources alimentaires, son gain en poids vif ou en lait, en même temps que la quantité et la qualité de ses fumiers. Ce résultat est la conséquence de faits complexes : rendement à l'hectare, frais de récolte et de transport, et nombre de rations à l'hectare.

« Un exemple fera sentir d'après quels éléments doit être appréciée la valeur de la variété à choisir ; nous comparerons les résultats de la culture des variétés à sucre à ceux de la culture des variétés disette ou globe jaune.

« Un hectare cultivé en betteraves à sucre rend, dans les conditions exceptionnellement favorables, 40 à 45,000 kilogr. et même davantage ; mais la moyenne de rendement de ces variétés est, pour toute la France, de 30,000 kilogr. Aux rendements constatés de 4,64 p. 100 en alcool et de 76 p. 100 en résidus, ces 30,000 kilogr. donneront 13 hectol. 92 d'alcool pur, et ils fourniront 22,800 kilogr. de nourriture. D'après les chiffres établis, à savoir 8 fr. 08 c. par 1,000 kilogr., le traitement de ces 30,000 kilogr. de betteraves aura coûté 242 fr. 40 c.; l'hectolitre d'alcool reviendra donc à 17 fr. 47 c.

« Un hectare cultivé en betterave disette ou globe jaune peut rendre, en bonne terre ou par suite d'une culture riche, 60,000 kilogr. et plus ; mais la moyenne peut être évaluée à 45,000 kilogr. Aux rendements constatés de 3,43 p. 100 en alcool et de 76 pour 100 en résidus, on obtiendra de cette récolte 15 hectol. 43 d'alcool pur et 34,200 kilogr. de pulpe. Le traitement de ces 45,000 kilogr. de betteraves exigera une dépense de 363 fr. 60 c., ce qui porte le prix de revient de l'hectolitre d'alcool à 23 fr. 56 c.

« Ainsi, dans ce second cas, le traitement de la betterave récoltée a coûté 121 fr. 20 c. de plus que dans le premier cas ; mais, par contre, on a obtenu un excédant de 1 hectol. 51 d'alcool et de 11,400 kilogr. de pulpe.

« En admettant que les frais de récolte, un peu moins élevés dans le second cas que dans le premier, soient balancés par un transport un peu plus coûteux, l'avantage restera encore à la disette ou à la globe jaune.

« C'est à chacun à faire ces calculs d'après le rendement en alcool des variétés, combiné avec leur rendement à l'hectare, et à consulter sa situation, la nature de son sol, la richesse acquise de sa terre, etc. »

Mais lorsqu'il s'agit du titre saccharin de la betterave, nous retrouvons, d'une manière aussi sensible que pour la fécule de la pomme de terre, des variations dépendant de l'espèce ainsi que des conditions culturales. (*Voyez* BETTERAVE.)

Si nous rappelons les analyses de M. Baudement, opérées sur six variétés cultivées dans le même sol et traduites dans le tableau suivant :

	Disette ordinaire.	Disette blanche.	Jaune grasse.	Globe jaune.	Globe rouge.	Blanche de Silésie.
Eau................	82,814	78,694	80,512	70,318	80,048	81,600
Substances sèches........	17,186	21,306	19,488	20,682	19,952	18,400
	100,000	100,000	100,000	100,000	100,000	100,000
Cendres...............	1,069	1,252	0,896	1,088	1,376	1,106
Liqueur et cellulose.....	2,218	1,536	1,664	2,146	1,581	2,328
Matières grasses.........	0,283	0,229	0,321	0,260	0,477	0,261
Sucre ou analogue......	12,503	16,764	14,951	15,519	13,918	13,549
Matières azotées.........	1,113	1,525	1,656	1,669	2,600	1,156
	17,186	21,306	19,488	20,682	19,952	18,400
Azote...............	0,178	0,244	0,265	0,267	0,416	0,185

Nous classerons, par ordre de mérite pour la distillation :

1° La disette blanche; 2° la globe jaune; 3° la jaune grasse; 4° la globe rouge; 5° la blanche de Silésie; 6° la disette ordinaire.

D'un autre côté, si nous consultons la pratique des distillateurs, nous verrons que ces données sont très-controversées, excepté en ce qui concerne la disette ordinaire, dont l'infériorité est généralement admise. La blanche de Silésie, qui n'occupe au tableau que l'avant-dernier rang, jouit de la plus grande estime, tandis que la globe jaune, qui occupe le second, passe pour être une des plus médiocres, etc.(1).

C'est que rien n'est plus variable que le coefficient qu'introduisent dans le titre saccharin d'une même espèce la nature du sol, la composition des engrais, l'époque de l'arrachage, etc.

En France, il faut l'avouer avec regret, l'étude de ces questions si complexes, et pourtant d'une si grande portée, a été à peine entreprise jusqu'aujourd'hui. Il y a longtemps que l'Allemagne nous a devancés sous ce rapport, grâce à l'admirable institution de ses *stations ou petites fermes expérimentales*, disséminées sur un grand nombre de points, dans lesquelles des hommes, réunissant les connaissances pratiques à la science, expérimentent, pour chaque localité, les méthodes, les plantes, les engrais, etc.

Un agronome dont le nom est bien connu dans l'industrie sucrière, M. Sanrey, a publié plusieurs documents fournis par ces utiles établissements.

D'après les résultats accusés par le docteur Grouven, on se fera une idée du rôle que peuvent jouer les divers engrais sur la production du sucre (1).

Afin que le lecteur soit à même de faire des rapprochements utiles, voici d'abord l'analyse du sol sur lequel on a opéré.

Sa consistance est moyenne, argilo-siliceuse, (nous verrons plus loin que cette nature n'est pas la plus favorable à la production du sucre) susceptible de retenir un certain degré d'humidité.

Après dessiccation complète, 100 parties ont fourni :

Substances solubles dans l'eau...	0,126
Humus........................	3,601
Matières minérales solubles dans l'acide......................	9,614
Argile........................	86,659
	100,000

Le dosage de l'azote des substances minérales ou organiques et à l'état d'ammoniaque s'est trouvé de 0,0838.

Les 9,614 parties minérales solubles dans l'acide se décomposent comme suit :

Potasse..................	0,261
Soude....................	0,085
Chaux...................	0,355
Magnésie................	0,094
Alumine.................	2,410
Oxyde de fer............	3,050
id. de manganèse......	0,045
Acide phosphorique.......	0,028
Sulfurique..............	0,007
Chlore..................	0,006
Silice..................	3,244
Acide carbonique.........	0,029
	9,614

(1) Tous les agriculteurs connaissent les travaux du savant et regrettable M. Louis Vilmorin sur l'amélioration des végétaux, et en particulier sur la création d'une variété de betterave éminemment saccharifère, dont il a obtenu des individus titrant en sucre jusqu'à 13 et 14 p. 100 du poids total de la racine.

(1) On s'apercevra, aux titres indiqués, que ces essais portent sur une betterave plus riche que celles que nous connaissons. Il s'agit en effet d'une variété créée en Allemagne, où elle a supplanté la blanche de Silésie, et

Ce terrain a été divisé en 34 lots, séparés par un intervalle de 0m, 63. La semaille a été faite le 28 avril et l'arrachage a eu lieu le 8 octobre. Chaque betterave occupait un carré de 0m, 364 de côté, et chaque lot une surface de 14 centiares.

Le titre des engrais principaux a été déterminé de la manière suivante :

Le guano contenait 14,8 p. 100 d'azote. Les tourteaux 4,5 p. 100 d'azote ; ils laissaient 7,2 p. 100 de cendres. La poussière d'os 3,7 p. 100 d'azote et 21,2 p. 100 d'acide phosphorique. Le superphosphate d'Angleterre 1,9 p. 100 d'azote et 6,3 d'acide phosphorique insoluble, plus 14 p. 100 de soluble. Le superphosphate de Manheim dosait 1,4 p. 100 d'azote et 18,8 p. 100 d'acide phosphorique, moitié soluble, moitié insoluble.

Ces engrais ont été appliqués de trois manières : 1° répandus en poudrage et enterrés à la herse, 2° introduits dans le sol à la bêche, 3° enfouis au-dessous des semences, en ayant soin de les éloigner, du contact des graines, au moins d'un décimètre.

En laissant de côté les observations sur la végétation, sur les rendements en quantité, qui appartiennent à un article cultural, nous arrivons au rendement en sucre.

On a choisi dans chaque récolte 10 à 12 betteraves de grosseur moyenne; on a ensuite découpé des tranches, bien égales dans les deux sens, c'est-à-dire horizontalement et verticalement, puis on les a partagées en deux parties. L'une a été desséchée à la température de + 90, l'autre a été râpée, pressée, et le titre des jus a été déterminé avec un densimètre très-sensible.

Dans le tableau suivant, on a groupé les résultats appartenant à la même nature d'engrais :

Substances sèches pour 100 de betteraves.	Densité du jus.	Richesse en sucre pour 100 de betteraves.	ENGRAIS EMPLOYÉS A LA CULTURE DES BETTERAVES.
23,6	1,0775	14,8	Guano, semaille tardive de cinq semaines, 2,500 gr. enfoui à la bêche.
23,4	1,0760	14,4	Guano, poudre d'os et potasse, 562 gr. guano enfoui sous la semence ; 562 gr. potasse en poudre, *idem* ; 375 gr. poudre d'os et 250 gr. potasse en poudrage.
23,4	1,0766	14,5	Tourteaux de colza, 2,625 gr.. 1/3 enfoui à la bêche, 1 2 semé en poudre, et 1/3 enfoui sous la semence.
23,0	1,0750	14,3	Tourteaux, poudre d'os et potasse. 1,312 gramm. tourteaux enfouis à la bêche : 375 gr. poudre d'os et 250 gr. potasse en poudrage.
22,5	1,0744	14,0	Potasse, 440 gr. en poudrage.
22,1	1,0800	15,3	Potasse et poudre d'os. 562 gr. potasse en poudrage et 1,875 gr. poudre d'os sous la semence.
21,8	1,0774	14,7	Fumier de vache et nitrate de soude. 60 kilogr. fumier et 572 gramm. nitrate du Chili.
21,7	1,0777	14,7	Guano, espacement très-serré (0m, 334), 1,250 gr. enfoui sous la semence.
21,6	1,0624	11,3	Guano, 1,250 gr. 1/4 en poudrage, 1/4 enfoui à la bêche et 1/2 enfoui sous la semence.
21,6	1,0743	14,0	Nitrate de potasse, 562 gr. en poudre enfoui à la bêche.
21,5	1,0745	14,0	Fumier de vache, 120 kilogr.
21,5	1,0782	14,4	Tourteaux et potasse. 2,625 gr. tourteaux sous la semence et 562 gr. de potasse en poudrage.
21,2	1,0727	13,6	Poudre d'os, 1,875 gr., 1/3 enfoui à la bêche, 1/3 en poudrage et 1/3 sous la semence.
21,2	1,0707	13,1	Superphosphate d'Angleterre et de Manheim, 1,312 gr. en poudrage.
21,1	1,0699	12,9	Guano et potasse. 1,250 gr. guano sous la semence et 562 gr. potasse en poudre.
20,	1,0674	12,4	Sans engrais, 5 lots réunis avec des espacements divers.
19,8	1,0679	12,5	Fumier de vache et potasse. 60 kilogr. fumier et 562 gr. potasse.
19,5	1,0700	13,0	Fumier de cheval, 140 kilogr.
19,0	1,0678	12,5	Nitrate de soude du Chili, 562 gr. en poudrage.

Une série d'expériences analogues, sur divers types de terrains, permettrait de dégager l'action combinée du sol ; elles jeteraient un grand jour sur les conditions les plus avantageuses à la culture de la betterave destinée à la distillerie.

Le rôle particulier du sol, en dehors de celui que M. Hette de Bresles (Oise) exploite en grand dans ses cultures depuis quelques années.

des engrais, a été, de la part de M. Leplay, l'auteur de l'un des procédés d'alcoolisation de la betterave que nous avons à décrire, l'objet de recherches intéressantes, dont le résumé suffira pour en faire apprécier l'importance.

Ces recherches ont été commencées en octobre 1850 et continuées pendant les années 1851 et 1852. Elles font partie d'un ensemble d'études chimiques sur la betterave consignées dans un mémoire inédit qui a été déposé pour un concours ouvert devant la Société d'encouragement.

Elles ont porté sur 167 betteraves qui ont donné, en moyenne, 116 grammes 4/10 de sucre par litre de jus.

Sur ce nombre, 61 avaient végété dans trois terrains différents appartenant à un type très-argileux. Elles ont donné, en moyenne, par litre, 114 gr. de sucre.

61 avaient végété dans 9 terrains différents appartenant à un type très-calcaire ; elles ont donné, en moyenne, 123 gr.

33 avaient végété dans trois terrains différents appartenant au type argilo-siliceux ; elles ont donné une moyenne de 120 gr.

Enfin, 12 avaient végété dans un champ du type siliceux et ont donné pour moyenne 109 grammes.

De ces chiffres, il est déjà permis de conclure que les betteraves cultivées dans les sols calcaires donnent, en moyenne, une richesse saccharine plus grande que celles qui sont cultivées dans les autres sols. Mais les tableaux de détail particuliers à chaque type de sol indiquent que certains des nombres dont se compose une moyenne présentent entre eux des variations qui s'élèvent jusqu'à 65 p. 100 d'après le poids de la betterave. Il y a donc lieu de tenir compte de cet élément, auquel d'ailleurs la pratique a toujours attaché une grande importance.

Pour apprécier l'influence combinée du sol et du poids sur la richesse saccharine, M. Leplay a groupé les résultats fournis par les 167 analyses dans les tableaux suivants :

POIDS des BETTERAVES.	MINIMUM de richesse saccharine. NATURE DU SOL.				MAXIMUM de richesse saccharine. NATURE DU SOL.				MOYENNE de la richesse saccharine. NATURE DU SOL.				DIFFÉRENCE pour cent entre le minimum et le maximum. NATURE DU SOL.			
	Argileux.	Siliceux.	Argilo-siliceux.	Calcaire.	Argileux.	Siliceux.	Argilo-siliceux.	Calcaire.	Argileux.	Siliceux.	Argilo-siliceux.	Calcaire.	Argileux.	Siliceux.	Argilo-siliceux.	Calcaire.
Au-dessous de 1 kil.	119	»	113	135	150	»	152	165	137	»	138	149	21	»	13	12
De 1 à 2 kil.	97	93	111	128	172	119	159	166	123	109	134	143	44	12	14	11
2 3	93	102	80	104	128	122	133	146	104	115	113	132	28	11	16	13
3 4	55	95	»	110	124	99	»	157	92	97	100	123	56	4	»	14
4 5	73	»	»	110	97	»	»	133	79	»	100	115	25	»	»	12
5 7	71	»	»	88	110	»	»	123	91	»	91	107	36	»	»	13
7 9	55	»	82	75	64	»	100	115	59	»	91	94	14	»	18	15
Au-dessus de 9 kil.	»	»	49	58	»	»	66	102	»	»	57	78	»	»	13	17

Il résulte du tableau précédent que la valeur des différents sols, comme production du sucre par rapport au poids de la betterave, peut être classée ainsi qu'il suit, le sol calcaire étant représenté par le nombre 100 :

Poids des betteraves.	Nature des sols.			
	Calcaire.	Argilo-siliceux	Argi-leux.	Siliceux
Au-dessous de 1 kil.	100	92	92	»
De 1 à 2 kil.	100	93	86	76
2 3	100	85	78	87
3 4	100	81	74	78
4 5	100	85	68	»
5 7	100	79	85	»
7 9	100	60	62	»

On voit, par la comparaison de ces chiffres, que plus le poids des betteraves est considérable, plus la différence de valeur s'accroît entre les sols : ce qui justifie la préférence inspirée par la pratique des industries du sucre et de l'alcool, pour les racines dont le poids ne dépasse pas 2 kilogr. quelle qu'en soit la provenance.

Si on représente par 100 la richesse saccharine des betteraves au-dessous de 1 kilogramme, on trouvera que son rapport de décroissance en raison du poids est le suivant :

POIDS des betteraves.	SOL CALCAIRE.		SOL ARGILO-SILICEUX.		SOL ARGILEUX.	
	Richesse saccharine.	Décroissance.	Richesse saccharine.	Décroissance.	Richesse saccharine.	Décroissance.
De 1 a 2 k.	95	6	79	3	90	10
2 3	88	5	81	16	76	13
3 4	82	7	72	9	67	9
4 5	77	6	65	7	57	10
5 7	71	5	65	0	68 Augment.	11
7 9	63	8	41	24	43 Décroiss.	25

La comparaison de ces nombres établit que dans les sols calcaires, qui sont, dans tous les cas, les plus favorables au développement du sucre, les betteraves éprouvent une décroissance régulière de richesse saccharine correspondant à l'augmentation de leur poids ; tandis que cette régularité n'existe plus pour celles qui ont végété dans un sol argilo-siliceux, et moins encore à l'égard des sols argileux.

Enfin, si on recherche l'écart que présentent dans leur richesse saccharine les betteraves d'un même poids venues dans le même sol, on trouvera, en prenant pour point de comparaison 100 de sucre, les variations suivantes relativement au sol :

POIDS DES BETTERAVES.	DIFFÉRENCES.	
	Sol calcaire.	Sol argileux.
De moins de 1 kilogr.	12	21
De 1 à 2 kilogr.	11	44
2 3	13	28
3 4	14	56
4 5	12	25
5 7	13	36
7 9	15	14

On peut donc dire que dans les sols calcaires les variations de richesse saccharine que présentent les betteraves entre elles sont régulièrement les mêmes sous la même différence de poids. Entre les betteraves d'un même poids, la richesse est régulièrement égale pour chaque groupe et ne varie que de 11 à 15 ; tandis que dans les sols argileux les variations sont énormes ; elles ne paraissent soumises à aucune loi de proportion, et elles présentent des différences qui s'élèvent de 14 à 56 pour 100.

D'un autre côté, la pratique de l'effeuillage a été étudiée, au point de vue du développement de la plante et de sa richesse saccharine, par M. le professeur Schacht de Bonn, et les résultats de ses expériences, consignées dans le journal allemand de *Chem. Ackersmann,* ont été reproduits par le journal de la Société d'agriculture de Belgique auquel nous les empruntons :

Déjà, en 1859, l'auteur déduisit de ses recherches anatomiques que durant la période de croissance des feuilles la nourriture que celles-ci prennent sert à la fois à leur propre développement et à celui des parties de la racine avec lesquelles elles sont en rapport ; que lorsque la végétation des feuilles faiblit ou s'arrête, leur influence sur l'augmentation en poids et en volume de la racine est nulle, tandis qu'elle est très-puissante, au contraire, sur la formation du sucre.

L'augmentation ultérieure en poids et en volume de la racine serait due à l'action des feuilles plus jeunes, non entièrement développées, qui se trouvent au centre de l'espèce de verticille que forment les feuilles de la betterave pendant la première année de sa vie.

Ces déductions ont été confirmées de la manière la plus évidente par des expériences comparatives faites, pendant l'été 1860, dans le jardin botanique de Bonn.

Le champ d'expérience fut divisé en deux parties ; l'une ne fut pas fumée, l'autre le fut avec de l'engrais fortement consommé. Le 14 août, on arracha une certaine quantité de betteraves, afin d'en déterminer le poids et le titre en sucre. Le reste du champ fut divisé en quatre parties.

Sur la première, les betteraves ne furent pas effeuillées ;

Sur la seconde, on pratiqua un effeuillage complet, de façon cependant à conserver les feuilles les plus jeunes, situées au centre du verticille ;

Sur la troisième, ou effeuilla les betteraves sur leur moitié tournée au nord ;

Sur la quatrième, on fit la même opération sur la partie sud.

Le 15 septembre, on répéta l'effeuillage sur les mêmes betteraves et de la même manière.

Le 31 octobre, on fit la récolte ; on pesa et titra les betteraves.

Les résultats de ces diverses recherches sont consignés dans le tableau suivant :

	POIDS moyen des racines examinées.		DEGRÉS d'après Brix.		SUCRE par la polarisation.	
	liv.	onc.			p.	c.
I. *Betteraves non fumées.*						
1. A demi développées (14 août), non effeuillees	1	5	11	1/5	8	60
2. Mûres (31 octobre) non effeuillées	2	4	16		13	12
3. Mûres (effeuillées le 14 août et le 15 septembre)	1	15	12		8	34
4. Mûres (effeuillées du côté nord, le 14 août et le 15 septembre)	3	4	12	3/5	8	89
5. Mûres (effeuillées du côté sud, le 14 août et le 15 septembre)	2	»	13	2/5	9	96
II. *Betteraves fumées.*						
1. A demi développées (14 août), non effeuillées	1	4	11	4/5	8	34
2. Mûres (31 octobre), non effeuillées	1	16	14		9	96
3. Mûres (effeuillées le 14 août et le 15 septembre)	2	6	9		5	34
4. Mûres (effeuillées du côté nord, le 14 août et le 15 septembre)	2	10	11	1/5	6	99
5. Mûres (effeuillées du côté sud, le 14 août et le 15 septembre)	1	15	14		10	51

D'après les chiffres de ce tableau, on voit que le poids des betteraves n'est pas diminué par l'effeuillage (1). Il semblerait même que sous le rapport de la masse cette opération a produit un effet favorable. Cependant, ce dernier point doit encore être considéré comme indécis, car les betteraves qui n'avaient été effeuillées que d'un côté n'offraient, ni dans les zones de leur coupe qui étaient régulièrement circulaires, ni dans leur aspect extérieur, rien qui pût faire connaître de quel côté l'effeuillage avait été pratiqué.

Quoiqu'il en soit, on peut conclure de ces chiffres que les feuilles complétement développées ne concourent plus à la végétation de la racine, et que l'augmentation en poids et en volume de celle-ci doit être attribuée à l'action des jeunes feuilles qui se développent par le point central, appelé vulgairement cœur.

Au contraire, la formation du sucre dans les racines est notablement arrêtée par l'effeuillage. Il paraîtrait même que le point du ciel vers lequel est tourné l'endroit effeuillé a une influence sur la saccharification, car, comme on peut le voir dans le tableau, les betteraves effeuillées du côté sud étaient plus riches en sucre que celles qu'on avait effeuillées du côté nord.

On peut donc tirer cette deuxième conclusion que les feuilles complétement développées, mais encore vertes, sont indispensables à la formation du sucre dans les racines.

L'époque où il existera le plus grand nombre de feuilles complétement développées mais encore vertes sera donc l'époque pendant laquelle la formation du sucre sera le plus active, ce qui correspond entièrement aux recherches de Brettschneider, d'après lesquelles ce travail particulier aurait lieu pendant le mois de septembre.

L'enlèvement des feuilles, ou leur destruction par la grêle ou le bétail pendant le mois de septembre, sera donc très-préjudiciable à la formation du sucre ; mais on peut en partie réparer le dommage en laissant les racines plus longtemps en terre, alors même qu'il ne se forme plus de nouvelles feuilles, car aussi longtemps que les parties foliacées qui ont échappé restent épanouies et vertes, la quantité de sucre continue à augmenter dans la racine, bien que celle-ci ne gagne plus ni en poids ni en volume.

Il est très-désirable de voir toutes ces expériences contrôlées et répétées par plusieurs observateurs, de manière qu'elles puissent servir de guide au cultivateur-distillateur sur le choix des terrains, des engrais et de l'espèce, comme aussi sur la grosseur a obtenir en vue du meilleur rendement en alcool.

Dès la fin du dernier siècle, la distillation de la betterave était connue en Allemagne et avait pénétré en Belgique. On la traitait soit isolé-

ment, soit associée à la pomme de terre, à la carotte, au panais, etc.

Une lettre, en date du 27 messidor an xi (1801), adressée par le secrétaire général de la préfecture de la Sarre au citoyen François de Neuchateau, renferme des détails sur les résultats obtenus de ces mélanges par des cultivateurs de Charleroy. Nous indiquons plus loin leur mode de traitement, dont nos petites exploitations peuvent tirer un bon parti.

Toutefois, ces procédés n'avaient guère dépassé les limites de ces contrées momentanément françaises, et on peut dire que chez nous, même depuis le mémorable décret de 1812 qui instituait administrativement la création des sucreries indigènes jusqu'en 1832, la betterave avait été uniquement consacrée à la production du sucre. La distillation des mélasses n'était intervenue que comme utilisation des déchets, et elle n'avait dans ses procédés que des rapports très-éloignés avec la distillation du jus telle qu'on la pratique aujourd'hui.

Dans son ouvrage intitulé : *Art de fabriquer le sucre de betteraves*, publié en 1825, l'un des chimistes industriels les plus éminents dont s'honore notre pays, M. Dubrunfaut, a été conduit le premier, par des essais de laboratoire, à entrevoir les données industrielles de ce travail.

En rendant compte d'expériences dans lesquelles il traitait à froid le jus des betteraves par l'acide sulfurique, il ajoutait : « Un fait très-remarquable, c'est que si l'on place ce jus ainsi traité à une température favorable à la fermentation alcoolique, il entre de suite, avec une grande énergie, dans cette fermentation ; tandis qu'il se serait noirci et transformé en glaireux à cette même température, sans le concours de l'acide. Ce qui n'est pas moins remarquable dans ce fait, c'est que la mousse liquide se couvre d'un chapeau de levûre qui peut, comme celle de bière, servir de levain très-énergique pour d'autres fermentations. *On pourrait utiliser avec succès ce moyen, si l'on voulait transformer le jus de la betterave en alcool, et l'on sent que l'avantage de ce procédé consisterait à procurer une très-belle fermentation alcoolique dans le jus sans l'emploi de la levûre.* »

Toutefois, avant que ces données théoriques, qui contenaient en germe tout l'avenir industriel de la distillation des betteraves, fussent sorties du laboratoire du savant pour entrer dans l'atelier du fabricant, il devait encore s'écouler de longues années. Elles avaient d'ailleurs passé à peu près inaperçues des chercheurs : et il fallait, pour les introduire dans la pratique, qu'elles fussent reprises par leur auteur.

L'idée de la défécation, empruntée au travail des sucreries, continua à dominer, même longtemps après.

En effet, la distillation des jus se révèle pour la première fois en 1832, par le brevet Louvet,

---

(1) D'autres expérimentateurs, parmi lesquels nous citerons Schwertz, Yvart, Pabst, Lengenthal, sont arrivés à des résultats tout à fait opposés. (*Voy.* BETTERAVE.)

Gilles et Jallu, qui les traitent par macération à chaud et levûre. En 1838 (9 décembre) Nicolas, Wattringue et Cie défèquent par l'acide sulfurique et fermentent avec la levûre. Dans le même moment (22 décembre) Liebermann prend un brevet pour la défécation par la chaux, la neutralisation par l'acide et la fermentation par les moyens connus. Passons le brevet Lalenne Delgrange, du 28 octobre 1844, dans lequel il n'est pas question d'acide sulfurique, pour arriver en 1846 (24 octobre) au brevet ou plutôt aux brevets Douay Lesens, dans lequel nous le voyons reparaître, mais toujours comme agent de défécation et avec emploi de levûre. Remarquons toutefois que dans un second brevet, du 13 novembre 1846, et dans le certificat d'addition du 5 décembre suivant, l'inventeur fait au système de macération employé dans la sucrerie par Matthieu de Dombasle un heureux emprunt, qui plus tard rendra de grands services : nous voulons parler du roulement qui a pour but d'enrichir les jus en les faisant passer successivement sur de nouvelles cossettes.

Quoi qu'il en soit, ces procédés, qui se traînaient sur les errements du travail sucrier, n'avaient pas avancé la question. On ne doit pas s'étonner que, lassés de l'insuccès, leurs auteurs aient abandonné leurs brevets. Une dernière tentative, du 24 août 1847, par MM. Cheval frères, avec défécation, chauffage à la vapeur, filtrage et fermentation à la levûre, n'eut pas de meilleurs résultats.

Nous venons de nommer Matthieu de Dombasle. Peut-être, avec la profondeur d'observation qu'il apportait à tous ses travaux, a-t-il soupçonné l'importance du rôle qu'était appelé à jouer l'acide sulfurique, lorsqu'il le regarde *comme absolument nécessaire dans la distillation des mélasses pour assurer une bonne fermentation*, en constatant *qu'il en change absolument le caractère, qu'il lui donne une plus grande activité, et qu'il augmente le rendement en alcool :* mais ici encore il ne s'agissait pas du travail du jus.

Nous voici en 1852, époque à laquelle M. Dubrunfaut reparaît, non plus cette fois avec des pressentiments de laboratoire, mais avec une doctrine complète, expérimentée, sur le rôle et l'emploi de l'agent qui allait débarrasser l'industrie de ses tâtonnements pour lui ouvrir une voie nouvelle.

Aussi les hommes les plus accrédités de la science, MM. Dumas, Bussy et Pelouze, auxquels le tribunal de Cambrai avait confié la mission de l'éclairer dans le procès en contrefaçon que M. Dubrunfaut soutenait devant lui en 1856, n'ont-ils pas hésité à déclarer qu'à leurs yeux *« il est incontestable que ce sont les procédés d'application décrits par ce savant dans ses brevets qui ont donné la possibilité d'obtenir industriellement l'alcool de betteraves tel qu'on l'obtient aujourd'hui. »*

Arrêtons-nous un instant sur la fermentation spéciale des matières qui, comme la betterave, présentent un mélange de sucre de canne, et de sucre de fruit ou de raisin. On sait que ces derniers peuvent seuls subir la fermentation alcoolique, et comme la plus grande partie des éléments sucrés de la betterave consiste en sucre de canne, il est indispensable que ce sucre soit interverti et transformé en glucose (1). C'est cette transformation qu'on demandait à la levûre.

Lorsque cet agent se trouve en présence des substances organiques et minérales propres à sa composition, comme nous l'avons vu dans le travail des grains et en particulier de l'orge maltée, il s'en empare au profit de sa reproduction et s'accroît tant qu'il ne les a pas épuisées. Tandis que quand ces substances n'existent plus dans la matière à fermenter, la levûre s'use et se détruit au lieu de se multiplier.

Dans toutes les tentatives que nous avons énumérées, on obtenait évidemment ce dernier résultat par le soin avec lequel on procédait à une défécation préalable.

Plus on cherchait à se rapprocher, en ce sens, du travail des sucreries, plus on s'éloignait du but. Plus on épurait les jus, plus on usait de levûre. La dépense considérable à laquelle on était entraîné par son renouvellement à chaque opération ; l'infidélité de son action ; la difficulté de l'obtenir et surtout de la conserver avec les qualités convenables ; l'irrégularité des fermentations ; enfin, les manutentions compliquées et les lenteurs des anciennes méthodes pesaient lourdement sur les résultats. Un travail manufacturier était impraticable sur ces errements.

Les procédés de M. Dubrunfaut vinrent changer complétement cette situation. En remplaçant la levûre par l'acide, ou tout au moins en réduisant celle-là à un rôle très-secondaire ; en opérant, même à froid, sur des jus non épurés ; en obtenant des fermentations rapides et une reproduction indéfinie du ferment ; enfin, en soustrayant les jus aux altérations qui entraînaient des conséquences si funestes, ils ont révélé les véritables lois du travail industriel (2).

La fermentation vineuse n'a pas de plus grand ennemi que les fermentations visqueuse et lactique. *Cette dernière surtout l'accompagne presque toujours dans le travail des racines.*

---

(1) Indépendamment de l'épreuve au polarimètre (*V.* SUCRERIE), on reconnaît la présence du glucose par la propriété remarquable qu'il possède, et que ne possède pas le sucre de canne, de réduire certaines dissolutions métalliques ; ainsi à la température de 100° il réduit facilement le tartrate de cuivre en dissolution dans la potasse. C'est sur cette observation qu'est fondé le procédé de M. Barcswil pour le dosage des sucres.

(2) Un fait digne de remarque, c'est qu'avant les travaux de M. Dubrunfaut en 1852 l'alcool de betterave était inconnu sur la place de Paris ; et qu'à partir de la campagne 1853-1854 sa fabrication avait pris une telle impulsion, grâce à ces procédés, qu'il s'est produit en assez grande abondance pour être coté à la Bourse.

Ce qu'elles peuvent occasionner de pertes, pour peu qu'on les laisse se développer, est considé-rable. Que l'on suppose seulement 1/2 pour 100 de rendement sur 10,000 kilogr. par jour, on trouve 50 litres d'alcool, et il n'est pas rare que ce chiffre soit plus que doublé.

Ces fermentations, qui se produisent aux dé-pens du sucre, paraissent avoir principalement pour cause l'altération que le contact de l'air fait éprouver au jus avec la plus grande rapidité, en mettant en action, par son oxygène, et pendant que la liqueur est encore neutre, des ferments de mauvaise nature. Il est donc très-important de le soustraire à cette oxydation au moment même où le contact se produit par le déchirement des cellules.

Toutes les substances qui exercent une action chimique sur les ferments, telles que les acides minéraux, les acides végétaux concentrés, les alcalis, le sel ordinaire, les sels minéraux, les huiles essentielles peuvent, en portant une per-turbation momentanée dans leur développement, prévenir l'altération du jus.

Toutefois, il n'est pas indifférent d'employer l'une ou l'autre des substances que nous venons d'énumérer; mais on manque d'expériences sur les résultats ultérieurs de l'emploi comparé de chacun de ces agents préservateurs, et on ne doit s'adresser qu'à ceux dont la pratique a cons-taté l'efficacité. Celui dont le rôle est le mieux déterminé, pour toutes les phases du travail, depuis les études de M. Dubrunfaut, est l'acide sulfurique. Son action comme préservatif de la fermentation lactique est d'une efficacité re-connue.

Nous avons vu qu'on confondait souvent à tort la fermentation lactique avec la fermenta-tion acétique, tandis qu'elles diffèrent autant dans leurs causes que dans la manière dont elles se produisent.

La dernière, très-rare d'ailleurs dans le travail des racines, ne peut se produire qu'après l'a-chèvement de la fermentation vineuse. Tant que le dessus de la cuve est occupé par le gaz acide carbonique interposé entre le liquide et l'air at-mosphérique; tant que l'ébullition, ou la pré-sence du dégras empêchent qu'aucune végétation séjourne à la surface du liquide; le ferment acétique manque des conditions indispensables à son existence. Ainsi que l'ont démontré les belles recherches de M. Pasteur, il ne saurait se passer du contact de l'air; il vit et se reproduit toujours à la surface; il nage et ne doit pas même être mouillé; s'il est immergé, il est dé-truit; enfin, son développement ne commence qu'à une température supérieure à celle de la fermentation vineuse.

Il en est tout autrement de la fermentation lactique, qui n'a aucune de ces exigences. Elle s'exerce en l'absence du contact de l'air et au fond du liquide. Elle commence à une tempé-rature beaucoup plus basse (même au-dessous

de 5 degrés) que celle de la fermentation vineuse qu'elle peut précéder par conséquent sans que rien trahisse sa présence; et elle se poursuit à des températures beaucoup plus élevées.

Il paraît, d'après les travaux de M. Lehman, que l'abondance des substances grasses favorise son développement, mais la seule condition qu'elle exige, c'est un liquide neutre.

Lorsqu'on fait intervenir l'acide sulfurique au moment de la production du jus, soit à la râpe, soit au coupe-racines, il combat victorieusement ces déplorables facultés, non-seulement en obviant à la neutralité momentanée du jus, mais *surtout en mettant immédiatement en liberté des acides tartrique, malique*, etc., qui assurent la prédominance du ferment vineux.

Les doses utiles de cet agent varient selon la méthode de préparation de la racine (elles se-ront d'autant plus élevées qu'il y aura plus de jus mis en liberté); selon la température; selon le mode d'extraction des jus; selon l'espèce, l'état de propreté et de conservation de la bet-terave; enfin, selon la quantité et la nature du liquide (eau ou jus faibles) dans lequel il est dilué.

Toutes les questions que soulèvent l'emploi de l'acide et ses effets, l'extraction des jus, les fer-mentations, etc., ont été étudiées dans les tra-vaux de M. Dubrunfaut, auxquels nous donne-rons tout le développement qu'ils comportent, après avoir décrit les procédés les plus ancienne-ment employés.

§ 7. *Les procédés applicables aux racines sucrées.*

Procédés allemands.

Nous savons que la distillation de la pomme de terre a précédé de beaucoup celle de la bet-terave. Lorsqu'on s'est adressé à celle-ci, il était tout naturel qu'on songeât d'abord à lui appliquer les procédés que l'expérience avait sanctionnés pour la première. C'est ainsi que, chez les po-pulations Allemandes qui ont également pris l'initiative de l'alcoolisation de la betterave, toutes les racines sucrées, navets, panais, ca-rottes, topinambours ont été soumises à la cuis-son, soit isolément, soit associées dans diverses proportions selon les productions de l'exploita-tion.

Cette méthode y est encore répandue aujour-d'hui, surtout dans les petites fermes. Elle jouis-sait de la même faveur en Belgique et elle n'y a été abandonnée que depuis une dizaine d'an-nées, par suite de la situation onéreuse que lui a fait la nouvelle législation.

Pour les navets et les panais la dépense de vapeur est à peu près la même que pour la pomme de terre; leur réduction en purée se fait aussi facilement et par les mêmes appareils.

Les carottes, les topinambours et surtout la betterave exigent une pression de vapeur un peu plus forte; elles ne s'écrasent pas aussi facile-

ment et elles se conduisent mal dans les appareils que représentent les figures 22, 23 et 24. Si on traite à part ces racines, comme on a moins à craindre du refroidissement que dans le travail de la pomme de terre, on emploie de préférence la presse à levier (fig. 16), ou bien, avant de les soumettre aux cylindres de la fig. 24, on les coupe grossièrement avec une lame en forme d'S emmanchée d'un long manche.

La purée est envoyée dans la cuve à fermentation, qu'elle ne doit remplir qu'au tiers. On ajoute ensuite les vinasses et une quantité d'eau telle que le mélange n'occupe que les 3/4 de la capacité de la cuve et qu'il ait une température de 23 à 25 degrés : puis on met en levûre avec un décilitre de levûre liquide, ou 50 grammes de levûre en pâte délayée à part, par chaque hecto-litre du mélange, et on couvre la cuve.

La fermentation se manifeste rapidement et se développe avec une intensité qui ferait déborder cette cuve si elle était plus remplie que nous venons de l'indiquer. Après 18 à 20 heures, le chapeau commence à s'affaisser ; mais la fermentation se prolonge jusqu'à 30 heures et plus. Cette prolongation peut favoriser le développement de la fermentation lactique, dont nous connaissons les dangers. On y obvie en faisant subir au travail qui vient d'être décrit la modification suivante :

Avant d'arriver à la cuve à fermentation, la purée est envoyée dans une cuve à saccharifier (fig. 14), qui est pourvue d'un tuyau de vapeur. En versant les vinasses, on les additionne d'acide sulfurique à la dose de 1 1/2 à 2 millièmes du poids des racines. La proportion d'acide sera d'autant plus forte que la racine sera plus féculente ou disposée à la fermentation lactique.

On fait bouillir le mélange pendant 3 ou 4 heures, par un barbotage, en agitant à plusieurs reprises ; on porte à la cuve à fermenter et on refroidit avec de l'eau pour obtenir la densité et la température convenables pour la mise en levûre.

Une autre méthode, employée dans quelques-uns de nos départements de l'est et du nord, et regardée, par les habiles cultivateurs de ces contrées, comme la meilleure pour l'engraissement des animaux, consiste à traiter les racines sucrées exactement comme la pomme de terre, c'est-à-dire à les faire macérer pendant 2 ou 3 heures, après leur réduction en purée, en présence d'une quantité de malt d'orge moulu de 20 à 30 kilogr. pour mille kilogr. de racines. Le rendement de près de 4 p. 100 qu'ils accusent serait égal à celui des meilleurs procédés du travail des jus.

En se rappelant l'action de la diastase sur la saccharification de la fécule, on trouverait une confirmation de cette pratique dans les analyses des diverses racines que nous avons indiquées. Mais nous regardons l'addition d'acide comme impérieusement exigée, même dans ce cas, pour combattre les mauvaises fermentations.

Quoi qu'il en soit, ces méthodes, qu'on pourrait nommer méthodes des anciens, sont tombées en discrédit devant les méthodes nouvelles que nous allons passer en revue. Elles ne sont pas économiques, ni en main-d'œuvre ni en combustible, et, même en admettant un bon rendement, l'industrie devait les rejeter.

Mais dans la petite culture, où la distillation occupe, autour du feu de l'alambic, les loisirs d'hiver de la famille, la main-d'œuvre et le combustible ne comptent guère comme une dépense, et alors ressortent leurs avantages relatifs d'une installation très-simple, peu coûteuse, et la possibilité de traiter avec les mêmes appareils tous les produits que la ferme peut livrer à la distillation.

C'est dans ces conditions que le bon sens pratique des Allemands, nos aînés, les a maintenues ; leur expérience à cet égard ne doit pas être traitée légèrement.

Procédés Dubrunfaut.

D'après les brevets qui datent des 9 octobre 1852, 14 décembre même année, 10 février et 5 septembre 1853, 10 avril, 3 août et 30 décembre 1854, ces procédés s'appliquent :

1° A l'emploi des acides pour l'amortissement des racines ; pour leur macération même à froid ; pour la fermentation des jus sans emploi de levûre ou avec une dose seulement initiale de ce ferment ;

2° A la fabrication d'un ferment analogue à la levûre, développé et recueilli dans la fermentation du jus de betteraves et autres racines, et dans les eaux de végétation des pommes de terre ;

3° A l'alcoolisation simultanée et combinée des mélasses et glucoses avec le jus des racines sucrées ;

4° A la fermentation directe et continue des racines coupées en tranches ou en morceaux et à leur distillation en matière pâteuse ;

5° A la macération des racines fermentées comme il vient d'être dit, soit que la fermentation et la macération se fassent simultanément, soit qu'elles se fassent successivement ;

6° A la fermentation continue des jus, soit par charges intermittentes sur pied de cuve, soit par apport continu sur une cuve fermentée, soit enfin par roulement de cuves en batterie ;

7° A l'emploi des vinasses dans la macération ou dans le repressage du travail des presses ;

8° Au remplacement du cuivre par la fonte et la tôle de fer dans les appareils de distillerie ;

9° A l'emploi des alcalis dans la rectification ;

10° A l'annexion, aux sucreries, des distilleries de betteraves dans le but de fabriquer à volonté du sucre ou de l'alcool avec les mêmes appareils.

Le point de départ des travaux de M. Dubrunfaut est dans l'observation que nous avons trouvée consignée dans son art de fabriquer le sucre, à savoir que les acides minéraux et végétaux, surtout ceux qui sont doués de quelque énergie, tels que les acides sulfurique, chlorhydrique, etc., ajoutés en dose déterminée au jus de betterave, exercent sur lui une triple action. D'une part, et à certaines doses, ils le préservent pendant un certain temps de toute altération; d'autre part, et à d'autres doses, ils opèrent, même à froid, une sorte de défécation qui précipite à l'état solide diverses matières azotées, notamment le *ferment glaireux;* d'autre part enfin, par la réaction qu'ils produisent, ils donnent naissance à des sulfates alcalins et à des *bi-sels organiques analogues au tartre des raisins;* d'où il résulte qu'ils procurent le développement, la prédominance et la reproduction indéfinie du ferment vineux. De telle sorte que sous leur influence le jus, placé dans les conditions de milieu convenables pourrait subir la fermentation vineuse sous la seule influence du ferment naturel de la racine, sans qu'il soit nécessaire de recourir à la levûre de bière.

Les dosages indiqués concernent l'acide sulfurique à 66.

Pour préserver, au moment du travail, la racine de toute altération, on l'emploie en dilution dans de l'eau ou des jus faibles, par une aspersion soit sur la râpe comme on le pratique habituellement, soit sur les cossettes ou rubans à leur sortie du coupe-racines. La dose, dans ce cas, est de 2 pour 100 au plus du poids du sucre contenu dans la racine; c'est-à-dire (en admettant que la richesse saccharine soit en moyenne de 10 p. 100), deux pour mille du poids de la betterave. Avec un millième seulement, on peut obtenir l'effet désiré.

Les mêmes dosages s'appliquent à la conservation des jus, qui dans certains cas peuvent être transportés d'une usine à une autre. Seulement, si la conservation devait être prolongée, il serait prudent de porter la dose d'acide à 3 ou 4 millièmes. Un excès, dans ce cas, donnerait lieu à une saturation par la craie.

Pour obtenir, dans une mise en train, la production spontanée de la fermentation vineuse sans l'intervention de la levûre, une dose d'un millième suffit, et une dose plus élevée pourrait l'empêcher. Mais comme, en raison de la propriété que possède l'acide de reproduire le ferment, l'intervention de la levûre n'a de raison d'être qu'une première fois au début de la campagne, il est bon d'y recourir dans la mise en train, afin d'obtenir un développement plus rapide du ferment. Une fois qu'il est développé, le dosage doit être porté à *2 ou* 3 millièmes. Si, en présence du ferment produit, on se contentait de la dose indiquée pour sa production, les chutes seraient la plupart du temps variables, incomplètes, mauvaises, et indiqueraient le développement d'une *fermentation lactique.*

On peut même dépasser la dose de 3 millièmes sans empêcher la fermentation vineuse lorsque le ferment est développé; mais alors, pour que la réaction marche bien, il faut élever la température jusqu'à 35 et 40 degrés. Ce n'est qu'en poussant la dose d'acide jusqu'à 4 et 5 millièmes au moins, qu'on pourrait arrêter radicalement la fermentation.

La perfection des résultats coïncide avec le maximum d'acide favorable au développement du ferment. Il se détermine par la durée de la fermentation, qui avec l'emploi initial de la levûre doit être réduite au minimum de temps; c'est-à-dire, de 12 à 14 heures au plus, selon la densité des jus.

Il résulte de ce que nous venons de dire qu'on accroit utilement le dosage de l'acide à la condition d'élever la température et qu'on obtient ainsi des fermentations plus rapides et plus parfaites.

Les vins complétement fermentés doivent être dépourvus d'acidité au goût et fournir une quantité d'alcool en rapport avec la richesse du jus, c'est-à-dire de 56 à 57 litres d'alcool pur par 100 kilogr. de sucre.

Comme des causes diverses et nombreuses peuvent influer sur la quantité utile de l'acide restant pour la fermentation, après l'acidulation préservatrice à la râpe ou au coupe-racines, il est utile de vérifier les moûts avant leur arrivée en cuve et de les porter au titre voulu. On conçoit en effet que si, par exemple, les betteraves sont mal lavées et qu'une terre très calcaire y soit restée adhérente, celle-ci neutralisera une grande partie de l'acide; et une dose portée jusqu'à 3 ou 4 millièmes pourra, dans ces conditions, se trouver réduite au-dessous du titre nécessaire à la fermentation.

Les caractères physiques qui accusent un dosage d'acide suffisant sont : 1º l'état peu coloré et bien dépouillé du jus; 2º l'état incolore des pulpes; 3º les fermentations opérées rapidement avec mousses blanchâtres ou grisâtres, et faciles à éteindre avec une faible quantité de corps gras. Lorsque les mousses noircissent, on peut être assuré que l'acide fait défaut, et il y a tout lieu de craindre les fermentations visqueuses ou lactiques.

L'acide hydrochlorique peut remplacer avantageusement l'acide sulfurique. Il lui est supérieur comme agent intervertissant du sucre cristallisable, comme amortissant les cellules des racines et comme favorisant le développement du ferment. On sait que sa dose est à peu près le double en poids de celle de l'acide sulfurique à 66.

On prépare les betteraves au moyen de la râpe ou du coupe-racines. L'extraction du jus s'opère dans le premier cas par la presse ou la lévigation, dans le second cas par la macération.

On emploie l'eau, comme agent de déplacement, pour ces deux dernières opérations.

L'amortissement procuré par l'acide permet de macérer à froid, ou au moins à une température inférieure à celle de 70 à 75 degrés, qui en l'absence de l'acide serait nécessaire à cet amortissement.

On l'obtient en faisant tomber les tranches, à leur sortie du coupe-racines, dans de l'eau que l'on maintient chargée de 1 pour 100 d'acide sulfurique ou de son équivalent chlorhydrique.

L'appareil macérateur se compose de 10 à 12 cuviers en bois, disposés sur plusieurs rangs, ou sur une ligne circulaire. Chacun d'eux est garni d'un double fond inférieur et d'un couvercle, tous deux percés de trous ; d'un tube plongeur en bois, analogue à celui de la cuve-matière des brasseries ; et d'un tuyau de vapeur pour réchauffer le liquide par un barbotage.

Au moyen d'une simple tubulure en métal, le fond de chaque cuvier est mis en communication, par le tube plongeur, avec la partie supérieure du cuvier suivant. La circulation du liquide macérateur, acidulé à la dose convenable, s'établit comme dans l'appareil Baujeu ; de sorte qu'il s'enrichit de plus en plus en traversant successivement de nouvelles couches de betteraves.

Lorsqu'on opère à chaud, l'eau de macération est préalablement chauffée dans un réservoir spécial, et la régularité de la température est maintenue, au besoin, dans les cuviers par un barbotage de vapeur.

La macération à froid procure une fermentation meilleure et plus complète que la précédente ; seulement, il peut être utile, pour accélérer la réaction, d'augmenter la dose d'acide sulfurique, jusqu'à 4 à 5 millièmes, sauf à neutraliser ultérieurement l'excédant qui pourrait nuire à la fermentation. Dans ce cas l'emploi de l'acide hydrochlorique est naturellement indiqué.

Quelle que soit la méthode employée pour son extraction, le jus doit avoir, à son départ pour la cuve de fermentation, une température de 25 à 30 degrés ; une densité de 103,5 à 104, et il doit contenir de 1 1/2 à 2 millièmes de son poids d'acide sulfurique ou l'équivalent hydrochlorique.

« Voici, dit M. Dubrunfaut, comment nous avons opéré dans les travaux de la campagne de 1853 à 1854, c'est-à-dire dans plus de vingt établissements.

Dans une cuve de 100 hectolitres, nous déposons 12 à 1500 litres de jus, puis nous y ajoutons 25 à 30 kilogr. de levure de bière pressée. La fermentation s'établit de suite, et lorsqu'elle est en bon train, nous doublons le volume avec de nouveaux jus acidulés et chauffés dans les mêmes conditions. Nous continuons ainsi à charger la cuve par doublement de volume ou par charges successives de 12 à 1500 litres, de manière que le moût ne cesse pas d'être en

grande fermentation. Lorsque celle-ci est terminée, cette cuve peut servir à mettre en train toutes les autres, sans nouvel emploi de levûre.

A cet effet, nous prélevons, sur cette cuve bien fermentée, 12 à 1500 litres au moins de vin bourbeux et non déposé, et nous le portons sur une nouvelle cuve à mettre en train, puis nous chargeons sur ce pied avec de nouveaux jus, comme il vient d'être dit pour la cuve à la levûre.

Quand les cuves sont entièrement chargées et fermentées, on procède à la distillation et au roulement. A cet effet, on soutire de chaque cuve le vin suffisamment déposé, en y laissant un pied de 10 à 15 centimètres au moins de liquide, ou mieux l'équivalent de 12 à 1500 litres de vin : puis sur ce pied on charge de nouveau jus, qui entre de suite en fermentation. Celle-ci doit être terminée en 12 ou 14 heures au maximum. Si cette condition n'était pas remplie, il faudrait modifier le dosage de l'acide de manière à la réaliser.

Plus le pied qu'on laisse dans la cuve est considérable, plus la fermentation prend d'énergie.

Au lieu d'opérer avec intermittence sur pied de cuve, on peut opérer d'une manière continue, soit sur la même cuve, soit sur une série de cuves en batterie.

Supposons qu'on opère sur une seule cuve chargée de vin dont la fermentation est à peu près terminée, et portant une température de 30 degrés.

Nous y faisons arriver, par un jet continu, du jus de betteraves ; si ce jus peut produire un vin riche à 4 pour 100 d'alcool, et que la température extérieure soit maintenue à 15 ou 16 degrés, nous amenons le jus à la température de 22 à 23°. En même temps que nous faisons cette addition, la cuve doit pouvoir dégorger, par un trop-plein, dans un réservoir une quantité de vin égale au volume du jus qu'elle reçoit ; et si l'appareil est réglé convenablement, le vin doit en sortir suffisamment fermenté pour qu'on puisse, sans perte notable, le distiller immédiatement.

Dans les conditions que nous avons mentionnées ci-dessus, la cuve peut être alimentée de manière à pouvoir fournir deux fois son volume de vin riche à 4 pour 100 d'alcool en 24 heures.

Nous supposons pour cela, 1° que la température sera maintenue constante à 30 degrés au moins, en n'alimentant qu'avec des jus à 22 ou 23 degrés ; 2° que la cuve mise en œuvre, contenant 50 à 60 hectolitres, ne subira en 24 heures qu'une perte de chaleur égale à celle qui pourrait élever la température de son vin de 2 degrés ; 3° que chaque centième d'alcool développé par fermentation élève la température du moût de 2°,5 environ.

En général, pour opérer par fermentation continue, la cuve qui sert à la mise en train doit contenir du vin portant la température maxime qui convienne à une cuve de vin fait et préparé par la méthode intermittente ; tandis que le moût qu'on y amène par continuité doit avoir la température initiale que l'on donne aux mêmes vins préparés par la méthode intermittente. C'est donc la méthode intermittente elle-même qui peut fixer les bases de la température de la méthode continue ; seulement, la fermentation s'accomplissant dans ce cas plus rapidement, il faudra tenir compte, selon les données de l'expérience, de l'influence du refroidissement, qui doit varier avec la durée de la fermentation et avec les variations de la température ambiante.

Pour se garer contre les dangers d'une fermentation incomplète que pourrait présenter la fermentation continue, on pourra utilement faire dégorger la cuve dans deux ou trois réservoirs alternativement. Ces réservoirs sont ceux qui doivent alimenter l'alambic : il faudra y laisser séjourner le vin un temps suffisant pour que la fermentation y complète le léger mouvement que pourrait réclamer encore sa perfection. Un séjour de deux heures serait dans tous les cas suffisant.

La fermentation continue que nous venons de décrire, appliquée dans les circonstances les plus simples, peut encore s'appliquer de diverses manières, et nous préférons celle qui consiste à l'appliquer à une batterie de plusieurs cuves, cinq à six, par exemple, ou un plus grand nombre. Toutes les cuves alors doivent communiquer ensemble à l'aide de siphons, comme si elles n'en formaient qu'une ; et toutes ces cuves étant chargées de vin fermenté, on les alimente par l'une d'elles qui forme tête de ligne, et l'on fait dégorger le vin par continuité par celle qui se trouve en queue. Du reste, la manœuvre et les conditions du travail sont les mêmes que celles que nous avons décrites précédemment pour une seule cuve.

La fermentation continue, telle que nous venons de la décrire, est applicable à toute espèce de produits qui peuvent subir la fermentation alcoolique.

Les résidus de ce travail renferment la majeure partie de la matière azotée coagulée par les acides ; ils peuvent servir à la nutrition du bétail, mais ils exigent une addition de matière sèche, comme tous les résidus macérés ; l'eau n'y étant plus dans un rapport convenable avec l'aliment pour les besoins de la nutrition. »

Dans ces diverses méthodes, il se produit un véritable ferment globulaire analogue au ferment de bière, et que l'on peut recueillir comme celui-ci. Son globule est plus petit, mais il paraît doué d'une énergie beaucoup plus grande et il peut servir aux mêmes usages.

Cette particularité permet d'allier, avec de grands avantages, à la fermentation du jus de betteraves celle de substances qui, comme les mélasses et les glucoses de fécule, ne contiennent pas de matières susceptibles de se transformer en ferments, et qui exigent par là même impérieusement l'emploi de la levûre.

C'est ainsi que l'auteur a pu obtenir la fermentation d'une quantité de matières sucrées triple de celle qui existe dans les jus de la betterave ; tripler par conséquent leur richesse alcoolique, et réaliser une économie de ferment, de combustible et de main-d'œuvre qu'il évalue à plus de moitié.

Un fait remarquable est que ces mélanges n'ont offert aucune trace de ces fermentations glaireuse et lactique auxquelles sont si sujettes les fermentations de mélasses au moyen de la levûre. Ainsi, sur un dépôt de jus fermenté on peut faire une charge de vesou, ce qui ne pourrait se pratiquer impunément sur un pied de cuve à mélasse traitée à la levûre.

On verra plus loin l'importance de ces faits sur la transformation momentanée des sucreries en distilleries, ou sur l'annexion régulière de celles-ci aux premières, comme moyen de conjurer les perturbations commerciales qui peuvent atteindre ces industries.

Les jus des topinambours (1), panais, ou autres matières analogues se conduisent comme les jus des betteraves sous l'influence du traitement qui vient d'être décrit. Il en est de même des liquides non sucrés, comme les eaux de végétation des pommes de terre qui renferment des éléments productifs du ferment, et qui peuvent favoriser la fermentation économique des mélasses et des glucoses de fécules.

La distillation s'opère dans les appareils perfectionnés continus. Si nous omettons la description des dispositions ingénieuses que M. Dubrunfaut a introduites dans les appareils, nous ne pouvons passer sous le silence des modifications qui, au point de vue de l'économie, constituent d'importantes améliorations. Elles consistent à remplacer le cuivre pour les colonnes distillatoires, par la fonte de fer qui n'est que point ou peu attaquable par les acides des vins, et pour les enveloppes des réfrigérents de même que des chauffe-vin, par la tôle de fer.

M. Dubrunfaut a observé que des tranches de betteraves fraîches, immergées dans leur volume d'eau à 20 ou 25° acidulée à un millième d'acide sulfurique, peuvent, à l'aide d'un ferment initial, soit de levûre soit de betterave, subir une fermentation alcoolique complète. On trouve alors l'alcool partagé entre le liquide et les tranches de betterave comme cela a lieu dans la macération. De nouvelles tranches plongées dans ce vin subissent une nouvelle fermentation dans les mêmes conditions, de sorte qu'il s'opère là, presque simultanément, amortissement des racines, macération et fermentation vineuse.

(1) D'après M. Dubrunfaut, l'inuline du topinambour, de même que celle de l'asphodèle, serait directement fermentescible sans avoir besoin de subir la saccharification.

Avec des betteraves dont les jus seraient riches à 10 pour 100 de sucre, on obtient des vins à 4 ou 5 centièmes d'alcool, tant la transformation du sucre est complète.

On pourrait ainsi se borner à faire fermenter les tranches dans un même bain et à les distiller dans un appareil à matières pâteuses, mais l'auteur regarde comme infiniment préférable d'opérer par macération et fermentation simultanées, afin de ne distiller que des vins.

Voici comment il rend compte du travail pratiqué en grand dans l'usine de Plagny (Nièvre) pendant la campagne de 1854.

« On s'est servi d'un appareil de macération composé de 18 cuves de 55 hectolitres chacune, disposées en deux lignes, et formant, avec communication, un appareil de filtration continue.

La mise en train peut se faire avec du vin ou avec de l'eau. Si on dispose de vin fermenté, on charge 9 cuves de moitié de leur contenance en vin, puis on achève de les emplir, jusqu'à leurs dégorgeurs, avec des morceaux de betteraves. Les vins ont été préalablement acidulés avec une quantité d'acide équivalent à 2 millièmes d'acide sulfurique à 66 par 1,000 kilogr. de racines. La température des vins doit être élevée de manière à porter, après l'addition des betteraves, 25 à 26 degrés.

La fermentation marche alors avec une grande activité, et quand elle est terminée on continue de charger et on commence la macération. Pour cela, on fait arriver sur la cuve de queue de l'eau pure. Celle-ci déplace le vin qui, en circulant de cuve en cuve, déplace sur la cuve de tête un volume de vin égal qui tombe dans la cuve vide qui suit. Quand celle-ci est à moitié chargée de vin, on y ajoute l'acide, puis des morceaux, et elle entre en fermentation. On continue ainsi la charge de toutes les cuves, jusqu'à la 18ᵉ.

A cette époque, la cuve de queue de l'appareil de macération peut être considérée comme épuisée : on en retire l'eau et les résidus épuisés d'alcool.

On fait alors arriver l'eau sur la cuve qui suit : celle qu'on vient de vider, devenant tête de fermentation, se charge de vin, puis on y ajoute l'acide et les morceaux de betterave à la dose voulue.

Pendant le même temps, on retire de la cuve tête de macération un volume de vin macéré égal à 30 ou 35 hectolitres environ pour l'appareil en question. On continue ainsi le roulement, c'est-à-dire qu'on retire à chaque nouvelle charge de morceaux, ou, en d'autres termes, à chaque rentrée d'une cuve en tête de fermentation, un volume de vin macéré qui correspond à peu près à 140 ou 200 litres de vin par chaque 100 kilogr. de betteraves mises en œuvre.

Cette quantité de vin soutiré varie avec la richesse des betteraves, et elle doit être réglée de manière que la richesse de ces vins ne soit pas inférieure à 3 centièmes d'alcool.

Nous avons prescrit l'emploi de l'eau comme agent de déplacement du vin. Dans les cas peu nombreux où la perte des *vinasses* offrirait quelques difficultés sérieuses, on peut les utiliser en place d'eau dans la macération, après leur avoir fait subir un refroidissement convenable.

Si la perte des vinasses offrait un pareil embarras dans le système de travail par les râpes et les presses ; on pourrait encore les recueillir dans des vases spéciaux, où elles se sépareraient en deux parties par un simple repos : un précipité boueux qui se trouverait au fond des réservoirs, et un liquide clair qui surnagerait. Le liquide clair pourrait, après avoir été acidulé convenablement, être employé en place d'eau dans les opérations de repressage ; et la boue, riche en matières plastiques, serait utilement donnée aux bestiaux, soit comme nourriture liquide spéciale, soit mélangée aux pulpes. On peut aussi la concentrer et la brûler pour produire des salins.

Lorsque les vinasses doivent être mêlées à la nourriture des bestiaux, nous employons exclusivement des colonnes et chauffe-vins en fonte, et des chaudières en fonte ou tôle ou en bois chauffées par un barbotage de vapeur.

Depuis de longues années, nous employons les *alcalis dans la rectification* ; nous avons créé cet emploi dans notre distillerie de Versailles en 1832. Depuis, nous l'avons mis en pratique dans toutes nos usines, et il a pénétré dans un bon nombre d'ateliers.

Nous avons cru longtemps que les alcalis n'avaient d'autres fonctions dans la rectification que de désassocier les éléments d'éther composés organiques qui peuvent se produire dans la distillation, et qui habituellement coulent en tête de la rectification.

En effet, les alcalis sont tout à fait sans action sur l'alcool amylique qui coule en queue, et que l'on peut parfaitement séparer par une simple rectification. Les alcools de tête renferment toujours un produit plus ou moins abondant selon la perfection de la fermentation. Ce produit complexe contient de l'aldéhyde (1). Il a une odeur caractéristique suffocante, et il est très-volatil. Ces alcools impurs, qui coulent en tête de la rectification, sont ordinairement légèrement jaunes ; ils sont plus denses que l'alcool, s'échauffent par leur mélange avec les alcalis, sont altérés par ceux-ci en donnant naissance à des résines jaunes et rouges solubles dans l'alcool et à une huile âcre très-volatile qui affecte vivement les yeux et la gorge.

(1 L'aldéhyde, ou alcool déshydrogéné, ou hydrate d'oxide d'acétyle, se forme dans diverses circonstances, lorsqu'on fait passer des vapeurs d'éther ou d'alcool à travers un tube chauffé au rouge obscur, ou lorsqu'on traite par le chlore l'alcool étendu. Il est incolore, d'une odeur éthérée particulière. Il bout à 21°,8. Sa densité est 0,790 à 18°. Il est miscible, en toutes proportions à l'eau, à l'alcool et à l'éther. Il absorbe l'oxigène et se convertit en acide acétique. (*Dict. de chimie* de Hoefer.)

Nous avons trouvé de ces alcools portant un titre inférieur à 85°, bouillant à 65°, et perdant par un traitement alcalin la moitié de leur titre alcoolique en même temps qu'ils annulent une grande proportion du titre de l'alcali.

Nous nous servons de cette propriété et de ce caractère pour déterminer la quantité d'alcali utile pour l'affinage des produits de tête de la rectification, qui seuls ont besoin d'un traitement alcalin.

Nous prenons un volume donné de liquide à rectifier ; nous dédoublons son volume avec de l'eau ; nous y ajoutons une liqueur alcaline titrée (soude, potasse, baryte ou sucrate de chaux), nous faisons bouillir pendant un quart d'heure, avec rétrogradation du liquide alcoolique condensé ; puis, avec une liqueur acide titrée, nous cherchons combien il y a d'alcali détruit dans la réaction. Ce titre alcalin disparu nous indique la proportion d'alcali utile pour affiner le produit.

Il arrive souvent que les alcools fins préparés et affinés avec les alcalis contractent une odeur qui ressemble singulièrement à celle du poisson altéré.

Les alcools qui offrent cette propriété peuvent du reste réunir, pour le palais, le caractère de l'alcool fin. Ils sont sensiblement alcalins, et cette alcalinité est due à de l'ammoniaque, ou plutôt à un composé ammoniacal.

En effet, si on neutralise ces alcools avec un faible excès d'acide (le nitrique, par exemple), l'odeur de poisson disparaît. En évaporant la liqueur on obtient du nitrate d'ammoniaque. L'odeur n'est pas due cependant à de l'ammoniaque seule, car on ne peut pas la produire synthétiquement en mêlant un peu d'ammoniaque à de l'alcool fin.

Les alcools alcalins s'améliorent par une rectification après avoir été saturés à excès avec de l'acide sulfurique ou avec un sulfate acide. Au reste, la rectification seule, faite dans nos grands rectificateurs avec chauffe-vins doubles et grandes chaudières bien conduites, peut affiner, par fractionnement, toute espèce d'alcool. On peut, par ce moyen, amener les produits infects de tête et de queue à des proportions minimes.

L'action améliorante des alcalis sur les alcools de tête peut être affectuée dans des vases spéciaux, même à froid, quoique la chaleur aide à la réaction. Il suffit d'employer ces alcalis à dose convenable et de les laisser réagir pendant un temps suffisant.

Les chaudières des alambics qui ont servi à affiner des alcools de tête par les alcalis s'empâtent d'incrustations résinoïdes qu'il est utile d'éliminer par un nettoyage soigné. Cette résine est entraînée en effet dans le rectificateur par les vapeurs alcooliques, et va colorer et gâter les produits fixes. »

Terminons cette revue des travaux de M. Dubrunfaut par sa combinaison des sucreries et des distilleries. Elle a ouvert la voie dans cet ordre d'idées qui paraît s'imposer de plus en plus aux préoccupations des créateurs d'industries agricoles. Toutefois, elle a eu pour but d'offrir aux fabricants de sucre le moyen de trouver dans la production de l'alcool un remède aux souffrances momentanées de leur industrie, plutôt que de mettre cette fabrication à la portée de l'agriculture selon la tendance actuelle.

« La première solution, dit-il, qui s'est offerte à nous, est l'annexe des distilleries aux sucreries qui permette aux fabricants de sucre de faire alternativement du sucre ou de l'alcool, selon les variations des cours de ces produits.

Pour opérer cette annexion avec le plus d'économie possible, sans dénaturer trop profondément l'usine et les allures habituelles, nous conservons le travail des râpes et des presses, ce qui conserve la pulpe avec toutes ses qualités. Le jus se monte alors dans les chaudières de défécation par le monte-jus ; il est acidulé convenablement et porté à la température requise pour la fermentation : de là il est coulé dans les cuves, que nous plaçons dans une partie des bâtiments qui n'est pas indispensable au travail de la sucrerie. Les vins fermentés sont réunis dans une recette d'où ils sont montés, par une pompe ou par un monte-jus, dans un petit réservoir qui alimente les alambics. Ces derniers, composés spécialement de fortes colonnes, de chauffe-vins et de réfrigérants, sont placés dans la halle aux chaudières évaporatoires et à proximité de celles-ci, de manière que ces chaudières, munies de leur couvercle rendu hermétique, puissent servir de chaudières d'alambic sans rien changer à leur ajustement, et de manière à pouvoir les rendre à leur destination première sans difficulté, sans même avoir besoin de déplacer les alambics.

Nous prélevons sur les mêmes bassines évaporatoires les chaudières des appareils à rectifier.

Les grands filtres à noir en grains ou les chaudrons-rafraîchissoirs nous servent d'enveloppes pour les serpentins réfrigérants et pour les chauffe-vins de rectification.

Les réservoirs à clairce et à mélasses nous fournissent les réservoirs à flegmes et à esprit de différentes qualités.

En donnant ainsi aux appareils de la sucrerie une double fonction, nous évitons des dépenses ; et les seules acquisitions à faire consistent dans les organes essentiels des alambics, dans les cuves, et dans quelques détails propres aux distilleries.

Enfin, l'économie est telle, qu'une dépense de 25,000 fr. permet de transformer en distillerie une sucrerie qui opère sur 70 à 80,000 kilogr. de betteraves par jour.

Quant aux distilleries de mélasses, tout leur matériel se prête au travail des jus ou des sirops préparés dans les sucreries. Il suffit de modifier les procédés de fermentation en suivant les prescriptions précédentes.

Le problème peut encore être résolu d'une manière moins parfaite, mais peut-être plus rapide, par les moyens suivants :

Toutes les distilleries existant dans un certain rayon des sucreries, soit qu'elles opèrent sur des mélasses ou des grains, peuvent acheter à celles-ci des jus bruts ou déféqués ou des sirops préparés en franchise.

Les jus préparés par les presses ou par la macération ne pourraient ni se conserver ni se transporter sans subir des altérations. Pour en faire marchandises transportables, nous les traitons par l'acide sulfurique à la dose de 1/2 à 1 pour 100 et plus du poids du jus. Ce mode se marie bien avec la méthode de fermentation que nous avons précédemment décrite, attendu que l'acide sulfurique, mis en œuvre, acquiert par là une double fonction. Quand même les distilleries seraient assez rapprochées pour recevoir les jus par des conduits souterrains, il serait encore utile de les aciduler dans la sucrerie. Leur transport, effectué dans des tonneaux de bois ou de métal, n'est d'ailleurs pas plus dispendieux que ne le serait celui des racines.

Avec les combinaisons et méthodes précédentes, les jus bruts des sucreries deviennent, pendant la durée des travaux, marchandises et matières premières des distilleries, ce qui permet d'alimenter celles-ci avec les betteraves destinées à la fabrication du sucre et de pourvoir immédiatement, pour des cas donnés, au déficit des alcools, de même qu'on réduit proportionnellement l'exubérance de la production des sucres. »

Dans l'examen des autres procédés, nous retrouverons cette question reprise, non plus au point de vue d'un équilibre commercial entre les deux productions, mais dans le but de favoriser leur développement simultané au bénéfice de l'amélioration du sol, en évitant les tiraillements que peut amener entre elles la nécessité de s'adresser à la même matière première.

Procédé Lacambre.

D'après ce procédé, on réduit d'abord la betterave en cossettes, au moyen d'un coupe-racines qui donne des lanières de 3 à 5 millimètres d'épaisseur sur 6 à 8 de largeur, et l'on procède à l'épuisement par un système de macération méthodique à l'eau bouillante renfermant un peu de tannin qui coagule les matières albuminoïdes dans les cossettes mêmes et dissout tous les principes sucrés qu'elles contiennent.

« J'ai fait établir, dit l'auteur, un appareil de macération d'une simplicité telle, qu'on peut le faire construire par le premier menuisier venu, et en n'employant que quelques planches et des paniers en osier dont le coût est très-minime et l'entretien presque nul.

Cet appareil se compose d'un bac en bois de 4 à 6 mètres de long sur 60 à 80 centimètres de large, et 70 à 80 centimètres de haut. Ce bac, ouvert à sa partie supérieure, est divisé dans sa longueur en 6 à 8 compartiments rectangulaires, destinés à recevoir des paniers et communiquant entre eux au moyen d'autres petits compartiments formés également par des cloisons en bois. Ces cloisons sont disposées de manière que le liquide, versé sur le premier compartiment, est forcé de parcourir successivement tous les autres de haut en bas, avant de pouvoir sortir par l'autre extrémité du bac.

Voici, maintenant, comment on opère l'épuisement des cossettes au moyen de cet appareil. D'abord, on commence par remplir à moitié tous les compartiments du bac ; puis, au fur et à mesure que la betterave est découpée en cossettes, on la reçoit dans un panier rectangulaire ou prismatique en osier, ou mieux en toile métallique, ayant la même forme que les compartiments du bac macérateur dans lesquels il doit pouvoir entrer facilement. Je suppose maintenant, pour abréger l'explication et faciliter l'intelligence de la marche de cette opération, que le bac macérateur se compose de 4 compartiments seulement et qu'ils soient numérotés 1, 2, 3, 4, le n° 1 étant celui qui reçoit le liquide macérateur et le n° 4 celui par lequel sort le liquide sucré. Les choses ainsi disposées, on commence le travail en mettant un panier A rempli de cossettes, dans le compartiment 4, à moitié plein de liquide bouillant. Au bout de 10 minutes, on place le panier A dans le compartiment 3, renfermant aussi du liquide bouillant, puis on met un autre panier B, plein de cossettes fraîches, dans le compartiment 4. Au bout de 10 autres minutes, on place le panier A en 2, le panier B en 3, et l'on met un troisième panier C, plein de cossettes fraîches, dans le compartiment 4, tandis que l'on fait arriver en 1 de l'eau bouillante qui circule successivement dans les différents compartiments, en les parcourant de haut en bas. Au bout de 10 nouvelles minutes, on met le panier A en 1, le panier B en 2, le panier C en 3, et l'on place en 4 un nouveau panier de cossettes, tandis qu'on continue à verser une certaine quantité d'eau bouillante en 1. Cette eau, parcourant successivement du haut en bas les cases 1, 2, 3 et 4, passe sur des betteraves de plus en plus riches et sort enfin par le bas de la caisse 4, tandis que les cossettes, placées dans des cases qui renferment un liquide de moins en moins sucré, s'épuisent très-bien si l'on a soin d'employer un bac dont les compartiments soient assez nombreux, et de faire couler assez de liquide dissolvant. Pour épuiser promptement, il est bon de réchauffer le liquide dans la seconde ou troisième case, ce qui se fait avec la plus grande facilité au moyen d'une injection directe de vapeur.

Pour épuiser parfaitement avec ce genre d'appareil macérateur, on doit employer un bac divisé en 8 ou 9 grands compartiments ; de cette manière, on obtient le liquide presque aussi sucré que le jus de betterave pur, et il n'est pas nécessaire d'employer un volume d'eau plus grand que celui des betteraves fraîches qu'on veut épuiser.

Ce procédé de macération, qui est de la plus grande simplicité, donne un jus très-clair et des cossettes parfaitement épuisées de sucre, lesquelles renferment toutes les autres matières essentiellement nutritives de la betterave, qui sont coagulées par la chaleur et par le tannin. La pulpe sortant de l'appareil de macération a perdu 40 à 50 pour 100 de son poids, et elle se conserve très-bien en silo ; on peut même la conserver quelque temps au contact de l'air, et elle est très-bonne pour la nourriture du bétail, des moutons et des porcs, auxquels on peut en donner à discrétion sans la mélanger à des fourrages secs.

Le jus sortant du dernier compartiment du bac macérateur est refroidi jusqu'à la température de 26 à 28° ; puis on le fait arriver dans les cuves, où on le met en fermentation au moyen de 1 kilogr. de levûre par 1,000 litres de moût ; mais quand on est en roulement on peut fort bien faire fermenter le moût en employant comme levain la partie supérieure d'une cuvée de liquide lorsqu'il est sur la fin de sa fermentation. »

Procédé Champonnois.

Les travaux de M. Champonnois sur l'alcoolisation de la betterave ont été inspirés par l'idée que la véritable place de cette industrie est dans la ferme et que son avenir dépend de la meilleure utilisation des résidus.

La faveur avec laquelle les a accueillis le public agricole a confirmé la justesse de ces prévisions.

Les méthodes et appareils qu'il a fait breveter le 17 décembre 1852, avec les développements et perfectionnements faisant l'objet des additions des 11 janvier, 11 août, 17 décembre 1853, 11 août 1854, etc., ont reçu leur première application dans la campagne 1853-54, chez M. Huot, à Troyes (Aube).

Depuis cette époque, c'est-à-dire en neuf années, le nombre des distilleries montées d'après ces procédés s'est accru dans une proportion considérable.

La progression qu'il a suivie n'est pas sans intérêt, en ce qu'elle donne une idée de la tendance ainsi que de l'allure du mouvement qui, dans ces dernières années surtout, a entraîné les esprits dans la voie signalée par Thaër et Dombasle, à savoir le développement de l'agriculture par l'annexion de l'industrie aux exploitations rurales.

Le relevé d'une nomenclature dressée par M. Champonnois fournit les chiffres suivants :

Le nombre des établissements créés			Pouvant distiller par jour
en 1854 a été de	37		374,500 k.
en 1855, il s'est accru de	43		545,500
1856	—	24	289,000
1857	—	70	911,500
1858	—	10	148,000
1859	—	25	403,000
1860	—	65	1,001,000
1861	—	68	1,213,000
Totaux...		342 usines,	4,885,500 k.

Enfin, au 1er octobre 1862 on en avait déjà monté dans le courant de l'année 25 nouvelles ; ce qui donne à cette époque un total de 367 usines, opérant sur plus de 5 millions de kilogr., par 24 heures. Dans ces nombres, l'étranger figure pour 19 usines, montées de 1854 à 1857, pouvant traiter, savoir : la Belgique, 112,500 kilogr., avec 16 usines ; l'Espagne, 15,000 kil., avec 2 usines ; enfin, une usine, créée dès 1854 dans le canton de Fribourg, peut traiter 4,500 kilogr.

Si on admettait que chaque usine traite la quantité prévue dans son installation, et que pour chacune la campagne dure en moyenne cinq mois, on arriverait au chiffre de près de 800 millions de kilogr. de betteraves, soit, à raison de 30,000 kilogr. à l'hectare, le produit de 26,000 hectares converti en alcool par les procédés que nous allons décrire.

Leurs caractères essentiels consistent 1° à faire macérer la betterave découpée en rubans dans un bain de vinasses chaudes qui se substituent au jus qu'elles déplacent et restituent toutes les substances composant la betterave à l'exception du sucre ; 2° à faire fermenter ces jus d'une manière continue, au moyen d'un dédoublement méthodique des cuves, dans lesquelles une petite quantité de jus neuf s'ajoute régulièrement à la masse en fermentation.

Une distillerie montée pour traiter par 24 heures 15,000 kilogr. de betteraves, comme celle que donnent nos dessins, est pourvue de l'outillage suivant :

1° Laveur avec arbre et cercle en fer, croisillons et hélice en fonte, cylindre et bâche en bois ;

2° Coupe-racines à tambour fixe horizontal et à force centrifuge, avec deux garnitures de lames en acier et les poulies fixes et folles pour recevoir la courroie de commande (nous reviendrons plus tard sur la construction de cet appareil) ;

3° Trois cuviers de macération pouvant contenir 2,000 kilogr. de betteraves, avec leur tuyauterie et robinetterie ;

4° Trois cuves à fermentation contenant chacune cent hectolitres, avec les robinets, soupapes et tuyaux en cuivre pour le service ;

5° Un châssis à trois pompes en fonte, avec bâti et mouvement en fer et fonte. L'une de ces pompes extrait les jus faibles des macérateurs pour les conduire au réservoir H ; l'autre, pour les vins à distiller, monte du réservoir D ; la troisième élève l'eau nécessaire au service de la distillerie ;

6° Trois bacs en tôle ; l'un pour l'alimentation de l'appareil à distiller, le second pour les jus faibles, et le troisième à deux compartiments pour les flegmes, avec leurs tuyaux et leur robinetterie fermant à cadenas ;

7° Une tuyauterie en cuivre pour l'aspiration et la conduite des jus faibles dans les cuviers de macération, l'aspiration du vin et son refoulement dans le réservoir de l'appareil à distiller, et l'aspiration de l'eau ainsi que son refoulement au laveur et au réservoir ;

8° Un appareil à distillation continue en fonte de fer, et chaudière en tôle, pourvu d'une colonne de 0^m, 55 de diamètre, muni de son chauffe-vin, réfrigérant, accessoires, éprouvette, manomètre à eau, etc. ;

9° Une garniture du fourneau, grille, sommiers, registres, etc. ;

10° Un réchauffoir tubulaire destiné à chauffer les vins au moyen des vinasses ;

11° Thermomètre, densimètre, alcoomètre, etc.

Cet outillage peut être livré et mis en place par M. Champonnois, pour le prix de 13,500 fr., droits de brevet compris.

La force motrice est en dehors de cette évaluation. Elle peut être à volonté un manège, une machine fixe ou une locomobile.

L'installation de ces divers appareils est indiquée dans les figures 29 et 30, qui donnent le plan et la coupe d'une distillerie de 15,000 kilogr.

Les mêmes lettres indiquent les mêmes objets pour chaque figure.

A appareil distillatoire, B macérateurs, C cuves de fermentation, D réservoir à vins fermentés, E laveur, F coupe-racines, G pompes, H réservoir à jus faibles, L locomobile.

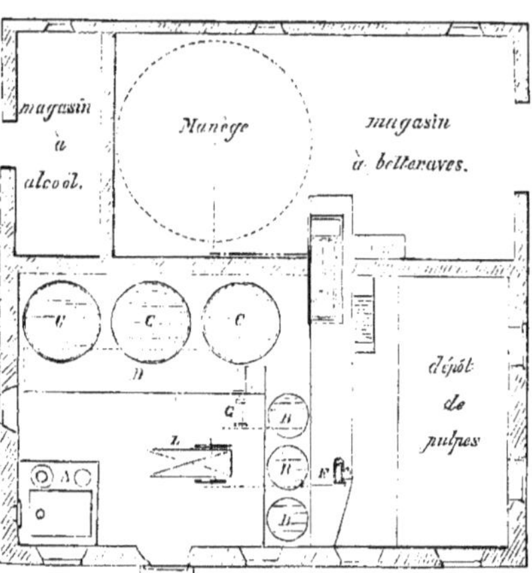

29. — Distillerie Champonnois. Plan de l'installation.

30. — Distillerie Champonnois.
Élévation passant en coupe en avant de la locomobile

Examinons maintenant la marche du travail et les conditions dans lesquelles chaque opération doit être pratiquée, en suivant les indications données par l'auteur du système.

La betterave doit être nettoyée et lavée avec soin, afin de la débarrasser, autant que possible, de toute terre adhérente. Cette précaution est nécessaire pour la qualité de la pulpe et surtout pour la bonne marche des fermentations : s'il restait de la terre après la betterave, et pour peu que cette terre fût calcaire, la dose ordinaire d'acide employée pour l'aspersion des cossettes se trouverait complétement neutralisée, et il faudrait augmenter cette dose dans une assez grande proportion pour en obtenir l'effet désiré.

Le découpage régulier de la betterave est une condition essentielle pour obtenir une bonne macération. Si les rubans sont trop épais, ils seront difficilement pénétrés par la vinasse qui traversera la masse de betteraves sans en avoir brisé les cellules et expulsé le jus ; et pour arriver à un épuisement convenable, il faudra, dans ce cas, avoir recours à un coulage de vinasse beaucoup plus abondant. Si, au contraire, ces rubans sont trop minces, ils ne conservent pas assez de consistance, deviennent pulpeux, adhèrent les uns aux autres, et forment des pelottes impénétrables, en quelque sorte, à la vinasse qui se fraye des passages dans les parties le plus perméables de la masse, laissant presque intactes ces agglomérations pulpeuses.

Pour arriver à un résultat satisfaisant, il convient de donner aux rubans une épaisseur de un millimètre et quart environ, et surtout de les avoir réguliers.

Cette régularité s'obtient par une disposition uniforme des lames du coupe-racines. Celles-ci doivent toujours être aiguisées avec soin et placées de manière qu'elles se trouvent assez avancées pour donner aux rubans l'épaisseur demandée.

Il suffit donc, quand l'inclinaison de la lame est convenable, d'en régler la saillie en l'avançant ou la reculant comme on le fait pour un fer de rabot.

Le nouveau coupe-racines à force centrifuge, dont on trouvera la description à la suite de celle des méthodes, satisfait complétement à cette condition importante, en donnant le moyen de régler avec la plus grande exactitude l'épaisseur des rubans.

Une autre condition indispensable pour la réussite du travail, c'est de prévenir toute altération de la betterave dès qu'elle est découpée. On y parvient en dirigeant un filet de jus faible sous le coupe-racines, dont le sol a été disposé en forme de cuvette peu profonde. Pendant tout le temps que dure le découpage, ce filet de jus doit être entretenu dans des proportions telles que tous les rubans soient, autant que possible, mouillés en les remuant à la pelle dans la cuvette.

Avant d'être mis dans le cuvier, ils doivent être arrosés, de temps en temps, avec de l'eau acidulée. On emploie pour cet usage, par mille kilogr. de betteraves, vingt-cinq à trente litres d'eau, dans lesquels on a mis un à deux litres d'acide sulfurique, suivant la saison où a lieu le travail, l'état de propreté des betteraves et la nature plus ou moins calcaire du sol dans lequel elles ont végété.

Cette dose d'acide peut être réduite, en y substituant du sel, dans la proportion de trois pour un de l'acide remplacé.

L'ouvrier doit régler cette aspersion de manière à faire coïncider l'épuisement de sa provision d'eau acidulée avec le terme de l'emplissage du cuvier.

Ces précautions sont nécessaires pour préserver les rubans de betteraves de toute altération spontanée, altération qui est prévenue par le contact immédiat du jus acide ou salé dont les rubans ont été imprégnés.

Toutes les fois que l'arrosage a eu lieu convenablement, la pulpe est blanche au sortir du cuvier de macération ; si quelques parties présentent une teinte noirâtre, c'est un indice certain qu'elles n'ont pas participé à l'aspersion ; et si cette teinte noirâtre se remarque dans toute la masse de pulpe, c'est que la dose d'acide était insuffisante.

Ce même caractère qui indique l'insuffisance d'acide se remarque dans le jus qui coule à la cuve et dans la cuve elle-même. Si le jus conserve une couleur brune, c'est un indice de la nécessité d'augmenter l'acide ou une preuve que l'acide a été mal réparti dans la masse de rubans sous le coupe-racines.

La macération des rubans a pour but la pénétration des cellules, le déplacement du jus, et son remplacement par le liquide macérateur.

Pour l'intelligence du rôle des vinasses, si nous rappelons les principes que nous avons exposés dans le traitement des grains, nous voyons que le rôle de chacun des agents de la réaction peut être utilement augmenté en compensation de la diminution des autres. Il est évident que si on emploie un liquide qui contienne déjà par lui-même, comme la vinasse, des agents chimiques d'une grande activité, et qu'on prolonge suffisamment son contact avec les matières à macérer, on obtiendra une macération complète par une faible quantité de liquide macérateur, tout en abaissant la température dans les limites strictement nécessaires aux jus pour leur entrée aux cuves.

Ainsi, admettons que celle-ci soit de 15 ou 16° ; que celle initiale de la betterave soit de 8 à 10° et que la vinasse arrive à 75° après avoir cédé 25° au chauffage des vins. Il suffirait alors que la quantité de celle-ci excédât seulement de 10 à 15 pour 100 le poids de la betterave pour qu'on obtienne (sauf les pertes) la moyenne de température d'entrée aux cuves. En portant cet excédant à 20 ou 25 pour 100, on fera largement la part des pertes de chaleur inévitables pendant le temps de la macération.

On sait que pour l'arrosage le dosage des agents chimiques acides ou sels peut être réduit à la condition d'augmenter la quantité du liquide dans lequel on les fait dissoudre.

On peut même employer exclusivement des sels à la dose de deux millièmes de sel marin et un millième de sulfate de fer. Il y a économie et amélioration des pulpes comme nourriture. L'acide alors n'interviendrait que comme remède aux accidents.

Dans le travail aux sels, les dépôts de cuve sont très-abondants ; ce résultat ne peut nuire à la fermentation, et ces boues trouvent un emploi utile dans le travail de macération, en prédisposant les matières albumineuses à se convertir en ferments et en préparant l'interversion du sucre.

Le nombre et les dimensions des macérateurs sont naturellement en rapport avec l'importance de l'usine. Toutefois, la hauteur de deux mètres ne doit guère être dépassée, afin d'éviter le tassement qui résulterait d'une trop grande superposition des couches de rubans.

A 5 ou 6 centimètres du fond inférieur, est supporté un double fond mobile en bois ou tôle percé de trous comme une écumoire. C'est sur celui-ci que repose la charge des rubans. La tuyauterie destinée à l'écoulement des jus prend naissance entre les deux fonds. Après le chargement, les rubans sont recouverts par un second fond mobile, exactement semblable au précédent. Il a pour objet de répartir également les vinasses et d'éviter qu'elles ne produisent dans le macérateur un tassement inégal par leur arrivée en masse sur un seul point. La décharge des rubans épuisés se fait par un trou d'homme établi dans la paroi.

Il n'est pas indifférent de compenser les dimensions des cuviers macérateurs par leur nombre. Avec de petits cuviers les charges sont fréquentes et les macérations de courte durée. On est conduit à suppléer au temps par une augmentation de la température ou du liquide macérateur. Avec de grands cuviers, au contraire, en prolongeant la macération pendant 10 à 12 heures, et en abaissant la température de la vinasse à 70 ou 75 degrés, on peut, comme nous l'avons vu, obtenir une macération complète sans employer en liquide plus de 25 p. 100 en excès du poids de la betterave. Une bonne proportion, pour le nombre ou la capacité des macérateurs, est d'avoir toujours en travail la moitié au moins de la quantité de betteraves que l'on doit traiter dans la journée de 12 heures.

La mise en train de la macération s'opère en faisant arriver, sur le fond supérieur du macérateur, un jet d'eau bouillante : puis, dès que le travail est en roulement et qu'on a obtenu des vinasses, on supprime l'emploi de l'eau, on verse sur chaque cuvier nouvellement chargé le jus faible qu'on soutire, au moyen d'une pompe, du dernier cuvier épuisé, et on amène la vinasse sortant de l'alambic. Le liquide traverse lentement les couches de rubans, agit sur eux par endosmose, en déplace le jus et se substitue à lui dans les cellules.

Par cette substitution, la betterave se trouve entièrement reconstituée avec tous ses éléments, moins le sucre. Il n'en saurait être autrement, puisque le sucre est le seul élément éliminé par la distillation, qu'on n'écoule aucun liquide à l'extérieur, et que, sauf les pertes dues à l'évaporation, qui, comme on le sait, ne porte que sur les parties aqueuses, on rend aux pulpes tout le jus, par conséquent toutes les matières organiques et minérales, toute la valeur alimentaire. On obtient en pulpes, de 70 à 80 pour 100 du poids de la betterave ; la moyenne est au-dessus de 75.

Les macérateurs peuvent être indépendants l'un de l'autre s'ils ont une hauteur suffisante, 2m au moins, autrement ou doit les rendre solidaires. Dans le premier cas, la vinasse est répartie, autant que possible, sur tous les macérateurs en charge, et le jus est envoyé aux cuves de fermentation. Dans le second cas, ils sont reliés entre eux par un système de tuyauterie de telle sorte que le fond de chacun d'eux communique avec la partie supérieure des autres. Toute la vinasse est alors versée sur le même macérateur, le plus anciennement chargé ; et le jus qu'elle déplace, au lieu d'être envoyé directement aux cuves, est dirigé sur un second, et même sur un troisième, et il n'arrive à la fermentation qu'après s'être enrichi par son passage successif à travers de nouvelles couches de betteraves. Ce dernier cas est celui des petits macérateurs, dont nous venons de voir les inconvénients.

Quand les rubans ont été préparés ainsi qu'il a été dit précédemment, on les jette à la pelle dans le macérateur, en ayant le soin de les éparpiller tout autour des bords, en forme d'entonnoir et sans laisser de vide sous le couvercle.

Cette disposition a pour but d'empêcher que le tassement se prononce plus au centre qu'à la circonférence. En s'appuyant contre les parois du cuvier, les rubans sont soutenus; les jus y trouvant dès lors un accès plus facile s'y précipiteraient en évitant le milieu du cuvier, dont la perméabilité serait moins grande.

Avec ce chargement, la betterave étant jetée par couches allant en pente de la circonférence au centre, le jus reçoit dans son cours une direction dans ce sens qui compense la différence du tassement de la masse.

L'épuisement s'opère alors régulièrement par couches horizontales; à mesure qu'il se refroidit et qu'il s'enrichit, le jus le plus dense tend naturellement à descendre en laissant à la partie supérieure les liquides les moins sucrés et les plus chauds.

Avec une durée suffisante de la macération et un coulage lent sur plusieurs cuviers simultanément, on remarque que la température ainsi que la densité du jus allant aux cuves de fermentation se soutiennent assez régulièrement. On peut arrêter le coulage quand on voit la première s'élever brusquement et l'autre s'abaisser de même.

Ce déplacement méthodique n'a lieu, d'une manière exacte, que quand le jus peut couler uniformément dans toute la masse, sans être obligé, par des tassements irréguliers de la betterave, de se précipiter, par courants plus ou moins rapides, dans les parties les plus perméables.

Lorsque cet inconvénient se produit, le jus, au lieu d'atteindre son maximum de densité avec la quantité minimum de liquide macérant, se trouve mélangé de vinasse et coule chaud aux cuves, au bout de très-peu de temps. Cet inconvénient est d'autant plus grand qu'il faut couler plus de vinasses pour atteindre les parties les plus tassées de la masse, et arriver à un épuisement convenable. Il en résulte donc une élévation assez considérable de la température des cuves et par suite un trouble grave dans les fermentations, qui deviennent lactiques ou acétiques. On est en outre obligé de faire passer, sans nécessité, dans l'appareil une plus grande quantité de vin très-peu riche en alcool, ce qui diminue la quantité de travail utile, et entraîne un excédant de consommation de combustible.

On peut régulièrement suspendre le travail pendant la nuit à la condition de ne pas interrompre la marche de la macération.

On dispose alors le chargement des cuviers de manière que le dernier soit rempli deux ou trois heures avant la fin de la journée; celui qui précède devant être vide lorsqu'on quitte le travail. Le jus faible de ce dernier est pompé et versé dans le cuvier vide, où il est conservé jusqu'au lendemain en ayant soin d'ajouter 25 centilitres d'acide et 2 ou 3 kilogr. de sel pour éviter son altération. On règle alors l'ouverture du robinet à vinasse, sur le cuvier chargé, de manière que l'écoulement dure toute la nuit. Le lendemain, on charge le cuvier vide avec des cossettes fraîches sur lesquelles on fait couler les jus faibles de la veille, conservés dans le second cuvier, puis la vinasse chaude qui a continué aussi à couler sur le cuvier de la nuit. On obtient de cette manière une température moyenne pour les jus allant aux cuves de fermentation.

Toutefois, le travail continu offre, sous tous les rapports, plus d'avantages et de sécurité.

Quand on traite de la betterave riche en sucre, c'est-à-dire à chair ferme et consistante ; ou quand le découpage des rubans n'a pas été fait avec la précision et la régularité indiquées ci-dessus ; ou encore quand la température extérieure est trop élevée, il peut y avoir intérêt à modifier ainsi qu'il suit le travail de la macération :

Au lieu de distribuer la vinasse sur plusieurs cuviers simultanément, on la fait passer en totalité sur le cuvier le plus anciennement chargé. Le jus de ce cuvier est soutiré par la pompe à jus faible qui fonctionne alternativement; et au fur et à mesure que ce cuvier se remplit de nouveau, ce jus est versé dans le bac supérieur, d'où il est distribué sur les autres cuviers en coulage.

L'épuisement des macérateurs qui reçoivent, chacun à leur tour, toute la charge de vinasse, est plus complet, il y a une plus grande garantie que toutes les cellules renfermant le jus sucré auront été atteintes. Enfin, le jus, ayant à traverser une couche de betteraves d'une épaisseur double, abandonne son excédant de température avant d'arriver aux cuves de fermentation.

On peut ainsi remédier en partie aux inconvénients d'un découpage irrégulier de la betterave, d'un chargement vicieux et d'une température trop élevée dans les macérateurs.

Lorsqu'on a obtenu assez de jus pour emplir une cuve, on procède à la mise en fermentation. Les cuves à fermentation ont la forme d'un cône tronqué reposant sur sa base. Elles doivent être installées de manière qu'elles puissent communiquer entre elles. Le tuyau qui sert à la manœuvre du coupage ou dédoublage des cuves entre elles est placé au tiers inférieur de leur hauteur. Une soupape ou un robinet avec tuyau sert à la conduite des vins soit dans la citerne, soit à la pompe.

Pour la mise en train, on délaye pour 10 hectolitres, par exemple, 12 à 14 kilogr. de levûre de bière fraîche dans 20 litres de jus, et on les verse dans la cuve en agitant.

La température initiale doit être de 25 degrés ; elle ne tarderait pas à s'augmenter par la fermentation, mais le filet de jus qui y arrive constamment à une température inférieure tend à la modérer et à la maintenir régulièrement entre 23 et 25°, sans dépasser ce dernier terme autant que possible. On peut à la vérité activer une fermentation languissante à 25° en élevant la température, mais alors il suffit qu'elle s'abaisse, même faiblement, pour retomber; par la raison que les ferments développés à une haute température perdent leur efficacité à une température inférieure.

La meilleure levûre et la plus abondante est celle qui se développe à une température moyenne. Les températures élevées favorisent le développement des ferments lactiques qui abaissent rapidement le rendement en alcool. Alors, les vins acides entraînent la détérioration des appareils, et les vinasses qui en proviennent peuvent devenir dangereuses pour le bétail.

Lorsque le travail est en train, on met en communication la première cuve pleine avec la seconde qui est vide : elles se mettent de niveau ; on fait arriver dans chacune d'elles un filet égal de jus nouveau et elles s'emplissent avec le même degré d'avancement. Dès qu'elles sont remplies, on abandonne la première coupée pour lui laisser terminer sa fermentation, on coupe la seconde avec une troisième, et on opère ainsi le roulement. Après le refroidissement du liquide de la première, on l'envoie dans le réservoir à vin, où la pompe vient le puiser pour alimenter l'appareil de distillation.

Dans le cas où les cuves sont de grande capacité, il est utile, pour accélérer le travail de la fermentation, de n'envoyer dans la cuve nouvelle qu'une faible quantité de vin, 40 à 50 centimètres de hauteur seulement, au lieu de la remplir à moitié; on n'y introduit ensuite qu'un léger filet de jus nouveau jusqu'à ce que sa fermentation soit bien développée. Le surplus du jus continue à couler dans la cuve-mère, qui est ainsi plus rapidement remplie et abandonnée pour achever sa fermentation. Elle peut donc être distillée plus tôt, et en général il faut hâter autant que possible la distillation d'une cuve dont la fermentation est terminée.

D'un autre côté, si la cuve mère qui a servi à transmettre le levain à la cuve nouvelle avait un germe de fermentation anormale, elle le lui aura communiqué dans une moindre proportion. En ayant soin alors d'ajouter un peu de levûre de bière dans la cuve nouvelle, l'effet de cette levûre sera d'autant plus énergique qu'elle agira sur une plus faible quantité de liquide.

Lorsqu'on a besoin de donner au premier mouvement de la cuve la plus grande activité, on conserve une partie du fond de la cuve qui vient d'être vidée, pour le rejeter dans la nouvelle aussitôt après le nettoyage dont il va être question.

On peut se dispenser alors d'y envoyer du vin de la cuve voisine, et l'on se borne à ouvrir légèrement le robinet pour y faire couler un faible filet de jus nouveau. La quantité proportionnelle de levûre qui agit sur cette faible quantité de jus détermine promptement la fermentation, et l'on peut augmenter le coulage du vin sans affaiblir cette activité.

Il est bien entendu que le réemploi de la levûre ne doit se faire qu'autant qu'elle provient d'une bonne fermentation, et que dans le cas contraire il vaut mieux, après le nettoyage de la cuve, renouveler la fermentation par l'emploi de bonne levûre de bière.

Au lieu de prendre la levûre déposée au fond des cuves, il serait encore préférable de prendre celle qui se dépose dans la citerne dont nous allons parler, parce que cette dernière étant restée en suspension dans le vin est la plus active et la plus pure.

Dans ce cas, il est indispensable de la retirer de la citerne, sinon à chaque cuve, au moins une fois par jour, pour qu'elle n'ait pas le temps de s'altérer.

Les cuves doivent être, autant que possible, alimentées avec régularité. Lorsque leur température a été maintenue uniformément inférieure à 25°, les levûres conservent leur activité, et on peut pendant longtemps se dispenser de les renouveler. Mais si cette température a été fréquemment dépassée les levûres s'altèrent ; il faut recourir à l'emploi de la levûre de bière et quelquefois même de l'acide pour combattre les accidents.

Les soins de propreté sont indispensables. Dès qu'une cuve est vidée, elle doit être immédiatement lavée à la brosse avec de la vinasse bouillante, celle-ci ayant, par sa température, plus d'énergie pour nettoyer les parois de toutes les boues fermentescibles qui y sont adhérentes. On la rince ensuite à l'eau fraîche, puis avec de l'eau assez fortement acidulée pour faire disparaître les dernières traces de mauvais levain que le lavage à l'eau aurait pu laisser. Cette dernière eau acidulée ne doit être employée que dans la proportion qui convient pour imprégner le bois ; car son but essentiel est d'empêcher l'altération du jus qui l'a pénétré. Il faut donc, autant que possible, éviter qu'il en reste un excès sur le fond, parce que cet excès, agissant sur une quantité de vin relativement faible, peut paralyser la fermentation ou en retarder le développement. Cette précaution est d'autant plus utile que la couche de vin employée pour la mise en train est plus faible.

L'emploi de la citerne à vins évite des chances nombreuses d'altération des jus. En effet, quand la pompe aspire dans la cuve, celle-ci reste en vidange pendant les dix ou douze heures nécessaires pour la distillation de son contenu, et ses parois, surtout les parois supérieures, restent pendant tout ce temps imprégnées d'une partie de la levûre qui se trouvait à la surface du vin, et qui tend naturellement à s'aigrir par le contact prolongé de l'air. Si on néglige la précaution de laver très-énergiquement ces parois, pour faire disparaître les traces de cette levûre altérée, qui y adhère d'autant plus fortement qu'elle s'y est desséchée, on risque de transmettre un germe d'altération aux nouveaux jus.

Avec la citerne, au contraire, rien de semblable n'est à craindre ; car, dès que la fermentation d'une cuve est achevée, on lève la soupape du fond de cette cuve, et en quelques minutes on envoie tout son contenu dans la citerne.

Cette cuve est immédiatement nettoyée, puis remplie de nouveaux jus, qui de cette manière ne courent aucune chance d'altération.

Un autre avantage important que présente la citerne, c'est de donner des vins plus purs à la distillation. Par suite de leur transvasement de la cuve dans la citerne, une partie des boues ou levûres usées qui se déposent promptement est déjà restée sur le fond de la cuve ; mais par un séjour de plusieurs heures dans la citerne, dont la surface est très-grande et la couche de liquide beaucoup moins épaisse, les vins se dépouillent bien plus facilement des matières qu'ils retiennent encore en suspension et arrivent plus clairs dans la colonne, condition favorable à la bonne marche de l'appareil et à la qualité des produits.

On nettoie cette citerne plusieurs fois par semaine. Le mieux serait de le faire tous les jours. Il est très-important, pour prévenir la détérioration des appareils, de n'envoyer à la distillation que des vins exempts d'acidité ; s'il arrivait que, par une cause quelconque, les vins d'une cuve aient subi des fermentations lactiques ou acétiques, on y remédierait par l'addition de craie délayée jusqu'à ce que l'acidité soit neutralisée. Une dose de 5 à 6 kilogr. suffit ordinairement pour une cuve de 100 hectolitres.

On peut aussi suspendre dans le bac à vins un panier rempli de calcaire tendre concassé en menus morceaux.

La distillation s'opère dans des appareils à distillation continue auxquels M. Champonnois a fait subir quelques modifications de détail. Le vin est élevé de la citerne dans le bac. Il passe d'abord dans le réfrigérant, ensuite dans un chauffoir tubulaire, où il est chauffé par les vinasses, et se rend dans la colonne.

Ce chauffoir est destiné à utiliser, pour la distillation, une partie de la chaleur des vinasses qui est nuisible à leur entrée aux cuviers de macération.

Il consiste en un cylindre placé à la hauteur des cuviers. En sortant du siphon de la chaudière, la vinasse le traverse de haut en bas avant de remonter aux cuviers. A l'intérieur est disposé un **serpentin** ou un faisceau de tubes verticaux que le vin parcourt de bas en haut en sortant du réfrigérant et avant d'arriver au chauffe-vin. Le tuyau qui amène le vin est pourvu d'un tube par lequel se dégagent les gaz qui se seraient produits dans le réfrigérant. Celui qui amène les vinasses de la chaudière est pourvu d'un robinet. Un robinet de vidange est placé au bas de l'enveloppe.

D'après ces dispositions on comprend que si une fuite venait à se déclarer, le vin se mêlerait aux vinasses, et passerait inaperçu. Cet appareil doit être l'objet de fréquentes vérifications, qui d'ailleurs n'arrêtent pas la marche de la distillation, et qui sont des plus simples. Il suffit de fermer un instant l'arrivée des vinasses, d'ouvrir le robinet de vidange et de laisser le vin en charge dans les tuyaux. Si l'écoulement aux macérateurs continue, c'est du vin qui arrive, et on y porte remède. Il est utile d'avoir pour ce cas un jeu de tuyaux de rechange.

Les mauvaises fermentations donnent quelquefois lieu, dans la chaudière, à une formation considérable d'écumes ou mousses qui montent dans la colonne et entravent le travail. M. Champonnois conseille de faire entraîner, par le vin à distiller, quelques parcelles de corps gras dans l'intérieur de l'appareil, ou d'y introduire quelques gouttes d'huile au moyen d'un robinet graisseur.

En modifiant, au besoin, les appareils de préparation et la conduite du travail, les applications du système que nous venons de décrire s'étendent à toutes les matières sucrées dont on peut obtenir le jus par macération, racines, fruits, tiges sucrées, etc.

Son agencement se plie aux besoins économiques de la petite culture comme aux exigences des plus vastes usines.

Dans la nomenclature dont nous avons donné le résumé, on trouve 7 distilleries de 2 à 2,500 kilogr; 8 de 3 à 4,000; 21 de 5,000; 12 de 6,000; 37 de 7 à 8,000; 77 de 10,000; 12 de 12,000; 69 de 15,000; 28 de 20,000; 20 de 25,000; 18 de 30 à 35,000; 6 de 40,000; 4 de 50,000; 3 de 60,000; et une de 80,000 kilogr. Ce qui donne un dixième de 5,000 kilogr. et au-dessous; un septième de 5 à 10,000; la moitié de 10 à 15,000 inclusivement; un septième de 20 et 25,000; un vingtième de 30,000; enfin, un trentième de 40 et 50,000 kilogr.

Ces distilleries sont ainsi réparties par départements :

		Employant par 24 heures
53 dans Seine-et-Marne		966,000 kil.
44 dans Seine-et-Oise		595,000
37 dans l'Aisne		431,500
24 dans l'Oise		330,500
15 dans le Nord		290,000
12 dans la Somme		185,000
10 dans le Pas de Calais		222,500
9 dans la Côte-d'Or		157,000
9 dans la Meurthe		31,500 kil.
9 dans la Seine-Inférieure		106,000
8 dans le Cher		144,500
7 dans Eure-et-Loir		130,000
7 dans Indre-et-Loire		106,000
6 dans l'Yonne		58,000
6 dans l'Aube		68,000
5 dans l'Allier, les Ardennes et l'Indre, ensemble		167,500
4 dans l'Eure, le Loir-et-Cher et la Marne, ensemble		172,000
3 dans la Charente, la Manche et l'Orne, ensemble		122,000
2 dans la Dordogne, la Gironde, Ile-et-Vilaine, Loiret, Maine-et-Loire, Morbihan, Deux-Sèvres, ensemble		161,500
Enfin 17 départements : l'Ain, l'Aude, la Charente-Inférieure, les Côtes-du-Nord, le Finistère, l'Isère, le Jura, la Loire-Inférieure, le Lot-et-Garonne, la Meuse, la Moselle, la Nièvre, le Puy-de-Dôme, le Rhône, la Saône-et-Loire, la Seine et la Haute-Vienne n'ont qu'une distillerie et emploient ensemble		219,000
et en moyenne près de		13,000

Ce serait sortir du cadre de cet article que de rechercher les nombreuses inductions que fourniraient ces chiffres au point de vue économique.

Plus de la moitié du territoire français se prête à la culture de la betterave, et nous voyons que la distillerie du système Champonnois a déjà pénétré dans 48 départements.

Si nous tenons compte, d'autre part, des usines, en nombre égal peut-être, qui emploient d'autres systèmes, ainsi que du grand nombre de sucreries qui existe dans les départements du Nord, nous aurons une idée de l'importance des industries fondées sur la culture de la betterave pour la production du sucre ou de l'alcool.

On connaît l'histoire des premières, le chemin qu'elles ont laborieusement parcouru à travers de nombreuses vicissitudes : et on sait que chaque progrès a été acheté au prix d'onéreux sacrifices.

L'avénement de la distillerie, qui s'adresse aux mêmes matières, n'a pas tardé à apporter un élément de perturbation de plus dans leur marche ; l'attention des hommes spéciaux, nous l'avons déjà vu, a été éveillée sur ces éventualités. M. Champonnois, que ses antécédents comme fabricant de sucre ont initié aux conditions économiques des deux industries, a pensé qu'on pouvait substituer à un antagonisme dangereux pour tous les intérêts, une combinaison qui rendrait meilleure la position de chacune et ferait tourner au bénéfice de l'agriculture les avantages que toutes deux pourraient en retirer.

La réalisation de cette donnée a des conséquences d'une trop grande portée pour que nous omettions de signaler ici la voie indiquée par M. Champonnois.

Son point de départ est le fait bien connu d'une répartition inégale, dans les racines, des diverses matières organiques qui entrent dans la composition du jus. Les unes, sels et matières azotées, se rencontrent proportionnellement en plus grande abondance dans la partie la plus rapprochée du collet, au détriment de la matière sucrée, et leur présence exerce une très-grande influence sur les rendements. L'exemple des usines d'Allemagne et de Russie prouve que la sucrerie trouverait un bénéfice à n'employer que la partie la meilleure de la betterave même à la condition de perdre le surplus.

C'est cet exemple qu'il s'agit de suivre. Déjà, dans les départements du Nord, le retranchement du collet est passé dans les habitudes, les fabricants l'ont successivement poussé jusqu'au sixième et même jusqu'au cinquième de la racine. Ces exigences rendent difficultueux les rapports entre le producteur et le consommateur. Le cultivateur qui livre dans ces conditions ne trouve qu'un ressource momentanée dans la partie que lui laisse ce retranchement.

Notre idée, dit M. Champonnois, tend à en faire pour lui la base d'une opération agricole importante, constante, qui lui assure le remboursement de tout ce que lui coûte sa betterave, même dans les temps de crise où le bas prix des sucres ou de l'acool lui rendrait peu profitable la vente ou la distillation de ses racines, et de plus une nourriture économique et salubre pour son bétail.

Il suffit, pour réaliser ces conditions :

Que le cultivateur devienne distillateur, mais sur une échelle moindre d'un tiers que sa production normale de betteraves : cela n'a rien qui puisse l'effrayer, aujourd'hui que les distilleries agricoles établies par centaines dans les fermes, même les plus modestes, ont prouvé combien ce travail était simple et facile;

Qu'il ivre à la fabrique de sucre sa betterave réduite d'un tiers ou de deux cinquièmes, par le retranchement de sa partie supérieure, état dans lequel elle lui sera toujours payée un très-bon prix, comme nous l'expliquerons tout à l'heure, et qu'il conserve la partie retranchée pour la distiller, et en employer la pulpe à nourrir son bétail ; il mélangera très-utilement à celles-ci les pulpes de presse provenant de ses betteraves livrées à la sucrerie, l'une et l'autre fermentées ensemble avec les mélanges, aujourd'hui si connus et si bien appréciés, de menue paille, siliques de colza et autres déchets, ou mélangées et mises en silos pour la nourriture d'été. Toutes ces préparations corrigent la crudité des pulpes de presses qui donnent souvent lieu à des accidents.

Il pourra utilement reprendre les mélasses de la fabrique qui pourront être, sans augmentation de frais, convertis en alcool dans sa distil-

lerie, en laissant à la ferme, et par suite à la terre, les principes immédiats (sels de potasse et autres) qu'elles avaient enlevés au sol, et dont la privation, dans la pratique actuellement suivie, n'est pas sans influence notable dans l'appauvrissement du sol qui se remarque pour cette plante dans les anciennes contrées sucrières.

Les sels et autres matières extractives, si nuisibles à la cristallisation de sucre, ont, au contraire, une influence utile dans l'acte de la fermentation, comme l'ont prouvé toutes les pratiques qui se sont exercées sur le mélange des mélasses aux jus de macération. Les vinasses gagnaient en densité par la succession du travail, et les rendements suivaient cette progression, comme l'inverse avait lieu quand, cessant le mélange des mélasses, les vinasses perdaient successivement de leur densité.

Ce serait encore une preuve de l'influence des sels dans la macération et dans la fermentation, comme elle ressortirait aussi de cette pratique anciennement suivie de l'addition du sel dans la fermentation des jus de cannes.

Nous avons dit que le cultivateur retirera de sa récolte ainsi partagée une plus forte somme, tout en économisant les frais de transport sur la partie qu'il se réserve et ceux de la pulpe qu'il aura sur place et qu'il sera dispensé de rapporter de la fabrique.

Ainsi, un million de kilog. de betteraves rendues à la sucrerie au prix de 16 fr. les 1,000 kilog. . . . . 16,000 fr.

Ou bien :

Les deux tiers, soit 666,000 kilog. à 20 fr. 13,320

Le tiers, soit 334,000 kilogr. produisant, à 4 p. 100, 133 hectolitres de flegmes vendus à 25 fr. frais déduits. 3,325

Pulpe, 233,000 kilogr. à 10 fr. . 2,330
____
18,975 fr.

Soit 3,000 fr. de plus par million de kilogr., au prix le plus bas auquel puisse descendre l'alcool.

Quant au fabricant de sucre, son compte est facile à faire.

Disons d'abord qu'on sait que les frais de la fabrication du sucre dépassent de beaucoup ceux de la distillation. Les premiers atteignent en moyenne 15 fr. par mille kilogr. de betteraves, tandis que les seconds, par nos procédés, ne dépassent pas 5 à 6 fr.

Il résulte de cette différence que le fabricant de sucre a intérêt à ne traiter qu'une matière première riche, et à réserver pour sa distillerie et sa ferme s'il est lui-même producteur de sa betterave, ou de laisser à son fournisseur de betteraves, s'il les achète, la matière qui coûte trois fois moins à manipuler et qui a encore cet avantage essentiel d'être plus riche en matières nutritives que la portion où le sucre dominait.

Il en est de même des frais de transport, d'autant moindres qu'ils sont bornés à la partie la plus productive du sucre.

Arrivons au rapprochement des éléments divers du prix de revient du sucre, pour connaître à quel prix le fabricant peut porter le prix de la betterave ainsi préparée :

Soit un rendement de 5 pour 100 pour la betterave telle qu'on la livre aujourd'hui, à 16 fr. les 1,000 kilogr.

Admettons les mêmes frais de fabrication à 15 fr. pour les deux cas, quoique dans le second un travail plus facile comporte une économie.

On trouve que pour la betterave entière le prix étant de 16 fr., les frais de 15 fr., et le rendement de 5 p. 100 exigeant 2,000 kilogr. pour 100 kilog. de sucre, ces 100 kilogr. ressortent à 62 fr.

Et pour la betterave décolletée au tiers, le prix de 20 fr., les frais de 15 francs; mais le rendement de 7 pour 100, demandant 1,430 kilog. à 35 fr., les 1,000 kilogr. font revenir les 100 kilogr. de sucre à 50 fr.

Le fabricant de sucre retire donc de cette combinaison un avantage de 12 fr. par 100 kilogr. de sucre, ou 15 à 20 pour 100, ce qui lui permettra dans beaucoup de cas d'acheter de la betterave au prix de 20 fr. et plus, avec certitude de bénéfice, alors qu'en ne la payant que 16 fr. sa perte serait presque certaine.

Il y a donc là, pour la sucrerie de betteraves, dans les circonstances critiques, un principe d'activité et presque de salut, quelle que soit la position du fabricant, soit qu'il produise en totalité ou en partie la betterave qu'il convertit, soit qu'il l'achète chez des cultivateurs voisins.

Nous croyons qu'en spécialisant les deux fabrications sur ces bases, on satisfera beaucoup mieux à leurs intérêts et à leurs besoins qu'en les réunissant soit dans les mains de la grande industrie, commé cela a été conseillé il y a quelques années, soit dans le domaine exclusif de l'agriculture.

C'est assurément le meilleur moyen de travailler chaque matière première dans les conditions les plus économiques, sous le double rapport du rendement et des frais, ce qui constitue tout véritable progrès;

D'assurer aux deux industries une activité constante, parce que leurs intérêts sont si bien conciliés et ménagés que, dans les circonstances les plus critiques, l'une et l'autre trouveraient encore une rémunération de leur travail;

De laisser la fabrication du sucre ce que vingt années de progrès industriels l'ont faite, une grande industrie, exigeant des capitaux importants, un outillage coûteux et surtout un personnel expérimenté; et la distillerie une industrie modeste, toute agricole, à la portée des ressources ordinaires de la ferme, en argent comme en personnel; satisfaisant au premier de ses besoins, la nourriture et l'engrais que peut seule lui procurer l'extension de la culture des racines.

Au lieu de se faire pour la matière première une concurrence souvent désastreuse, elles vont se trouver, ce qui n'a pas encore eu lieu, en position de s'entr'aider, car de ce bon accord, fondé sur le partage du travail, résulte un élément nouveau, jusqu'à présent inaperçu, de prospérité et d'avenir. »

Ce n'est pas ici le lieu d'examiner si, comme le pense M. Champonnois, l'industrie sucrière exige impérieusement de gros capitaux et un immense matériel. L'illustre Achard, qui n'était point d'avis de former des établissements gigantesques, regardait au contraire une fabrique où on exploiterait annuellement 500,000 kilogr. comme suffisamment étendue. Ce qu'on ne peut pas nier, c'est que les errements actuels aient imposé à la sucrerie de lourdes charges. C'est là qu'elle a toujours rencontré ses principales difficultés. Nous croyons qu'elle a tout à gagner à s'en affranchir, et à chercher l'abaissement du prix de revient dans l'amélioration des méthodes ainsi que dans la simplification des moyens et de l'outillage.

Quoi qu'il en soit, la combinaison proposée n'en conserve pas moins toute sa valeur.

Nous verrons dans l'exposé des autres systèmes des préoccupations dans le même ordre d'idées qui confirment la tendance inspirée par les rapports naturels des deux industries.

Coupe-racines Champonnois à force centrifuge.

Si les préparations que doivent subir avant d'être livrées à la fermentation les diverses matières auxquelles on demande l'alcool varient selon la nature de celles-ci, elles doivent encore varier pour les mêmes matières selon le système qui leur est appliqué. L'importance que M. Champonnois attache à la forme des rubans n'a pas échappé aux praticiens. Nous verrons plus loin que cette question de forme a la même importance dans les systèmes de MM. Leplay et Kessler.

Les anciens coupe-racines à disque vertical donnent des rubans qui présentent dans leur épaisseur de grandes irrégularités. Leur emploi, qui n'a aucun inconvénient lorsqu'il s'agit de découper des racines pour la nourriture des animaux, peut même être continué partout où les macérateurs ont de petites dimensions et où il est facile de remédier, par des soins, aux conséquences du défaut que nous venons de signaler. Mais il n'en est pas de même dans les grandes usines, et nous avons vu quelle influence une macération incomplète pouvait exercer sur les rendements.

Anssi depuis longtemps M. Champounois a-t-il dirigé ses efforts vers la construction d'un coupe-racines qui réunit à un grand débit la plus grande régularité possible dans le travail. Celui qu'il applique aujourd'hui à ses distilleries est construit sur le principe de la force centrifuge. Il se compose d'un tambour horizontal fixe sur un bâtis ou contre une muraille et armé de six lames dentées. A l'intérieur est un arbre commandé par des poulies et muni de deux ailettes, qui entraînent les betteraves dans un mouvement rapide de rotation. L'action de ces ailettes et la force centrifuge les pressent énergiquement contre les parois du tambour où elles subissent l'action des lames, sont débitées en rubans et projetées à l'extérieur. Deux oreilles en tôle, qui se développent de chaque côté du tambour, font retomber les rubans verticalement. Enfin, l'écrou qui fixe les lames glisse à volonté dans une rainure et permet d'en régler l'ajustage avec la plus grande précision.

Distributeur de M. Hette (de Bresles).

Un point non moins important que la forme des rubans, c'est la nécessité de les soustraire dès leur sortie du coupe-racines aux altérations que produit le contact de l'air, et de les distribuer dans les macérateurs de manière à prévenir leur tassement irrégulier.

Les moyens employés dans la plupart des distilleries assurent bien rarement l'accomplissement de ces deux conditions essentielles. Avec tout le soin et toutes les précautions dont un ouvrier est susceptible, l'acide, versé à différents intervalles, ne sera pas réparti uniformément; on n'évitera ni l'irrégularité d'un chargement à la pelle, ni la compacité qui résulte d'un transport en wagonnets ou en paniers.

D'un autre côté, pendant le transport et ces diverses manutentions, les rubans restent exposés aux influences de l'air.

Ces imperfections ont conduit l'habile directeur de la Cⁱᵉ sucrière et agricole de Bresles (Oise) à construire un distributeur mécanique dont la marche réglée et invariable résout industriellement le problème. Il apporte en même temps une économie importante dans la main-d'œuvre, qu'il supprime presque entièrement.

On sait que l'établissement de Bresles présente l'exemple le plus pratique comme le plus complet de l'annexion des diverses industries agricoles susceptibles d'être combinées avec une exploitation. La distillerie, créée en 1854, emploie 60,000 kilogr. de betteraves par 24 heures. Des forces motrices communes desservent une sucrerie sur la même échelle. Celle-ci ne traite que les betteraves les plus riches, les autres vont à la distillerie. Ces deux usines se prêtent ainsi un appui mutuel, qui élève le rendement de chacune d'elles. Un puissant laveur y fonctionne constamment; il est accompagné d'un épierreur, qui sauvegarde les râpes.

Les betteraves destinées à la distillerie sont conduites mécaniquement au coupe-racines que nous avons décrit précédemment, placé au dessus et en tête de la série des macérateurs. C'est alors qu'intervient l'appareil de M. Hette. Une auge en bois, engagée au-dessous du coupe-racines, se prolonge au-dessus de cette série. Dans l'intérieur de cette auge fonctionne une hélice également en bois. Enfin, au-dessus du coupe-racines, est placé un bac contenant l'eau, les vinasses ou les petites eaux acidulées qui doivent être employées pour prévenir l'altération des rubans. Elles sont conduites, par un tuyau muni d'un appareil distributeur, en tête de l'auge, et arrosent en pluie les rubans au moment même où ceux-ci quittent le coupe-racines.

L'hélice les entraîne alors en complétant, par le mouvement qui lui est propre, leur mélange intime et le contact de chacun d'eux avec le liquide acidulé, sans adhérence ni pelotement. A leur arrivée au-dessus du macérateur en chargement, une trappe s'ouvre sous l'auge et leur livre passage. Enfin, après la macération, lorsqu'ils sont épuisés, une seconde hélice se charge, par une disposition analogue, de les transporter au dehors de la chambre de macération.

L'acidulation immédiate et le transport mécanique étant ainsi réglés, il restait à obtenir une répartition du chargement selon les indications données par M. Champonnois, c'est-à-dire le long des parois du macérateur et en forme d'entonnoir sans que la chute provoquât de tassement.

Un artifice, plus simple encore que le premier, résout cette dernière difficulté. Un cône en bois ou en osier est suspendu, sous la chute des rubans, au centre du macérateur. Non-seulement il les envoie tous à la circonférence, mais, par sa forme, il évite leur chute brusque, les isole, et procure ainsi une masse poreuse, légère, dont tous les interstices seront également accessibles au liquide qui doit en opérer l'épuisement. On ne pouvait remplir par des dispositions plus économiques et plus efficaces le programme des manutentions délicates qui exercent une si grande influence sur les rendements comme sur la qualité des produits dans les distilleries montées d'après le système Champonnois.

Appareils de macération de M. Egrot.

Dans son traité de la distillation, M. Duplais fait connaître l'organisation ingénieuse d'un matériel de macération que nous avons vu à l'œuvre dans l'exploitation de M. Garola à Echenay (Haute-Marne). Elle nous a paru racheter par les avantages de la manœuvre la dépense un peu élevée de son installation. Nous lui laissons la parole pour cette description.

« Nous avons organisé, avec le concours de M. Egrot fils, un système de macération très-facile et très-commode, épuisant complétement la betterave et qui permet : 1° de chauffer le liquide dans les macérateurs à l'aide de la vapeur; 2° de vider presque instantanément les pulpes contenues dans ces mêmes macérateurs. Cette nouvelle organisation a reçu son application dans un certain nombre de distilleries agricoles.

Nous allons décrire la disposition des macérateurs, ainsi que la manière d'opérer par cette méthode; les fig. 31 et 32 représentent les macérateurs en élévation, vus de face et de coté.

1, 2, 3, (fig. 32) macérateurs ou vases cylindriques en tôle d'une épaisseur convenable, garnis chacun à l'intérieur de deux fonds percés de trous; l'un de ces fonds est fixé à 15 centimètres de la base par des supports et boulons; il sert à soutenir les pulpes de betteraves, tout en les empêchant d'être entraînées par le déplacement des jus; il facilite également l'égouttage des pulpes macérées. L'autre fond, ou grille, muni de deux poignées, sert à presser les pulpes, afin de les empêcher de remonter et de déborder; il est soutenu au moyen de trois boulons placés après le macérateur, et qui s'adaptent dans trois entailles pratiquées dans la grille, de manière qu'en lui faisant subir un vingtième de tour, cette grille se trouve maintenue de façon à ne pouvoir remonter avec les pulpes.

a, a, a, a, a, a, coussinets dont la partie inférieure est fixée sur 6 poteaux en bois de chêne, à l'aide de 4 vis pour chaque coussinet; la partie supérieure est serrée sur l'autre

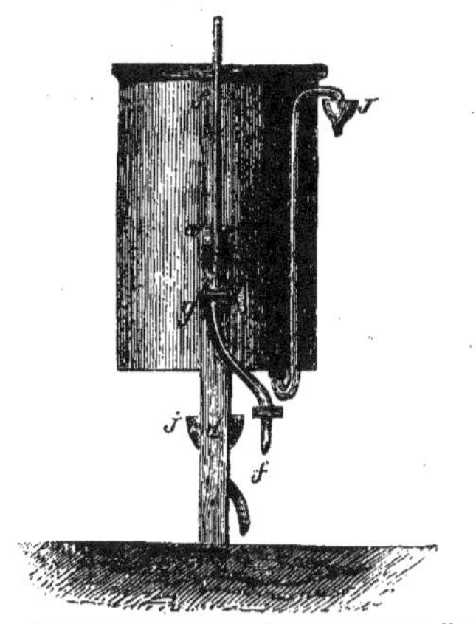

31. — Élévation de côté d'un cuvier-macérateur Egrot.

32. — Élévation de face, installation et tuyauterie de l'appareil macérateur Egrot.

au moyen de 2 tire-fonds; dans ces coussinets se meuvent des tourillons servant de point d'appui aux vases macérateurs, dont ils facilitent le pivotage en tous sens. Les pivots de gauche sont tout simplement des tourillons, tandis que ceux de droite sont des boîtes tournantes dont la partie extérieure se meut dans les coussinets, et la partie intérieure est fixée aux robinets de vapeur b, b, b.

b, b, b, robinets au moyen desquels, ainsi

que par le tuyau principal de vapeur c', c', c', et les tuyaux d'embranchement c, c, c, on introduit la vapeur dans les vases macérateurs. A cet effet, se trouve placé intérieurement un tuyau plongeur e', e', e', faisant un tour un peu au-dessus des fonds des macérateurs, lequel tuyau, étant percé de trous dans son pourtour et dans sa longueur, facilite le barbotage et la division de la vapeur dans toute la masse (ce tuyau est figuré sur le dessin par des lignes ponctuées).

d, d, d, poteaux soutenant les macérateurs ; on doit les faire en bois de chêne pour plus de solidité, et autant que possible les tenir scellés dans le sol à une profondeur de 60 centimètres.

f, f, tuyau ayant un diamètre de 50 millimètres et en communication avec un monte-jus. Sur ce tuyau se trouvent adaptées trois tubulures à brides de même diamètre, sur lesquelles viennent se raccorder les tuyaux f', f', f', recourbés vers le haut, de manière à déverser le liquide sur les macérateurs ; vers le milieu de ces tuyaux sont placés 3 robinets g, g, g, pour donner passage au jus faible, à l'eau ou à la vinasse. Au moyen de ces robinets on peut envoyer le liquide dans celui des trois macérateurs qui en a besoin et au gré de l'opérateur.

h, h, h, tuyau principal de décharge ayant 50 millimètres de diamètre, et conduisant les jus faibles au monte-jus pour les transvaser sur les macérateurs ; à ce tuyau sont adaptés trois autres tuyaux cintrés de même diamètre, et portant de larges entonnoirs i, i, i ; chacun de ces entonnoirs est garni intérieurement d'une grille, pour empêcher la pulpe, qui pourrait être entraînée pendant qu'on soutire le liquide des macérateurs, d'obstruer les tuyaux, et est placé directement sous les robinets de décharge.

j, j, j, robinets de décharge portant 35 millimètres de diamètre intérieur. Ces robinets sont posés au centre du fond des macérateurs au moyen de trois boulons.

k, k, k, tuyau principal de sortie des jus forts. Ce tuyau, dont le diamètre est de 35 millimètres, et sur lequel sont fixés trois entonnoirs l, l, l, conduit les jus sucrés aux cuves de fermentation.

m, m, m, tuyaux de déplacement venant, d'une part, s'ajuster en n, n, n, sous le fond des vases macérateurs à l'aide d'une bride et de trois boulons, et, d'autre part, se recourbant dans les entonnoirs l, l, l.

o, o, o, tuyau cintré en ellipse et portant à son cintre un autre tuyau droit ; chaque extrémité est munie d'un robinet q, q, q, par lequel arrive l'eau pour la macération.

p, p, p, autre tuyau également cintré en ellipse, servant à amener et distribuer les jus faibles pour opérer le déplacement des jus concentrés. Ce tuyau est muni aussi aux extrémités de robinets q', q', q'.

Les tuyaux o et p sont en communication avec des réservoirs, ou cuves, placés au-dessus du local où l'on opère le travail de la macération.

o' et p', tubulures se raccordant au tuyau d'eau o et au tuyau du jus faible p.

La mise en train de la macération, à l'aide des vases qui viennent d'être décrits, s'exécute de la manière suivante :

Emplir d'abord le macérateur n° 1 de betteraves lavées et découpées en lanières de la largeur d'un centimètre, de l'épaisseur de deux millimètres et de longueur variable. Ensuite, arroser cette betterave avec de l'acide sulfurique à 66°, étendu dans vingt fois son poids d'eau froide et dans la proportion de 1 1/2 à 2 kilogr. d'acide par 1,000 kilogr. de racines. Cette dernière dose peut être même portée à 2 kilogr. 1/2, suivant l'époque de la saison ou l'état de conservation des betteraves. Lorsque cette dernière opération est terminée, poser la grille à poignée sur la cossette, qui doit être répartie avec soin et sans être tassée, puis ouvrir le robinet q, du tuyau o, pour faire arriver de l'eau froide sur la betterave, jusqu'à ce que celle-ci en soit recouverte ; donner ensuite de la vapeur par le tuyau c, en ouvrant le robinet b, avec précaution et graduellement, afin d'éviter les claquements que pourrait produire la vapeur par son contact avec l'eau froide, et chauffer la macération jusqu'à ce qu'on ne puisse plus tenir la main sans se brûler en la portant à l'extérieur de la partie supérieure du vase macérateur (60° à 65° centigrades). A cet instant, fermer le robinet de vapeur b, et laisser la macération s'opérer pendant 45 minutes ; ce délai étant expiré, vider le liquide en ouvrant le robinet j, afin qu'il se rende dans le monte-jus en passant par l'entonnoir i et le tuyau h.

Le liquide du macérateur n° 1 étant entièrement soutiré, fermer le robinet i, et ouvrir celui q, du tuyau o, pour remplir encore d'eau le macérateur. Chauffer ensuite jusqu'au degré indiqué pour la première charge, et laisser macérer également pendant 45 minutes.

Pendant que la seconde macération du vase n° 1 s'opère, charger, à l'aide du monte-jus, le vase n° 2 préalablement rempli de betteraves en lanières, avec le liquide provenant de la première macération, lequel en sortant du monte-jus passe par le tuyau f, et le robinet g ; ensuite chauffer au degré connu en ouvrant le robinet de vapeur b, et laisser le tout au repos pendant 45 minutes.

Lorsque cette macération est terminée, verser le liquide qui en provient sur le vase macérateur n° 3, chargé de cossettes fraîches acidulées, et laisser en repos un instant ; envoyer à l'aide du monte-jus le produit de la deuxième macération du vase n° 1 dans le réservoir du jus faible, et ouvrir le robinet q', du tuyau p, afin que le déplacement du jus fort puisse se faire. Le jus faible, en se répandant sur le dessus du macérateur, appuie naturellement sur le liquide et le force à sortir par le tuyau *m* et l'entonnoir *l*, pour se rendre dans les cuves de fermentation en passant par le tuyau *k*.

Le déplacement du jus fort doit s'effectuer dans l'espace de 30 à 35 minutes, et on reconnaît qu'il est complet, lorsque le liquide qui coule dans les cuves indique la même densité que celle du jus faible qui sert à faire ce déplacement.

En général on obtient une quantité de jus fort dans la proportion de 1 litre 1/4 à 1 litre 1/2 par chaque kilogr. de betteraves. Soit 1,200 à 1,500 litres par 1,000 kilogr. de racines.

Les macérateurs n°ˢ 1 et 2 reçoivent alors chacun une autre charge d'eau, qui doit être chauffée au degré et pendant l'espace de temps que nous avons déjà indiqués, de façon que après cette macération le n° 1 est entièrement épuisé, puisqu'il a reçu successivement trois charges d'eau. Le n° 2 au contraire a besoin de recevoir une autre charge pour être complètement épuisé.

Le jus provenant de la troisième macération du vase n° 1 est encore renvoyé dans le réservoir au jus faible, ainsi que le jus des deuxième et troisième macérations du vase n° 2.

Aussitôt que la troisième macération du n° 1 est opérée, on doit retirer la pulpe épuisée : il suffit pour cela de pencher horizontalement le vase macérateur, à l'aide d'un moufle ou d'un treuil; puis, avec une fourche à deux ou trois dents recourbées, on retire cette pulpe et on la reçoit dans un petit chariot ou dans une civière disposée à cet effet, pour la transporter hors du local où sont placés les vases macérateurs. La pulpe épuisée étant enlevée, on la remplace de suite par de la betterave fraîche, qu'on arrose avec de l'eau acidulée dans la proportion connue.

Le déplacement du vase n° 3 étant terminé, on chauffe à son tour le liquide qu'il contient comme il a été dit, et après une suffisante macération le jus qui en résulte est versé sur le vase n° 1, dont la cossette a été renouvelée, lequel jus est ensuite déplacé aussi et envoyé aux cuves de fermentation à l'aide du moyen employé pour le vase n° 3, c'est-à-dire par le jus faible que fournit le robinet *q'*.

Ainsi qu'on le voit, l'épuisement de la betterave par cette méthode s'effectue au moyen de trois lavages ou macérations successives et par endosmose et déplacement. Dans une marche régulière, c'est toujours le jus deuxième d'une macération qui est versé sur la cossette fraîche acidulée, et qui est déplacé par le jus troisième, ou jus du dernier épuisement, pour être envoyé dans les cuves de fermentation. La deuxième charge de liquide se fait avec de l'eau ou avec de la vinasse, suivant le procédé employé par le distillateur.

Il est à remarquer que, dans cette manière d'opérer, il se passe deux faits distincts : la macération qui se fait au gré de l'opérateur, et le déplacement qui doit se faire le plus lentement possible. Pour obtenir ce dernier résultat, il est indispensable que les autres opérations soient exécutées avec promptitude, ce qui est très-facile en employant le monte-jus qui apporte aussi, lui, sa grande part d'utilité au système, en raison de la rapidité avec laquelle on opère les transvasements des liquides et qui laisse plus de temps au déplacement pour s'effectuer.

Les jus forts obtenus par la méthode que nous venons d'indiquer ont le degré de chaleur convenable et sont par conséquent propres à entrer immédiatement en fermentation. Cette opération et celle de la distillation n'offrent rien de particulier; elles se pratiquent exactement de la même manière que celles indiquées pour les jus obtenus par la macération à chaud, soit avec l'eau, soit avec des vinasses. »

Procédé Leplay.

Le procédé et les appareils de distillation pour lesquels M. Leplay a pris, le 25 mars 1854, un brevet d'invention de 15 ans, ont pour but :

1° La suppression complète de l'extraction préalable des jus et par conséquent des appareils nécessaires à cette extraction, tels que les râpes et presses, les cuviers à macération, les bacs à lévigation, etc. ;

2° La fermentation de la matière à distiller coupée en morceaux, obtenue directement dans ces morceaux, par leur immersion dans un bain fermenté ;

3° La conservation indéfinie des propriétés fermentescibles de ce bain, qui les communique à chaque nouvelle charge sans qu'on ait besoin de le renouveler ;

4° La distillation directe des morceaux fermentés au moyen d'un courant de vapeur sans chauffage immédiat ni barbotage, et dans des conditions telles qu'ils conservent leur forme ;

5° La préparation, pour le bétail, d'une nourriture cuite qui a conservé, dans les cellules même, tous les principes qui constituent la matière distillée à l'exception du sucre.

On peut traiter par cette méthode toutes les matières solides sucrées, racines, fruits et tiges. Les appareils peuvent distiller sans aucun changement les féculents, les grains, la pomme de terre, les matières pâteuses, les marcs de vin ou de cidre, etc. Enfin, les mêmes appareils peuvent à volonté être employés à l'extraction du jus et à la fabrication des sirops de manière à opérer alternativement, sans augmentation de frais, le travail de la distillerie ou de la sucrerie agricole.

M. Leplay a donné, dans le *Recueil des travaux de la Société d'émulation pour les sciences pharmaceutiques*, une notice où la théorie de son procédé est clairement exposée.

« J'ai fait connaître, dit-il, en 1854 un nouveau

mode de fermentation et de distillation de la betterave coupée en morceaux, et depuis lors ce procédé de fabrication s'est développé sur une grande échelle dans l'exploitation agricole et manufacturière. En une seule année, il a été distillé par ce moyen près de 100 millions de kilogr. de betteraves dans 25 établissements situés en France et à l'étranger.

Dans le cours de mes études d'application industrielle, j'ai été à même d'observer dans l'atelier certains faits de réactions chimiques qui peuvent servir à éclairer la théorie de mes opérations.

Ces faits se sont présentés et ont été constatés si souvent, qu'ils doivent être considérés comme constants et permanents, et cette raison m'a décidé à les consigner sommairement dans cette note.

Mais avant d'en entretenir la Société, et pour faciliter l'intelligence de ce qui va suivre, je crois utile de rappeler, le plus succinctement possible, les faits qui ont servi de base à mon procédé de distillation.

Voici quels sont ces faits :

Quand on plonge des morceaux de betterave d'une forme déterminée dans du jus de betterave fermenté, en y ajoutant une certaine quantité d'acide sulfurique à la température de 18 à 25° centigrades, la fermentation alcoolique se déclare rapidement au sein du mélange; au bout de quelques heures (12 à 18), elle est terminée. Le sucre contenu dans les morceaux de betterave se trouve transformé en alcool qui reste dans les morceaux et s'y substitue, pour ainsi dire, au sucre dans la cellule même. Les morceaux de betteraves ainsi fermentés n'ont point changé de forme ; ils sont un peu moins rigides qu'avant la fermentation ; ils ont perdu de leur poids primitif une quantité correspondante à l'acide carbonique dégagé.

Le volume du jus primitivement fermenté n'a pas changé, et de nouveaux morceaux de betterave plongés dans le même jus avec addition d'une nouvelle dose d'acide, toujours en rapport avec la quantité de betteraves mise en fermentation, et sans addition de ferment, subissent la même transformation alcoolique que les premiers.

Le même jus de betterave peut servir indéfiniment, pour ainsi dire, à la transformation alcoolique de nouveaux morceaux qui y sont successivement plongés, sans subir aucune altération dans ses propriétés fermentescibles, et le même jus a pu être employé pendant plus de six mois d'une fabrication continue sans subir d'altération.

Quand on expose les morceaux de betterave ainsi fermentés, en couches minces sur des diaphragmes percés de trous et superposés à un courant ménagé de vapeur d'eau, dans un vase fermé, soit dans un cylindre en bois ou en tôle, placé verticalement et communiquant avec un serpentin refroidi par de l'eau ; si l'on a soin de faire arriver la vapeur dans la partie inférieure du cylindre, cette vapeur s'échappe à travers les espaces vides formés entre les morceaux de betterave, les échauffe jusqu'au centre, et en dégage les parties alcooliques, qui se rendent, à l'état de vapeur, dans les couches de betteraves immédiatement placées au-dessus.

Ces vapeurs alcooliques, s'élevant successivement de couche en couche, s'enrichissent de vapeurs de plus en plus alcooliques, au point qu'avec une colonne de morceaux de trois à quatre mètres de hauteur on peut obtenir, au début de la distillation, un produit alcoolique qui marque 70° centésimaux. Au fur et à mesure que la distillation s'opère, le degré du produit alcoolique va en diminuant et arrive rapidement à zéro de l'alcoomètre.

Le produit moyen obtenu constitue le liquide alcoolique connu dans le commerce sous le nom de *flegmes*.

Pendant cette distillation, les morceaux de betterave n'ont point changé de forme, seulement ils sont cuits et ne contiennent plus de traces d'alcool.

Voilà en quoi consiste mon procédé. Il a un grand nombre d'avantages sur tous ceux qui ont été proposés dans ces derniers temps, comme contribueront à le démontrer les faits chimiques qui suivent.

Faits relatifs à la fermentation.

Contrairement à ce qui se passe dans la fermentation des jus, il ne se forme ni acide ni matière visqueuse pendant la fermentation des morceaux.

Dans toutes les fermentations de jus de betterave, quels que soient les moyens employés et pour l'extraction du jus et pour la fermentation, une certaine quantité de sucre se transforme en acide lactique. Dans les fermentations les plus normales, opérées dans les conditions où le ferment de la betterave conserve toutes ses propriétés sans altération, le minimum d'acide développé est l'équivalent de 1 gramme à 1 gramme et demi d'acide sulfurique par litre, qui représentent environ 4 à 5 grammes de sucre ou 5 p. 100 à peu près de la quantité de sucre contenue dans la betterave. Quand, par des causes plus ou moins difficiles à reconnaître et surtout à éviter, la fermentation alcoolique est retardée dans sa marche, la fermentation lactique continue toujours ses progrès, au point qu'il n'est pas rare de constater dans des fermentations de jus un développement d'acide lactique représentant 15 à 20 grammes de sucre par litre, ou 20 pour 100 du sucre contenu dans la betterave.

Dans les fermentations des morceaux dans les conditions indiquées ci-dessus, la quantité d'acide trouvée dans le jus après la fermentation est la même qu'avant celle-ci, même après un travail de six mois avec le même jus.

L'addition de l'acide sulfurique dans le jus de betterave a pour effet immédiat de mettre en liberté les acides végétaux contenus dans la betterave, où ils sont combinés aux bases de potasse, soude, chaux et magnésie. Un excès d'acide par rapport à ces bases détruirait les propriétés du ferment alcoolique formé.

Tous les acides libres contenus dans le jus de betterave fermenté sont des acides végétaux.

Quand on ajoute à ce jus ainsi composé une certaine quantité d'acide sulfurique et de morceaux de betterave, les morceaux s'emparent de l'acide sulfurique à l'exclusion des autres acides contenus dans le jus, et malgré l'addition successive à chaque opération d'une nouvelle dose d'acide sulfurique, la quantité de cet acide n'augmente pas sensiblement dans les jus, même après six mois d'opérations successives.

Pendant le même espace de temps, malgré les manipulations successives de l'extraction des morceaux du jus fermenté, je n'ai constaté dans ces jus que des traces insignifiantes d'acide acétique, quoique j'opérasse dans des cuves ouvertes. J'attribue ce fait à la basse température où s'opère la fermentation.

La quantité d'acide contenue dans les morceaux après la fermentation est toujours inférieure à celle qui est contenue dans le jus ; elle représente très-approximativement l'équivalent de 3 kilogr. 1/2 d'acide sulfurique par 1,000 kilogr. de betteraves.

La quantité d'acide trouvée après la fermentation dans le jus et dans les morceaux de betterave ne correspond pas à la quantité d'acide sulfurique ajoutée. Une partie a disparu, soit que cet acide ait été saturé par une matière ammoniacale, soit qu'il ait lui-même mis en liberté un acide végétal susceptible de disparaître par ou pendant la fermentation.

Quant à la formation de la matière visqueuse, j'aurai à présenter des observations analogues.

Dans l'extraction des jus de betteraves, une certaine quantité de sucre se transforme en matière visqueuse, qui occasionne beaucoup d'écumes noirâtres pendant la fermentation.

La quantité de matière visqueuse varie avec les procédés employés. L'extraction du jus par les presses développe au maximum cette viscosité ; dans ce cas, elle est telle qu'elle nécessite d'étendre le jus avec de l'eau jusqu'à 3 à 3,5 du densimètre, pour en opérer la fermentation, et l'emploi d'une grande quantité de graisse pour abattre la mousse.

L'inconvénient de la mousse dans la fermentation du jus obtenu par les presses est tel qu'il serait impossible de continuer le travail de la fermentation sans l'emploi de la graisse et l'addition d'eau au jus.

La fermentation des morceaux ne présente pas cet inconvénient : les mousses produites par la rapidité de la fermentation sont très-blanches, légères, et disparaissent par une faible agitation,

sans l'emploi de la graisse, et enfin ne présentent aucun inconvénient, quoique la fermentation ait lieu sans addition d'eau au jus primitif.

L'absence de fermentation acide et visqueuse pendant l'extraction du jus et pendant la fermentation alcoolique, et l'absence de l'emploi de toute matière grasse contribuent à donner, par la distillation des morceaux fermentés, des produits alcooliques d'une qualité supérieure.

Pour terminer les faits relatifs à la fermentation, il me reste à expliquer de quelle manière elle se produit dans les morceaux de betterave. Je crois pouvoir admettre, d'après toutes les observations que j'ai pu faire, que la transformation du sucre en alcool a lieu en grande partie dans la cellule même, sans faire subir aux matières qui accompagnent le sucre les altérations qu'occasionne l'extraction du jus. La fermentation se communique de cellule en cellule jusqu'au centre du morceau ; aussi ai-je cru pouvoir donner à ce nouveau mode de fermentation le nom de *fermentation alcoolique intra-cellulaire*. J'appuie mon opinion sur les faits suivants : pendant la fermentation alcoolique des morceaux de betterave dans du jus de betterave fermenté, l'équilibre de richesse alcoolique ne s'établit point entre les morceaux et le jus. Si la betterave est plus riche en sucre que le jus ne l'était lui-même avant la fermentation, les morceaux de betterave auront une richesse alcoolique plus grande que le jus ; j'ai souvent rencontré des morceaux de betterave ayant une richesse alcoolique de 5,5 p. 100, tandis que le jus en contenait à peine 4. Le contraire a lieu quand on opère la fermentation avec des jus d'une richesse alcoolique plus grande et des betteraves d'une richesse saccharine moindre ; dans ce cas, les morceaux de betterave sont moins riches en alcool que le jus.

Ces différences entre la richesse alcoolique des morceaux et celle du jus peuvent s'observer, surtout quand on sépare les morceaux du jus aussitôt après la fermentation ; l'équilibre de richesse alcoolique semble s'établir quand les morceaux séjournent plus ou moins longtemps dans le jus après la fermentation.

La richesse alcoolique des morceaux paraît donc être en raison de leur richesse saccharine, sans que le jus dans lequel se fait la fermentation vienne la modifier d'une manière importante.

Quand on met en fermentation dans du jus de betterave fermenté des substances sucrées autres que les betteraves, telles que carottes, topinambours, tiges de sorgho sucré, etc., les mêmes phénomènes se reproduisent. J'ai obtenu dans le même jus de betterave fermenté, d'une richesse alcoolique de 3,95 :

Des carottes d'un rendement alcoolique de. . . . . 5 p. 100
Des topinambours. 4,6
Des tiges de sorgho. 6,5

Quand on met en fermentation dans du jus

de betterave fermenté des morceaux de betterave altérée par une longue conservation en silo, de manière à ce que chaque tranche de betterave présente une partie saine et une partie altérée, la fermentation a lieu d'une manière complète dans la partie saine comme dans la partie altérée. La richesse alcoolique paraît varier comme la richesse saccharine de la betterave elle-même. J'ai souvent rencontré des betteraves qui m'ont donné, par leur fermentation dans du jus fermenté d'une richesse alcoolique de 4,2, une richesse alcoolique dans la partie saine de. . . . . 3 p. 100 et dans la partie altérée du même morceau. . . . . 2 p. 100

Les mêmes parties altérées ayant été râpées, le jus obtenu mis en fermentation n'a donné qu'un rendement alcoolique de. . . . 0,7

Les morceaux de betterave sains fermentés dans le même jus ci-dessus ont donné. 4,4

La partie altérée, caractérisée à la vue par sa couleur brune ou noire, ne cède rien de sa couleur au jus fermenté au milieu duquel la fermentation a lieu; elle conserve, avant comme après la fermentation, sa couleur primitive.

Faits relatifs à la distillation.

Quand on soumet les morceaux de betterave fermentés à la distillation, on retrouve après la distillation en pulpe cuite, 70 p. 100 du poids primitif de la betterave mise en fermentation.

La perte pendant la fermentation et la distillation se répartit très-approximativement de la manière suivante :

Acide carbonique. 5
Alcool dégagé pendant la distillation. 5
Mélanges des vapeurs aqueuses. . . 5
Eaux d'égouttage de la pulpe pendant la distillation. 15
(auxquelles viennent s'ajouter 10 p. 100 environ d'eau de condensation).
_____
30

En laissant égoutter la pulpe sortant des appareils distillatoires sur un terrain perméable ou drainé, elle est encore susceptible de perdre du liquide et de se réduire à 50 p. 100 du poids de la betterave mise en fermentation.

Des analyses de cette pulpe et des eaux d'égouttage ont été faites comparativement avec l'analyse des betteraves non fermentées, par MM. Desespringale et Dufau, chimistes à Lille, et ont donné les résultats suivants :

100 parties en poids de la pulpe desséchée dans une étuve chauffée à l'eau bouillante ont donné un résidu sec de 6,75.

100 parties de vinasse provenant de la même opération de distillation ont donné un extrait noir pesant 1,31.

L'azote, dosé par la méthode de M. Péligot, a donné :

Pour 100 de betterave séchée. 1,475
— pulpe séchée. . . 2,085
— vinasse séchée. . 1,094

Il est à remarquer que la plus grande partie de l'azote contenu dans les eaux d'égouttage s'y trouve à l'état d'ammoniaque.

Il résulte de ces nombres que les eaux d'égouttage de la pulpe contiennent cinq fois moins de matières sèches ou alimentaires que la pulpe sortant des appareils distillatoires d'où elles s'écoulent, et représentent à peine cinq parties de cent parties sèches des matières contenues dans la betterave ; que la quantité d'azote est plus abondante dans la pulpe que dans la betterave et que dans les eaux d'égouttage, et que cet azote s'y trouve sous la même forme que dans les engrais.

Ces faits établissent que la plus grande partie des matières azotées ou nutritives se trouve solidifiée par la fermentation et la distillation dans les morceaux de betterave et concentrée sous un volume réduit dans la pulpe résidu de la distillation ; circonstance qui contribue à en faire une nourriture excellente pour le bétail, et d'autant plus avantageuse qu'elle possède la propriété de se conserver indéfiniment en silo. »

A l'occasion d'un procès soutenu par M. Leplay devant le tribunal de Vitry-le-Français, MM. Dumas, Pelouze et Bussy ont résumé la théorie qui suit dans leur rapport d'expertise judiciaire :

« Dans le procédé Leplay, la production du « jus doit être évitée avec le plus grand soin « avant comme après la fermentation ; l'esprit « du procédé consiste à ne pas produire de jus « du tout, à opérer la fermentation du sucre « dans la betterave elle-même ; tous les détails « du procédé tendent à réaliser cette condition « théorique.

« L'addition de l'eau ou d'une certaine quan-« tité de jus fermenté pour la mise en train « n'intervient que pour communiquer le mou-« vement de fermentation au sucre contenu dans « la betterave.

« Les chargements ultérieurs se font, avec « la betterave en morceaux, toujours sur le pied « de cuve, sans renouveler le jus fermenté, et « au moyen de nouvelles doses d'acide sulfurique « ajoutées toujours au même liquide.

« Sans vouloir porter un jugement sur la « valeur relative des vues théoriques qui ont « servi de base à ces deux brevets, et sans rien « préjuger même sur la valeur industrielle des « deux procédés, il est impossible de ne pas re-« connaître que le procédé Leplay crée en quelque « sorte une industrie nouvelle, qu'il constitue, « dans tous les cas, une application nouvelle en « supprimant, en principe et de fait, tous les « accessoires propres à la préparation et à l'ex-« traction du jus, tels que râpes, presses, appa-« reils pour l'amortissement et pour la macéra-

« tion, en remplaçant la distillation du jus ou « des matières pulpeuses à l'état de pâte par « la distillation directe des morceaux fermentés « . . . . que ce fait remarquable, « signalé et utilisé par M. Leplay, de la con- « servation, pour ainsi dire indéfinie, de la « propriété fermentescible dans le jus de bet- « teraves, par l'addition successive et indéfini- « ment répétée de l'acide sulfurique en pré- « sence des morceaux, ne pouvait être prévu « *a priori* ; qu'il donne au travail de Leplay un

« cachet et un caractère qui lui sont propres, etc. »

Cette théorie étant bien comprise, nous al- lons décrire son application à la betterave.

Le lavage s'opère par la vinasse chaude que la vapeur refoule des cylindres dans le laveur, et par l'eau du réfrigérant. Cette vinasse ne contient aucun des éléments constitutifs de la matière distillée, qui sont intégralement restés dans les morceaux. En l'employant au lavage,

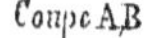

33. — Coupe-racines Leplay.
Élévation latérale.

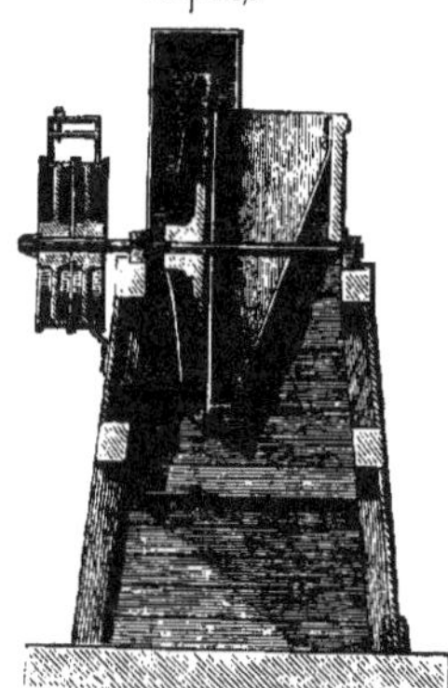

34. — Coupe-racines Leplay.
Coupe selon AB de la fig. 35.

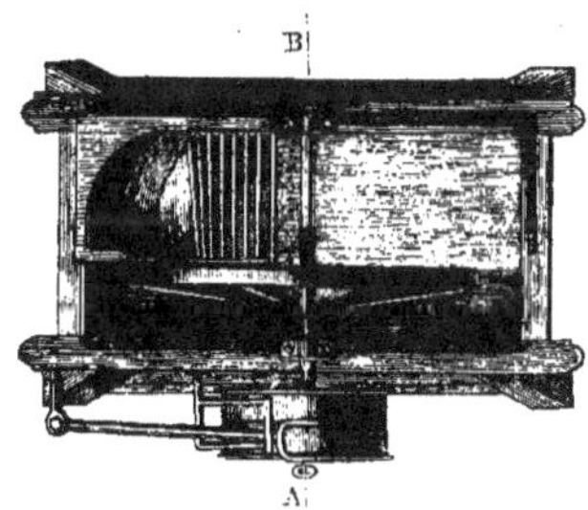

35. — Coupe-racines Leplay. Vue en dessus.

37. — Coupe-racines Leplay, détail du disque, coupe selon CD de la fig. 36, pour montrer le montage des lames.

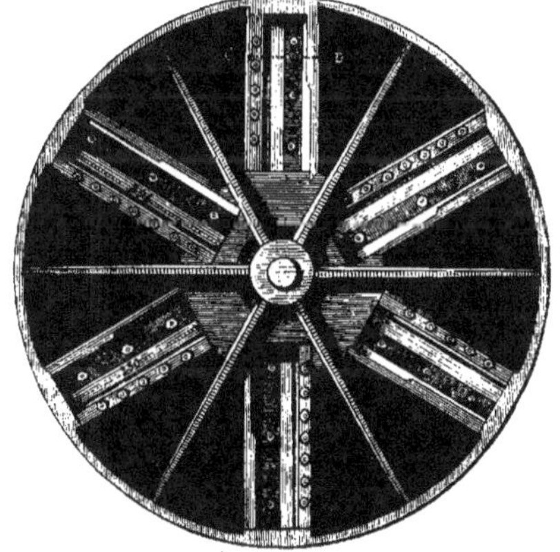

36. — Coupe-racines Leplay, plan du disque.

d'une part, à l'aide de la chaleur, on obtient un nettoyage plus parfait ; d'autre part, en éle- vant ainsi la température de la matière, on diminue d'autant le refroidissement des cuves lors de son immersion dans le bain fermenté.

Le service du générateur est prélevé égale- ment sur l'eau du réfrigérant.

Ces dispositions ont pour but d'économiser l'eau, si rare dans certaines localités, et de sub-

venir aux besoins de l'usine avec une simple mare dans laquelle les liquides échauffés ou sa- lis vont se refroidir ou se déposer pour être em- ployés à nouveau.

Quelles que soient les matières traitées, le travail de fermentation et de distillation reste le même ; la préparation des morceaux diffère seule. Les racines et les fruits sont découpés au moyen d'un coupe-racines (fig. 33, 34, 35, 36 et 37); les tiges sont soumises à un hache-paille. Ces deux instruments sont spécialement construits pour la préparation des morceaux, dont la forme et les dimensions jouent un grand rôle dans la marche de l'opération.

En effet, avec des morceaux trop gros la fermentation est plus lente; elle pénètre difficilement au centre; il pourrait même arriver qu'une certaine quantité de sucre lui échappât. Avec des morceaux trop petits ou des tranches minces, comme les donnent les instruments ordinaires, la distillation à son tour serait ralentie, difficile, et souvent incomplète, par les obstacles que rencontrerait, dans leur tassement, le passage de la vapeur, qui doit être régulier et uniformément réparti.

Pour les racines et les fruits les morceaux doivent avoir de 0^m,03 à 0^m,04 de largeur, 0^m,004 à 0^m,008 d'épaisseur. Leur longueur est à peu près indifférente.

Les tiges sucrées doivent être coupées en rondelles de 1 à 2 centimètres de longueur. On peut toutefois leur donner une plus grande dimension, 10 et même 20 centimètres par exemple, en les faisant passer entre deux cylindres cannelés, rapprochés de manière à les écraser, mais sans extraire le jus. On emploie à cet effet un hache-paille d'une grande énergie, superposé aux cylindres.

Pour les betteraves, la mise en train s'opère en remplissant une cuve aux 2/3 de morceaux et d'eau que l'on porte à la température maxima de 28° centigrades, et en ajoutant de 3 à 4 kilogr. d'acide sulfurique pour 1,000 kilogr. de racines.

Cette dose se réduit à 2 kilogr. 500 environ pour les tiges sucrées, et à 2 kilogr. pour les fruits.

On laisse macérer pendant quatre heures en brassant de temps en temps. On introduit environ 4 kilogr. de levûre de bière pour 1,000 kilogr. de morceaux, et on abandonne à la fermentation. Lorsqu'elle est terminée, on enlève les morceaux fermentés, et on les remplace par des morceaux frais, en quantité égale, sans extraction de liquide, mais avec la même dose d'acide que précédemment. On opère ainsi successivement quatre charges dans le même bain en réduisant successivement de 1 kilogr. la quantité de levûre. Le bain est alors complet et peut servir indéfiniment. Il ne deviendrait nécessaire de recourir à une addition de levûre que dans les cas très-rares où la fermentation se ralentirait par l'inobservation des conditions que nous allons indiquer.

Le nombre de cuves en rapport avec l'importance de la fabrication ayant été traité ainsi, le travail entre en roulement.

Indépendamment des conditions générales d'une bonne fermentation que nous avons étudiées précédemment, chaque procédé a des conditions spéciales et inhérentes à son mode de travail; celles qu'indique M. Leplay sont les suivantes :

1° Un état de division particulier de la matière, ainsi que nous l'avons vu précédemment;

2° Un rapport constant entre le volume du bain et celui de la matière, qui doit être de 2 litres du premier par chaque kilogr. du second.

Le défaut de cette proportion ralentit la fermentation. A la vérité le rendement alcoolique n'en est pas diminué; mais, pour obtenir de la régularité dans l'ensemble du travail, il est important que la fermentation s'achève dans un temps déterminé.

3° Une température convenable et régulière.

On doit apporter un grand soin à maintenir la température de la cuve entre 20 et 28 degrés. Au dessous la fermentation languit; au dessus l'acide acétique pourrait se produire aux dépens de l'alcool et altérer rapidement la qualité du bain; à 50 degrés ses propriétés fermentescibles seraient entièrement détruites.

A chaque nouvelle charge la température de la cuve s'abaisse en raison de celle initiale des morceaux. Si elle descend au-dessous du minimum indiqué, ce qui n'arrive guère que dans les grands froids, on la relève aussitôt par un barbotage gradué de vapeur en brassant le liquide afin de le réchauffer uniformément. Le volume du bain s'augmentant dans ce cas, peu à peu, par la condensation de la vapeur, on distille de loin en loin la quantité en excès. C'est la seule exception que rencontre, dans le travail, le principe de la fermentation directe des morceaux.

Quant au dosage de l'acide, il varie selon l'état d'appropriation et la qualité des betteraves, l'époque du travail, etc.; en moyenne il est compris entre 1 et 2 kilogr. par 1,000 kil. de betteraves. Dans ce procédé, s'il arrivait, toutefois, que la fermentation normale fût entravée, les altérations du sucre contenu dans les morceaux ou des propriétés fermentescibles du bain se produiraient avec assez de lenteur pour qu'on puisse y remédier sans perte sur le rendement et sans obligation de renouveler le bain. On s'en aperçoit toujours à temps. Ainsi, si la dose d'acide est trop faible, que la fermentation s'allanguisse et devienne visqueuse, on augmente cette dose aux opérations suivantes en ajoutant, dans les deux ou trois premières charges, 1 kilogr. de levûre par 1,000 kilogr de matières.

Si, au contraire, l'acide était en excès et mutait le jus, le sucre contenu dans les morceaux n'en serait pas altéré. Il donnerait le même rendement après le rétablissement de la fermentation normale. Il suffirait alors de transvaser les morceaux de la cuve mutée dans une autre, sans y ajouter d'acide, et de recharger la première, également sans acide, mais avec addition de levûre.

Enfin on emploierait les mêmes moyens si le

trouble dans la fermentation était dû à un excès de température.

Toutes les nuits, les jours de dimanches et fêtes, et même pendant un mois, le travail de l'usine peut être suspendu sans inconvénient et souvent même avec une amélioration dans le rendement, à la condition de conserver les cuves en chargement complet, sans enlever le couvercle à claire-voie qui maintient les matières immergées.

A la reprise, si l'interruption n'a pas dépassé un jour ou deux, la fermentation repart d'elle-même sur un nouveau chargement. Après un temps plus long, l'addition d'un kilogr. de levûre par 1,000 kilogr. de matières lui rend immédiatement toute son activité. Le bain devient ainsi, en quelque sorte, un outil de fermentation, restant à l'entière disposition du distillateur et transmettant, à la manière de l'aimant, toutes ses propriétés sans subir de dépréciation.

La distillation s'opère en faisant passer un courant de vapeur à travers les morceaux dans des conditions telles qu'ils conservent leur forme primitive après la distillation. Nous avons vu les inconvénients que leur déformation ou leur transformation en matière pâteuse apporteraient dans le travail distillatoire. Si les tiges sucrées présentent toujours une résistance suffisante, il n'en est pas de même des racines ou des fruits qui se délitent facilement sous l'influence de la vapeur à une pression de plusieurs atmosphères.

L'appareil distillatoire consiste en une colonne traversée par une tige qui supporte des diaphragmes percés de trous, d'un diamètre calculé pour laisser passer la vapeur et l'eau de condensation. (Voyez plus loin les dessins et les légendes.)

C'est sur ces diaphragmes qu'on étend les morceaux en couches égales et régulières dont l'épaisseur doit être proportionnelle à leur aptitude à se déliter. Leur nombre ainsi que leur écartement varie dans les mêmes proportions. Pour les betteraves, les topinambours et les carottes, cet écartement est de 12 à 18 centimètres.

Le diaphragme de la base laisse, entre lui et le fond, un vide égal au 5e environ de la hauteur de la colonne pour recevoir les eaux de condensation. La petite quantité d'alcool qu'elles pourraient retenir leur est enlevée en les faisant traverser en barbotage par la vapeur. On les écoule ensuite par un robinet placé un peu au-dessus de l'arrivée du tuyau barboteur, qui doit toujours être noyé.

Cette précaution amortit le jet de vapeur, l'empêche de soulever les morceaux et de se frayer un passage trop rapide qui rendrait l'épuisement incomplet.

Après avoir traversé ce double fond la vapeur pénètre à travers les morceaux du 1er diaphragme, les échauffe jusqu'à leur centre, s'em-pare de leur alcool et s'enrichit de plus en plus dans les couches successives.

Dans cette opération chaque morceau et même chaque cellule devient un organe de rectification, une sorte d'appareil dans lequel se produisent les phénomènes de la condensation des vapeurs aqueuses en même temps que de l'enrichissement des vapeurs alcooliques. Cette action se répète successivement dans chaque couche ; les supérieures donnent des vapeurs d'un fort degré quand déjà celles inférieures sont descendues à zéro.

La moyenne des produits obtenus d'une seule colonne serait d'un trop faible degré pour être soumise à la rectification ; on fait alors passer les vapeurs dans une seconde colonne, dont elles attaquent les couches inférieures en abandonnant les couches supérieures de la première. En établissant la communication dès que les vapeurs de la 1re tombent à 25 ou 30°, on obtient, de la seconde, des produits à 50 ou 55°. En tout cas ce degré varie naturellement avec la hauteur et le nombre des colonnes, c'est-à-dire des couches traversées. Le chargement et le déchargement s'opèrent diaphragme par diaphragme, au moyen d'une petite grue pivotant, d'un chariot mobile ou d'une simple poulie.

L'appareil de distillation complet comporte trois colonnes ; l'une est en charge pendant que les deux autres sont en train. Chaque colonne communique, par des tuyaux munis de robinets, d'une part, et de haut en bas, avec les deux autres ; d'autre part, inférieurement, avec le générateur ; d'autre part enfin, supérieurement, avec le réfrigérant. Cet appareil peut se construire à toute échelle, depuis l'appareil de laboratoire, de 1 litre de capacité, jusqu'à l'appareil manufacturier, traitant 50 à 100,000 kilogr. par 24 heures. La manœuvre reste la même.

Comme la mise en train s'opère avec de l'eau, le titre des premières fermentations est faible ; on n'arrive à un rendement normal qu'après 4 ou 5 fermentations dans le même bain. A la fin du travail on distille les fonds de cuve, et on obtient par litre un rendement à peu près égal à celui de 1 kilogr. de morceaux fermentés.

La pulpe, qui a été soumise pendant plusieurs heures à l'action d'un courant de vapeur à trois atmosphères environ, est parfaitement cuite. A l'exception du sucre, qui en est complétement enlevé si l'opération a été bien conduite, toutes les matières gommeuses et azotées, qui constituent la valeur nutritive de la betterave, y ont été coagulées par la fermentation et la distillation et s'y retrouvent intégralement. Aucun ferment ne peut s'y reproduire, et sa conservation est assurée sans même qu'on soit obligé de la soustraire au contact de l'air. Sa teneur en azote et ses qualités spéciales pour l'alimentation du bétail ont été indiquées dans l'exposé théorique.

Le traitement de toutes les autres matières

pouvant fermenter en morceaux s'opère dans les appareils et par les moyens que nous venons de décrire.

Plus les morceaux sont susceptibles de se déliter sous l'influence de la vapeur, plus il faut que les couches soient minces. Celles composées de racines tendres, comme les navets, ou de fruits charnus, doivent être moins épaisses que celles des betteraves. Quant aux tiges sucrées, telles que le sorgho, le maïs, etc., que la vapeur ne saurait déformer, on pourrait sans inconvénient les distiller en couches de plusieurs mètres de hauteur. L'emploi des diaphragmes n'a plus alors d'autre utilité que de faciliter le chargement et le déchargement. Dans ce but on les espace de 50 à 60 centimètres.

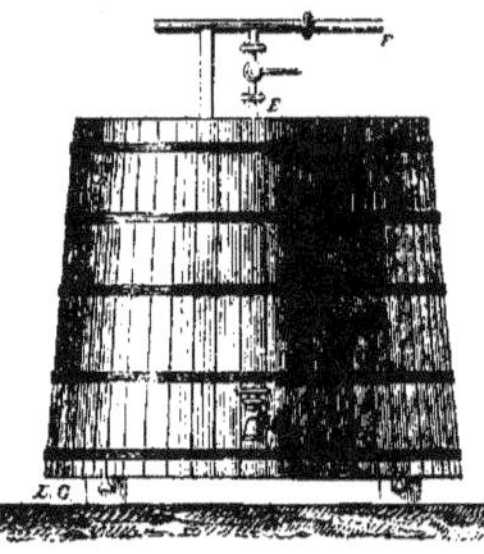

38. — Cuve à fermentation du système Leplay. Élévation.

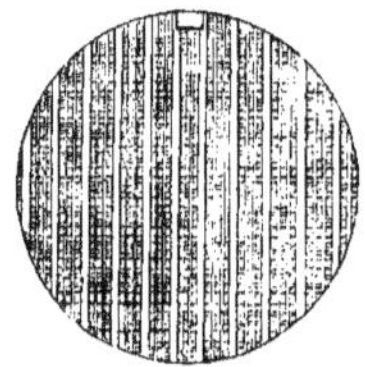

40. — Cuve à fermentation du système Leplay. Couvercle à claire-voie.

morceaux en deux parties s'assemblant.

Fig. 40. Couvercle à claire-voie, composé de linteaux croisés laissant un vide égal au plein et destiné à maintenir les morceaux, immergés.

— 41. Plan du dessus de la cuve lorsque le couvercle est mis en place. Il est maintenu par deux barres BB, qui s'engagent sous les tasseaux CCCC. La fig. 39 montre en coupe cette disposition, et on voit en D, dans la fig. 38, le boulonnement de ces tasseaux.

— 42. Plan d'une distillerie Leplay.

— 43. Élévation longitudinale intérieure. Les mêmes lettres indiquent les mêmes

Matériel d'une distillerie du système Leplay, pour une fabrication de 10,000 kilogr. de betteraves par 24 heures :

Coupe-racines.

Fig. 33. Coupe-racines en élévation latérale, côté de la commande.

— 34. Coupe verticale selon AB de la fig. 35.

— 36. Vue en dessus.

— 37. Plan du disque, avec un détail donnant la coupe des couteaux selon C D.

Cuve à fermentation.

— 38. Élévation latérale. La cuve est munie inférieurement d'un robinet de vidange et supérieurement d'un tuyau de vapeur E tranché sur la conduite générale F, qui sert à réchauffer le bain.

— 39 Coupe verticale de la cuve remplie de

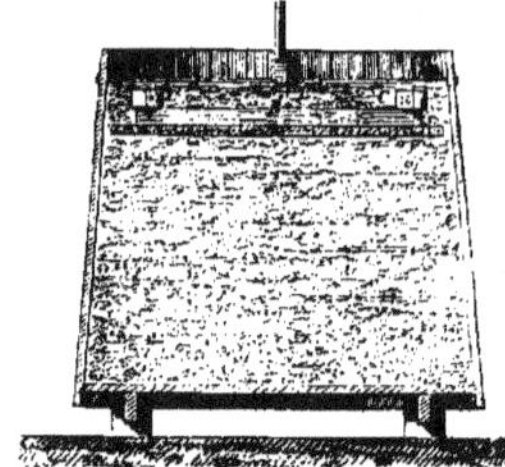

39. — Cuve à fermentation du système Leplay. Coupe verticale.

41. — Cuve à fermentation du système Leplay. Vue en dessus.

objets dans les figures 42 et 43. A laveur, B coupe-racines, C manège à cheval pouvant être remplacé par une machine à vapeur. Il commande tous les appareils en mouvement. D arbre de couche. E générateur. H réservoir à eau. I appareil distillatoire composé de trois colonnes. L grue pour le chargement et le déchargement des colonnes. N cuves à fermentation. P vidange des pulpes. Q réservoir à pulpes.

Fig. 44. Élévation transversale intérieure, côté du laveur.

— 45. Élévation transversale intérieure, côté des colonnes.

Appareil distillatoire à 3 colonnes.

Fig. 46. Vue en dessus de l'appareil.
— 47. Élévation latérale de l'appareil.

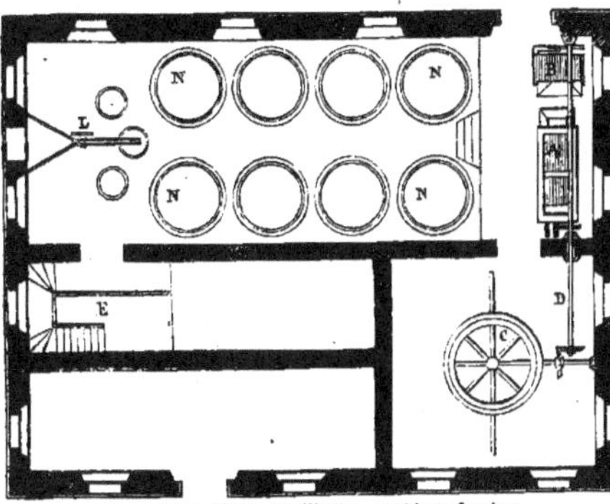

42. — Plan d'une distillerie, système Leplay.

Les mêmes lettres indiquent les mêmes objets dans les fig. 46 et 47.

A, A', A'' colonnes distillatoires.

Toute la tuyauterie est combinée de telle sorte que chaque colonne est mise à volonté en rapport supérieurement et inférieurement avec chacune des deux autres, avec le générateur et avec le serpentin.

Cette transmission circulaire a pour organes principaux deux conduites générales de vapeur l et j, rattachées au générateur et au serpentin, et distribuant, à chaque colonne, soit des vapeurs d'eau, soit des vapeurs alcooliques. Les colonnes communiquent : 1° avec le générateur en h, h' h'' ; 2° au même point et de haut en bas entre elles par les tuyaux i, i', i', m, m', m'', k, k', k'' ; 3° entre elles et avec les conduites générales et le réfrigérant par les tuyaux

43. — Élévation longitudinale intérieure d'une distillerie Leplay.

44. — Élévation transversale intérieure d'une distillerie Leplay. Côté du laveur.

45. — Élévation transversale intérieure d'une distillerie Leplay. Côté des colonnes.

p, p', p'', m, m', m'', n, n', n''. En o, o', o'', les robinets de ces transmissions ; g, g', g'', sont les robinets de vidange pour les eaux de condensation.

Détails d'une colonne.

Fig. 48. Couvercle en fonte boulonné.

Fig. 49. Diaphragme en fonte muni de sa douille (coupe verticale).

— 50. Diaphragme vu en dessus pour indiquer ses nervures.

— 51. Diaphragme vu en dessous.

— 52. Coupe verticale d'une colonne armée de sa tringle de fer *c* et de ses diaphragmes *d*; *e* indique l'espace vide entre le fond et le diaphragme inférieur; *f* est le barboteur.

Pour répondre aux conditions de l'industrie agricole diverses modifications ont été apportées au système d'installation qui vient d'être décrit. Ainsi un générateur hémisphérique, d'une longueur suffisante, reçoit, dans des tubulures boulonnées, les fûts des trois colonnes distillatoires

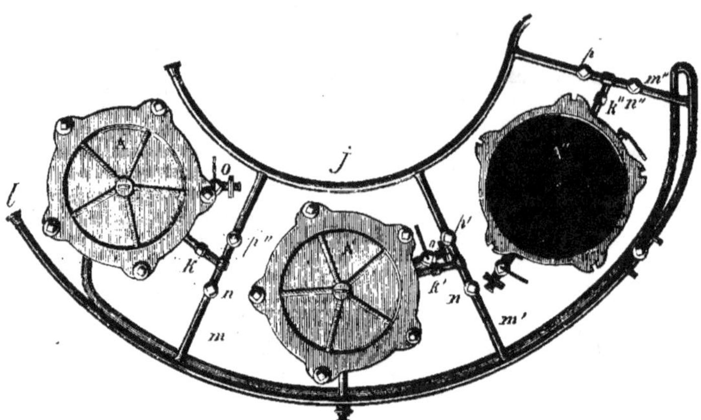

46. — Appareil distillatoire à 3 colonnes, système Leplay. Vue en dessus.

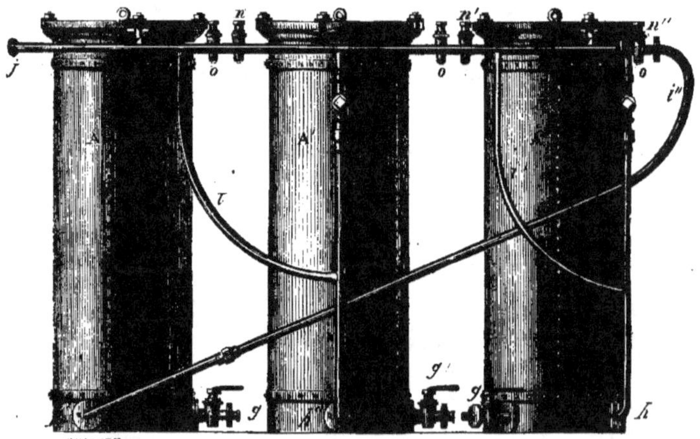

47. — Appareil distillatoire à 3 colonnes, système Leplay. Élévation latérale.

disposées sur la même ligne. C'est par ces tubulures que monte la vapeur d'eau et que retournent au générateur les produits de la condensation. La tuyauterie simplifiée n'a plus qu'à établir les rapports des colonnes distillatoires entre elles et avec le refrigérant. Celui-ci, placé à l'extrémité du générateur, est supporté par des poteaux qui supportent également le réservoir d'eau. A ces poteaux s'appuient, d'un côté, la cheminée du générateur, de l'autre, une grue à poulie courante.

L'ensemble forme, pour ainsi dire, un même appareil qui se bâtit chez le constructeur et s'assemble sur place en évitant les tâtonnements et les frais de l'installation.

Ces modifications ont également pour but de

rendre écouomiquement praticables dans la ferme les opérations élémentaires de la sucrerie et de résoudre le problème des siropteries agricoles.

Les études auxquelles s'est livré M. Leplay sur la richesse saccharine des betteraves, et dont les résultats ont été reproduits précédemment, établissent que celles provenant d'une même culture et d'un même champ contiennent des quantités très-variables de sucre et de ces matières étrangères au sucre qui en empêchent la cristallisation.

Il en résulte que dans toute culture on produit et que dans toute fabrique de sucre on emploie des betteraves qui ne devraient jamais entrer dans cette fabrication, car elles constituent le fabricant en perte.

Mais, si elles doivent être rejetées de la sucrerie, elles peuvent être utilisées à la production de l'alcool.

Il serait donc important, pour placer l'industrie agricole dans les meilleures conditions économiques, de tenir compte de ce fait, de n'employer à la fabrication du sucre que les meilleures betteraves, et de réserver les autres pour la distillation.

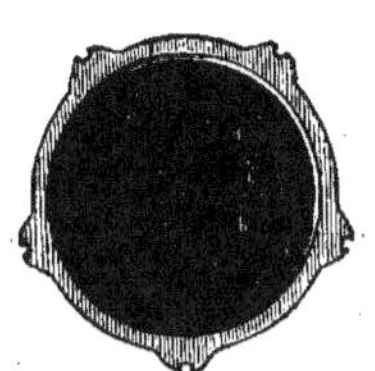

48. — Colonne distillatoire Leplay.
Couvercle de la colonne.

50. — Colonne distillatoire Leplay.
Diaphragme vu en dessus.

51. — Colonne distillatoire Leplay.
Diaphragme vu en dessous.

Des caractères extérieurs, facilement reconnaissables par des ouvriers un peu exercés, permettent d'opérer le triage dans les champs lors du chargement.

On pourrait avoir ainsi dans la ferme deux époques de fabrication : l'une, pour les sirops, d'octobre à fin décembre ; l'autre, pour la distillation, de janvier à mars.

Pour que l'agriculture puisse profiter des avantages de cette combinaison, il faut que le même appareil, employé à la production du jus ou des sirops, puisse être également employé à la distillation, ou, en retournant le problème, que l'appareil de distillation puisse être utilisé à l'extraction du jus et à la fabrication des sirops.

Le nouvel appareil destiné au traitement des morceaux de betteraves fermentés réunit ces conditions. Il peut donner à volonté, à une heure d'intervalle, ou des produits alcooliques ou des sirops, sans aucun changement dans son installation et sans grande modification dans sa marche.

Pour obtenir ce double résultat il suffit de placer sur les diaphragmes que renferme l'appareil ou des morceaux de betteraves fermentés, qui donnent des flegmes, ou des morceaux non fermentés, qui donnent du jus sucré.

Ce jus est extrait dans des conditions telles qu'aucune altération du sucre n'est possible. Il peut en sortir à 10 ou 12 degrés Baumé, et faire ainsi un demi-sirop. A l'aide d'un accessoire de peu d'importance on l'obtiendrait concentré à 32 degrés.

Cet appareil peut donc suffire non-seulement à l'extraction du jus de la betterave, mais encore à la fabrication d'un sirop complet.

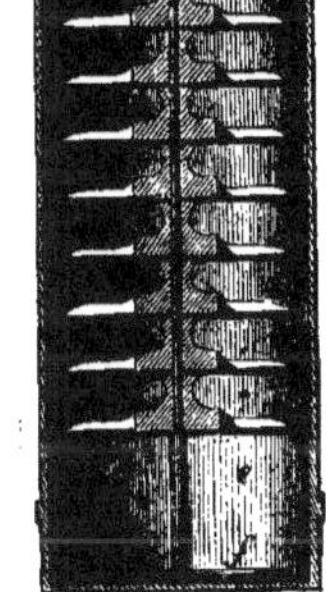

49 — Colonne distillatoire Leplay.
Coupe du diaphragme.

52. — Colonne distillatoire Leplay.
Coupe verticale.

Les distilleries déjà existantes, fonctionnant par le procédé de fermentation directe, peuvent être transformées à peu de frais, et l'installation économique des sucreries agricoles aurait fait un grand pas.

Six modèles du dernier type décrit ont été adoptés pour traiter, par 24 heures, de 600 à 20,000 kilogr. Au-dessus de ce chiffre, bien suffisant d'ailleurs pour des usines agricoles, il faut revenir aux premières dispositions, au moyen desquelles on pourrait travailler jusqu'à 150,000 kilogr. par 24 heures.

Le tableau ci-contre donne les devis, pour les six modèles, dans le cas d'une distillerie simple ou avec les accessoires nécessaires à une distillerie - siropterie.

Appareil continu pour la distillation en nature des racines ou des tiges sucrées.

A la suite des procédés de M. Leplay vient naturellement se placer l'appareil construit par un distillateur belge des plus distingués, M. J. Van Volxem, pour opérer d'une manière continue la distillation des cossettes fermentées en nature. Le dessin de cet appareil, qui fonctionne dans l'usine de Hal, est rapporté par M. Lacambre, dans son traité de distillation.

La figure 53 le montre en coupe verticale.

a, colonne en fonte composée de onze plateaux semblables, d'un chapeau, et d'un fond muni de quatre pieds qui portent tout l'appareil. Ces différents plateaux sont assemblés au moyen de brides et de boulons.

Numéros des modèles.	Quantité de racines par 24 heures.	Appareil pouvant être monté sur place sans frais d'installation.	Cuves de fermentation.		Pompe avec ses tuyaux.	Coupe-racines.	Laveur.	Accessoires.	Manége et transmissions.	Total par numéro.	Avec accessoire pour distillerie siropterie. Total par numéro.
			Nombre	Sommes.							
Nos.	kilogr.	francs.								francs.	francs.
1	600	1,500	2	100	100	90	120	90	»	2,000	2,500
2	1,200	2,800	4	280	100	90	140	90	»	3,500	4,500
3	2,500	3,500	6	600	120	90	150	100	»	4,560	5,800
4	5,000	4,600	6	900	150	90	150	120	1,300	7,310	8,700
5	10,000	6,500	8	1,200	200	180	180	160	1,350	9,770	11,600
6	20,000	10,000	10	1,500	250	900	250	260	1,350	13,810	15,800

a d, arbre vertical concentrique à la colonne.

c, bras en fonte ou en bronze, fixés sur l'arbre au moyen d'une vis.

53. — Appareil continu de Van Volxem pour la distillation en nature des racines ou des tiges sucrées.

d, ouvertures pratiquées dans le fond de chaque case ou plateau.

e, e', e'', appareil d'alimentation continu avec fermeture hydraulique, composé d'une trémie *e*, et d'une vis d'Archimède à jour *e'*, qui sert à monter la cossette au fur et à mesure qu'elle tombe dans la trémie *e*. La vis est mise en jeu par un engrenage *e''*, et un petit arbre portant une vis sans fin.

f, trémie pour la décharge des cossettes épui-sées. L'extrémité de cette trémie plonge dans un réservoir d'eau ou de vinasse au bas duquel une chaîne sans fin, à godets percés, enlève les cossettes au fur et à mesure qu'elles sortent de la colonne distillatoire.

j, petit arbre recevant un mouvement de rotation variable au moyen des poulies *j'* et le transmettant à l'arbre vertical *a d*, au moyen d'une vis sans fin et d'un engrenage *j''*.

k, boîtes à bourrages.

l, tubulures pour nettoyer l'intérieur de la colonne. Chaque plateau est muni d'une tubulure semblable; ces tubulures ne sont point visibles sur la coupe donnée.

p, jambe de force en fonte pour fixer l'appareil d'alimentation sur la colonne.

r, pierre de fondation sur laquelle repose l'arbre de la colonne.

1. Tubulure sur laquelle se trouve placé un regard pour visiter l'appareil d'alimentation.

2. Sortie des vapeurs alcooliques.

L'arrivée de la vapeur se fait latéralement au-dessus de la trémie de décharge.

Marche de l'opération. D'abord on remplit de vinasse ou d'eau l'appareil d'alimentation, pour que les vapeurs alcooliques ne puissent sortir par la trémie *e*; puis on y verse les cossettes fermentées que la vis d'Archimède entraîne, d'une manière continue, sur le plateau supérieur de la colonne. Les bras courbes *c* les amènent lentement au centre de ce plateau, d'où elles tombent sur le plateau inférieur. Les bras de celui-ci, courbés en sens contraire aux premiers, les poussent alors à la circonférence et les font tomber sur le troisième plateau; de sorte que, par ces mouvements contraires alternés, les cossettes descendent de case en case, tantôt par le centre, tantôt par la circonférence, en suivant une marche inverse à celle de la vapeur, qui monte d'une case à l'autre, pour attaquer les cossettes dont elles sont couvertes.

Lorsque celles-ci sont épuisées elles sortent par la trémie inférieure, qui plonge dans un récipient plein d'eau ou de vinasse, d'où un élévateur à chaîne sans fin les enlève d'une manière continue.

Distillerie de M. L. Renard.

Nous l'avons déjà dit : il ne faut attendre de l'industrie de la distillation tous les résultats féconds dont elle est la source que lorsqu'elle aura pénétré dans les petites exploitations. C'est là qu'elle sera le plus complétement, le plus économiquement utilisée, et tout ce qui contribue à l'y introduire doit être accueilli avec un sérieux intérêt.

Un habile agronome du département de la Haute-Marne, M. Louis Renard, a apporté, à l'installation du système que nous venons de décrire, d'ingénieuses simplifications pour l'approprier à une très-petite fabrication.

La distillerie qu'il a montée dans son domaine de Vaudainvillers travaille, en 12 heures, 1,000 kilogr. de betteraves, n'emploie qu'un seul ouvrier aidé d'un enfant, et n'a coûté que 1,600 francs.

Le matériel se compose des objets suivants, représentés dans les fig. 54, 55 et 56. Les mêmes lettres indiquent les mêmes objets dans chaque figure.

A, chaudière en cuivre revêtue de maçonnerie, pourvue d'un tuyau d'alimentation, d'un robinet de vidange, et contenant trois hectolitres.

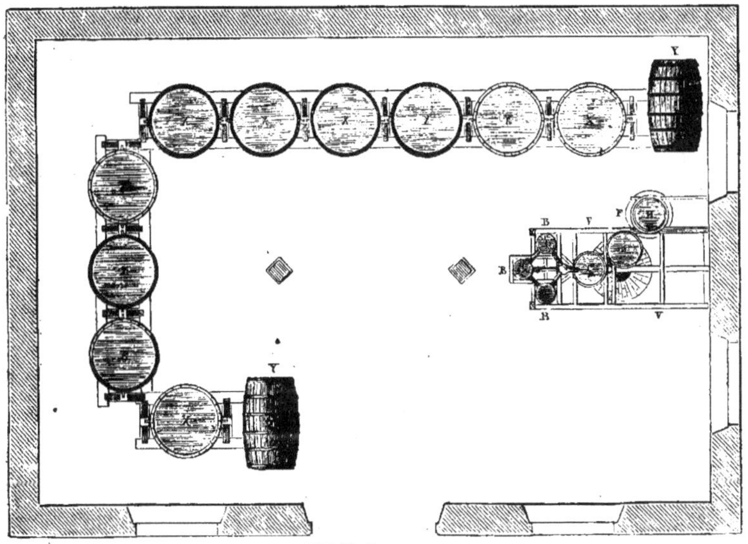

Echelle de 0,0095 p. m

54. — Plan de la distillerie de M. L. Renard.

B, B, B, colonnes de distillation en cuivre, de 2 mètres de hauteur et d'un diamètre de $0^m,25$. Chaque colonne est munie, au tiers supérieur de sa hauteur, d'un double épaulement par lequel elle est suspendue dans un cadre en charpente.

C, chauffe-vin renfermant un 1er serpentin de 3 spires.

D, chauffe-jus renfermant un 2e serpentin, id.

E, tuyau mettant en communication la chaudière et le chauffe-vin C.

F, réfrigérant renfermant un 3e serpentin de 8 spires.

Z, sortie des flegmes.

Ces trois serpentins n'en forment, en réalité, qu'un seul, développant trois étages de spires dans trois bacs.

G, tuyau mettant en communication le réfrigérant et le réservoir d'eau.

H, réservoir d'eau froide.

I, tampon mobile en cuivre fermant la colonne par le bas. Il se fixe, au moyen de 3 boulons à écrous, dont un est à charnière, dans les œils rivés à la paroi de la colonne. Le fond est pourvu d'un orifice I, fermé par une broche, pour écouler les eaux de condensation pendant le travail de la colonne.

J, couvercle supérieur de la colonne.

K, tuyau à trois branches mettant en communication la chaudière et les colonnes.

L, tuyau semblable au précédent, mettant en communication les serpentins et les colonnes.

M, M, M, tuyaux mettant en communication les colonnes entre elles de haut en bas.

O, diaphragmes composés de deux feuilles de bois superposées à fil croisé et chevillées. Leur surface est percée de plusieurs petits trous ; au centre est un trou plus grand que traverse la tringle S. Ils ont une épaisseur de $0^m,03$.

P, douille de $0^m,27$ de longueur, servant à maintenir l'écartement entre chaque diaphragme.

S, tringle sur laquelle on enfile les douilles P et les diaphragmes O.

Q, clavette sur laquelle repose la douille inférieure et conséquemment toute la charge de la colonne.

R, clavette au moyen de laquelle on suspend,

55. — Vue intérieure de la distillerie de M. Renard.

servoir et dans la distillerie, un coupe-racines à disque complètent l'outillage. Ces derniers instruments se trouvent dans toutes les fermes. Entre temps, le personnel non occupé se charge de leur manœuvre.

Nous connaissons la marche générale du système ; peu de mots suffiront pour expliquer comment on opère ici.

Nous avons 10 cuves à fermentation ; on ne travaille que de jour et on en distille 3 par jour. On met en train, à un jour d'intervalle, par série de 3, en chargeant successivement chaque cuve d'environ 335 kilogr. de betteraves pour 4 hectolitres de jus fermenté.

La durée des premières fermentations est variable ; mais elle ne tarde pas à se régulariser

dans la colonne même, la tringle chargée des diaphragmes.

T, traverse reposant, à l'intérieur de la colonne, sur deux mentonnets et supportant, par la clavette R, la tringle suspendue.

U, ferrement à trois branches servant à supporter la tringle pendant le chargement de chaque colonne et se fixant à la colonne de la même manière que le tampon I.

V, charpente supportant les colonnes et le plancher de service.

X, 10 cuves à fermentation. Chaque cuve contient 8 hectolitres. Elle est suspendue sur un châssis par deux tourillons ; on l'incline pour la décharger. L'écartement de ces cuves est ménagé de manière à permettre à un homme de tourner autour de chacune d'elles.

Y, tonneaux à flegmes.

Tous les tuyaux sont munis de robinets. Une brouette, quelques paniers et baquets à main, une pompe extérieure qui donne l'eau au ré-

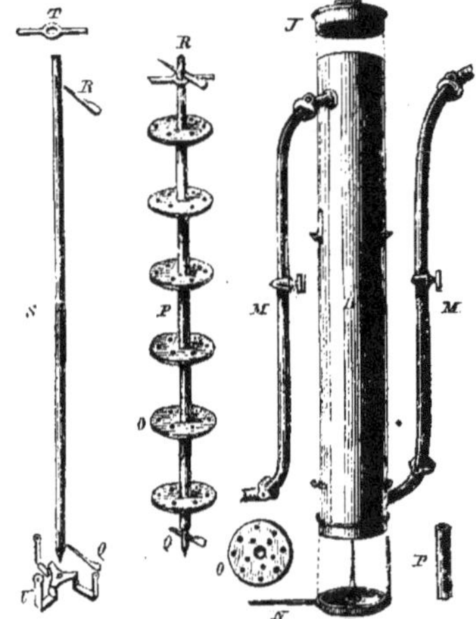

56. — Détails d'une colonne de la distillerie de M. Renard.

au bout de quelques jours, et on l'obtient en 24 heures. Alors on est en bon roulement. On sait d'ailleurs qu'il n'y a aucun inconvénient à attendre plusieurs jours pour distiller une cuve dont la fermentation est terminée. Un double-fond à jour maintient les cossettes immergées et la cuve est couverte.

Voici donc ce qui se passe.

La fermentation est terminée dans les cuves nos 1, 2 et 3 ; elle le sera 24 heures plus tard dans les nos 4, 5 et 6, et 24 heures plus tard encore dans les nos 7 8 et 9. Enfin le n° 10 a reçu, en même temps que les premières cuves, un hectol. de jus sans cossettes, qui est fermenté.

L'ouvrier allume le feu sous sa chaudière, verse dans le chauffe-vin C le jus du n° 10 ; le remplace par une charge de betteraves acidulées au millième au coupe-racines ; soutire le jus du n° 1 ; en verse les 3/4 sur ces betteraves; place le double fond , et abandonne le n° 10. Il revient ensuite à la cuve n° 1; verse le reste de son jus dans le chauffe-jus D; incline cette cuve, enlève les cossettes, et les porte sur le plancher des colonnes.

Pendant ces manœuvres il a donné la vapeur à la colonne n° 3. Nous savons que, d'une colonne quelconque, la vapeur ne se rend au réfrigérant F qu'en parcourant le chauffe-vin C et le bac ou chauffe-jus D. Le couvercle de la colonne n° 1 est enlevé, ainsi que le tampon du bas; la tringle est supportée par le ferrement U; le premier diaphragme est à sa place; un baquet placé au-dessous recevra le jus qui pourra s'écouler.

Alors il charge cette colonne en y introduisant successivement cossettes, diaphragmes et douilles; suspend la tringle par la traverse T ; démonte le ferrement U; ferme la colonne à ses deux extrémités; lui donne la vapeur; charge de même la colonne n° 2 et la met aussitôt en communication avec la première. A ce moment le jus du chauffe-vin C est à la température voulue pour aller compléter le chargement en jus de la cuve n° 10 et y rétablir la température abaissée par la charge des cossettes. Après ce réchauffement la fermentation s'y développe régulièrement; il n'y a plus à s'en occuper.

Pour tout le reste de la journée, et tant qu'on ne rectifiera pas, ce jus sera remplacé dans le chauffe-vin C par de l'eau qui ira alimenter la chaudière; lorsqu'on rectifiera, les flegmes prendront la place de l'eau.

La première colonne s'épuise pendant qu'on charge la troisième, qui est mise aussitôt en communication avec la seconde; et ainsi de suite.

La cuve n° 1 rentre en charge. Elle reçoit à son tour, sur ses cossettes, le jus du n° 2, réchauffé par le jus du bac D, qui est immédiatement remplacé. A la fin de la journée les cuves n°ˢ 1, 2 et 3 auront été distillées , et les cuves n°ˢ 10, 1 et 2 se trouveront mises en fermentation.

Chaque colonne contient le tiers d'une cuve et s'épuise en une heure. En 9 heures le roulement est achevé. Enfin, avant de se retirer, l'ouvrier lave avec soin, à l'eau acidulée, la cuve n° 3, par laquelle le roulement recommencera le lendemain.

Nous avons vu que deux colonnes travaillent pendant que la troisième est en charge. Lorsque la première est épuisée, il place au-dessous une brouette à tombereau. Il démonte le tampon I, enlève la clavette Q de la tringle, et aussitôt douilles , diaphragmes et cossettes tombent à la fois dans la brouette.

Par le travail de deux colonnes, et en raison de leur faible hauteur, on n'obtient qu'une moyenne de 30 degrés dans les flegmes. On augmente ce degré selon le besoin par une rectification directe ou indirecte.

La rectification directe s'opère en faisant passer la vapeur produite par les flegmes dans une ou deux colonnes vides. Celles-ci jouent alors un premier rôle réfrigérant.

Dans la rectification indirecte les colonnes sont chargées comme à l'ordinaire, et les vapeurs des flegmes s'enrichissent comme si elles traversaient deux colonnes de plus.

Par ces combinaisons on obtient le degré voulu.

Le travail d'une semaine produit de 8 à 9 hectolitres de flegmes à 30°, et le rendement est de 4 à 4,5 par 100 kilogr. de betteraves.

On peut, dans les mêmes colonnes, distiller du grain, des marcs de raisins ou de cidres , et faire cuire en nature, pour les saccharifier et les distiller ensuite , 40 hectolitres de pommes de terre en 12 heures.

Enfin la dépense de combustible est , par jour, de deux décistères de bois de charbonnette, valant 2 fr. dans le pays.

Les pulpes sont consommées, à mesure de leur production, en mélange avec des fourrages hachés, et avec des tourteaux lorsqu'il s'agit de bétail à l'engraissement.

On le voit, rien n'est plus simple que cette petite usine, plus à la portée de l'assolement, des ressources et du personnel de la plus modeste exploitation. Quatre ou cinq hectares de betteraves l'alimentent pendant toute une campagne. Qu'on en récolte 10 hectares; il suffira de continuer le travail pendant la nuit et d'ajouter 2 ou 3 cuves pour obvier aux retards qui pourraient survenir dans la marche des fermentations. Voilà toute la dépense supplémentaire pour doubler les résultats.

Le jury du concours régional de Chaumont, en 1858, a récompensé d'une médaille d'argent le service que M. Renard avait rendu par ce bon exemple.

Procédé Kessler.

Ce procédé, que son auteur nomme *Système général de distillerie-sucrerie-féculerie* , a pour but, ainsi que l'indique cette dénomination , d'installer dans la ferme un outillage qui puisse s'appliquer, sans complications , au traitement de la plus grande partie des produits agricoles, en vue d'en obtenir de l'alcool, du sirop ou de la fécule.

Il n'est connu du public que depuis le concours national de 1860, où une médaille d'or a été décernée à son principal organe, la table de déplacement.

Nous laissons la parole à M. Kessler pour en exposer les principes.

« Dans notre système, dit-il, la betterave, au lieu d'être découpée en tranches au moyen du coupe-racines, est réduite en particules excessivement divisées par l'emploi de la râpe qui en déchire toutes les cellules.

« C'est sur la pulpe ainsi produite que nous

opérons l'entier déplacement du jus en le chassant à l'aide d'un liquide étranger qui reste engagé, en son lieu et place, à l'intérieur de sa masse.

« L'opération se fait à froid. Elle réunit donc à l'avantage de travailler la betterave sans qu'elle ait subi aucune cuisson , sans qu'elle ait reçu les germes d'altération qui en sont la conséquence et sans aucun emploi de combustible , celui de ne faire fermenter et de ne distiller que des jus. Rien n'empêche, cependant, d'exécuter à chaud l'extraction de nos jus ; seulement nous ne le conseillons pas à cause du danger des fermentations lactiques.

« Cette opération consiste à chasser de la pulpe, par voie de simple filtration , le jus qu'elle contient à l'aide d'un autre liquide que l'on fait arriver par-dessus.

« Ce liquide peut être de différente nature suivant le but qu'on se propose : soit de l'eau pure, soit de la vinasse , soit l'un et l'autre employés successivement.

« Pour l'usage de la ferme et la distillation de la betterave nous recommandons l'emploi de la vinasse.

« Quelle que soit, d'ailleurs, la nature du liquide employé, nous ferons observer que ce liquide, par les moyens dont nous nous servons, agit, non point par lavage en se mêlant au jus extrait, mais par *déplacement*, en le chassant au-dessous de lui sans s'y mêler sensiblement jusqu'à ce qu'il soit sorti de la pulpe.

« Elle s'effectue à l'aide d'un appareil de notre invention qui nous a permis d'appliquer le premier sur la pulpe, avec un succès constant, la méthode du déplacement pour extraire entièrement le suc de la betterave.

« Nous croyons, en effet, avoir été le premier à préciser les conditions dans lesquelles il convient de se placer pour que cette opération devienne entièrement industrielle.

« L'instrument dont nous nous servons , et qu'en raison de son usage nous avons appelé *table de déplacement*, se compose simplement d'une surface filtrante, ordinairement en bois, recouverte d'une toile qui reçoit la pulpe, entourée de rebords munis de rails sur lesquels roule un bac chargeur (1), et placée au-dessus d'une aire imperméable qui déverse en pente douce vers les cuves de fermentation. Sa construction peut varier suivant les matériaux dont on dispose et suivant le but auquel on la destine.

« Le nombre de ses compartiments varie de même selon l'importance du travail. Chacun d'eux forme une table sur laquelle on opère isolément.

« Si l'on désire pouvoir la transporter, on construit son double-fond en bois à la manière des bacs de brasseurs.

(1) On trouvera plus loin la description de cet appareil.

« Lorsqu'elle doit rester fixe, on établit ce double-fond en dallage, bitume ou ciment, avec le filtre seul en bois.

« Dans tous les cas on a soin de l'installer un peu en contre-bas du sol extérieur de l'atelier, afin que les vinasses puissent y arriver après avoir circulé, au sortir de l'alambic, dans une rigole extérieure au bâtiment, qui les ramène au voisinage des tables.

« Dans ce parcours à l'air libre ces vinasses se refroidissent par évaporation et diminuent considérablement de volume. C'est pour ce motif que l'on n'en a jamais trop pour le service des déplacements et qu'on les fait toujours rentrer en totalité dans la pulpe.

« Dans un agencement bien entendu les cuves sont installées dans un cellier creusé en contre-bas des tables, où la pompe destinée au service de l'alambic vient les chercher directement.

« Le jus coule donc seul des tables dans les cuves où il subit la fermentation ; puis, repris par une pompe, il passe à l'alambic. Il s'en écoule au dehors en vinasse et revient sur les tables, où il sert à effectuer le départ du jus, contenu dans la pulpe. Il est alors expulsé avec celle-ci pour servir à l'alimentation du bétail.

« On voit que , par une conséquence naturelle de son mode d'emploi, qui constitue un *déplacement* et non un *lavage*, la vinasse, après avoir déplacé le jus et l'avoir remplacé complétement dans la pulpe, se trouve éliminée régulièrement à chaque opération.

« Cette élimination n'a pas lieu après des opérations successives, mais bien à chaque fois. La vinasse ne rentre pas dans les jus extraits. La petite quantité qui peut s'y mêler à la fin des déplacements, car il n'y a pas d'opérations mathématiques en industrie, se trouve même séparée de tous ses éléments nuisibles , c'est-à-dire de tous les ferments parasites insolubles qui restent, par filtration, dans la pulpe. »

Après cette esquisse de l'ensemble de ce procédé, décrivons son travail.

Manutention. La betterave , au sortir de la laveuse, est soumise à la râpe.

Dans les petites distilleries, au-dessous de 10,000 kilogr. par 24 heures, la râpe est munie d'un pousseur à la main. Dans les établissements plus importants on emploie un ou plusieurs pousseurs mécaniques , soit deux pousseurs à partir de 10,000 kilogr.

Pendant que la râpe fonctionne on laisse écouler sur le tambour un filet de liquide acidulé dans des proportions telles que le poids de l'acide représente environ 2 à 3 millièmes du poids de la racine râpée. Un petit réservoir supérieur, muni d'un flotteur à indice, permet de régler exactement la quantité de liquide dans chaque chargement. On emploie, pour diluer l'acide, de la vinasse, des jus faibles ou de l'eau, à la dose de 200 litres environ par 1,000 kilogr. de pulpe.

Lorsque les râpes ne sont pas munies d'une enveloppe et d'un couloir, on dirige le filet de liquide acidulé sur le bac à charger, placé au-dessous de la râpe, en ayant soin qu'aucune partie de la pulpe n'échappe à l'arrosage.

La capacité du réservoir doit suffire à 5 ou 6 tablées.

On peut remplacer l'acide sulfurique par le double en poids d'acide hydrochlorique. Dans ce cas, avant le déchargement des tables, on les arrose avec une dissolution de sel de soude. Le mélange complet se produit pendant le déchargement. Au besoin on l'achèverait par un brassage.

L'arrosage de la râpe, dans le but de la dégorger, est ici indépendant de celui de la pulpe qui est destiné à la préserver des altérations au contact de l'air. La proportion de liquide incorporé à la pulpe par ce double arrosage, et qui varie de 15 à 20 pour 100, a pour effet de faciliter son brassage et de hâter sa filtration sur la table.

On doit veiller, dans le travail de la râpe, à ce qu'elle ne fasse pas de morceaux. Cet inconvénient se produit lorsque le joint n'est pas assez serré entre la plate-forme sur laquelle glissent les pousseurs, ou lorsque la vitesse est trop faible et que les lames de la râpe sont écartées de plus de 1 centimètre et demi les unes des autres.

Au-dessous de la râpe les pulpes tombent d'elles-mêmes dans la caisse ou *bac à charger*, qui mesure un chargement complet de table ou compartiment.

Ce bac est formé par une caisse demi-cylindrique construite en tôle ou en bois, contenant un agitateur dont l'axe lui est excentrique. Sa partie inférieure est fermée par deux registres engagés dans deux cadres quadrangulaires. L'ouverture de ces registres, qui a lieu par chaque côté, permet au contenu de s'écouler facilement au-dessous. Leur mode de fermeture offre la facilité d'arrêter immédiatement la vidange et de retenir l'excès de matière qui ne pourrait pas trouver place sur une table. A l'un des bords extérieurs de ces cadres est adaptée une règle en tôle percée de quatre fentes verticales allongées, qui occupe toute la longueur du bac. Dans chacune de ces fentes passe une vis, dont l'écrou à ailettes maintient la règle à différentes hauteurs.

C'est cet appendice du bac à charger qui remplit l'office d'une râcle pour niveler le contenu des tables.

Par une disposition particulière de la rainure des cadres, on peut fixer à volonté, d'une manière hermétique, les deux registres en tôle, en sorte que la caisse devient, au besoin, un réservoir complétement étanche. Quelques boulons, serrant les bords supérieurs de cette glissière contre les quatre côtés de chaque registre, et un peu de mastic interposé procurent ce résul-

tat. Un couvercle bombé, que l'on place sur les bords supérieurs de la caisse, achève de transformer le bac à charger en un pétrin macérateur complet, à l'usage du travail des matières féculentes.

On verra, en effet, que ce système de distilleries se prête non-seulement au traitement de la betterave et autres racines sucrées, mais encore à celui des produits féculents.

Dans la distillation des premières, dont le principe alcoolisable (sucre ou inuline) est directement fermentescible, le rôle de cet instrument est de recevoir et de transporter la pulpe.

Lorsque l'ouvrier qui alimente la râpe juge qu'il est suffisamment plein pour charger un compartiment de table, il met la courroie de la râpe sur la poulie folle et donne quelques tours de manivelle au bac. La pulpe, brassée par les ailettes de l'agitateur, devient homogène.

Alors, faisant rouler le bac sur les rails qui bordent la table, il s'arrête à l'entrée du compartiment qu'il doit charger, soulève les deux registres et pousse rapidement le bac jusqu'à l'extrémité opposée; puis il referme les coulisses et renvoie d'un tour de bras l'appareil à sa position primitive.

800 à 1,000 kilogr. de betteraves sont ainsi transportés et répartis en couche uniforme sur la table de déplacement en quelques minutes et sans efforts.

L'écoulement de la pulpe et sa répartition ne forment ainsi qu'une seule et même opération. En effet, au moment où l'on ouvre les deux registres, la pulpe, fluidifiée par l'addition du liquide, se répand sur la plate-forme filtrante. Elle est immédiatement arrêtée et nivelée en arrière par la râcle. Celle-ci, pendant la course du bac, repousse continuellement, vers l'extrémité opposée, toute la portion qui s'accumule sur le devant de cet instrument, en sorte que, lorsque celui-ci est arrivé à son terme, elle a parcouru toute la surface de la couche de pulpe et en a égalisé l'épaisseur. Les joues de la caisse du bac empêchent d'ailleurs la matière de déborder sur les côtés.

Avec un peu d'habitude l'ouvrier connaît la charge qui convient pour une table; mais, eût-il un peu d'excédant, il lui est facile, en refermant les registres, de le conserver dans le bac pour le chargement suivant.

Au retour la règle ne touche plus la pulpe, car pendant l'acte même du chargement l'égouttage en abaisse la surface.

La hauteur de la couche de pulpe ne doit pas excéder 12 à 15 centimètres.

L'arroseur procède au déplacement du jus en promenant de temps en temps, sur toute la couche de pulpe, le tuyau d'arrosage par lequel les vinasses arrivent de l'extérieur. S'il a plusieurs tables à soigner il passe de l'une à l'autre, et peut en même temps surveiller la pompe ou le chauffage du jus.

Dans les petites distilleries c'est le râpeur qui est en même temps chargé de l'arrosage. On n'a besoin d'un arroseur spécial que lorsque le travail journalier dépasse 10,000 kilogr.

Dès que la pulpe est épandue le jus s'écoule en abondance. L'addition de la vinasse augmente la rapidité de la filtration. Aussitôt que le départ du jus est effectué et que la vinasse apparaît on arrête l'arrosage. Ce moment se reconnaît à l'aréomètre, qui de 5° ou 6° tombe rapidement à 1° 1/2. Ce degré représente à peu près la densité de la vinasse concentrée par l'évaporation et le refroidissement.

M. Kessler prescrit, comme règle d'arrosage, d'envoyer aux jus faibles tout ce qui coule à partir de 3 ou, au plus tard, de 2 1/2 degrés, et de cesser l'aspersion lorsque le liquide ne marque plus que 1 ou 1/2 degré à l'aréomètre de Baumé. « Nous avons très-souvent vérifié, dit-il, qu'en l'arrêtant à 1 degré, et en mêlant soigneusement à la pelle toute la pulpe qui provient du déchargement d'une table, le jus qu'on en exprime ne donne que 0°2, et que même cette faible densité est due, pour plus de moitié, aux précipités produits par l'addition de l'acide et à un peu de terre qui passent en même temps. On voit donc que, pratiquement et surtout dans la ferme, il est inutile d'aller plus loin ; car, en supposant que la pulpe contienne autant d'eau que la betterave, et que ces 2/10 de 1 degré fussent dus à du sucre, ils ne représenteraient que le trente-cinquième du jus contenu dans la betterave.

« D'autre part, comme la pulpe extraite ne pèse que 80 p. 100 du poids de la racine, et comme celle-ci, contenant à l'état frais 95 p. 100 de jus à 7°, a ainsi perdu plus du cinquième de son poids en suc extrait ; comme ce suc a été remplacé par celui qui marque 0°,2, ce ne serait en réalité au plus que le trente-cinquième des quatre cinquièmes, 2 p. 100 environ du jus, ou autrement dit du sucre qui resterait dans la pulpe, c'est-à-dire au maximum 2,25 p. 100.

« Or, en abandonnant au repos le jus exprimé de la pulpe qui marque 0°,2, ou en le filtrant, sa densité tombe ordinairement de plus de moitié ; donc ce qui lui donne sa densité étant, pour plus de moitié, des substances boueuses insolubles étrangères au jus, on voit que en arrêtant l'écoulement d'une table lorsque son jus pèse encore 1 degré Baumé, ce qui en reste dans la pulpe ne forme qu'un peu plus de 1 p. 100 du jus contenu dans la betterave employée (exactement 12 millièmes.) On voit, par ces simples chiffres si faciles à contrôler pour chaque table, puisqu'il ne s'agit que de peser le liquide qui s'égoutte du bac à charger, combien est efficace le mode d'extraction que nous avons donné. »

Il va sans dire que en employant la vinasse qui marque elle-même un certain degré, ce degré doit être évalué, pour le calcul, en déduction de la densité observée. Lorsque l'alambic est puissant, que le combustible n'est pas cher, ou lorsque l'on a, dans la machine, un excès de force et qu'elle fournit assez de vapeur perdue pour la distillation, on peut ne pas faire de jus faibles et les distiller en mélange avec les jus forts

Dans l'arrosage des tables il faut surtout éviter que le jus devienne tiède, et on doit renoncer à l'emploi des vinasses bouillantes, à moins que l'on n'en fasse qu'un ou deux arrosages au plus à la fin, de sorte que le jus n'ait plus le temps de s'échauffer. L'application de la chaleur sur les tables a pour effet de favoriser les fermentations acides et de développer la formation de mousses blanchâtres et de cryptogames sous les filtres et dans les caniveaux.

Lorsque le déplacement du jus est effectué, un bac à décharger, monté sur rails, circule le long de la table ; il reçoit la pulpe, qu'un ouvrier pousse ou attire avec un râteau et la transporte à l'étable ou au silo où on l'emmagasine pour la conserver.

Rien n'est plus facile que d'incorporer, pendant ce déchargement, et de mêler intimement aux résidus toutes les matières (paille hachée, balles de grains, tourteaux, etc.) dont on compose les rations du bétail. Il suffit de les épandre uniformément sur la table et de charger le tout par tranches verticales avec le râteau. Le mélange se fait ainsi tout seul : il est facilité par l'extrême division des pulpes.

Celles-ci rendent 80 à 85 p. 100 du poids de la betterave, et un égouttage prolongé les diminue à peine de quelques centièmes. Ceci s'explique par leur état de division, qui leur permet d'absorber et de retenir, à la manière d'une éponge, les vinasses qu'on veut y introduire, et par lesquelles on leur restitue les principes nutritifs de la betterave sans qu'ils aient pu être altérés par de mauvais ferments.

Leur consistance est néanmoins assez ferme pour qu'on puisse les mettre en tas et même les transporter sur une fourche dont les dents sont écartées de 10 centimètres.

La conduite des fermentations se fait selon les règles connues, soit d'une manière continue, soit par le coupage des cuves.

D'après les indications de M. Kessler, la mise en train s'opère en délayant à part 2 à 5 kilogr. (selon la capacité de la cuve) de levûre pressée dans de l'eau tiède. On la verse quand elle fait effervescence en débordant ; on ajoute immédiatement 1 ou 2 hectolitres d'eau à 30° ; on couvre la cuve et on y introduit lentement 1/2 hectolitre de jus également à 30 degrés. On met simultanément en train de cette manière le nombre de cuves nécessaire pour que le travail des tables n'éprouve pas d'interruption ; on coule le jus chaud sur toutes à la fois, et l'on observe que, jusqu'au remplissage, elles devront conserver une température de 22° et une densité de 1/2 Baumé.

Il conseille de conserver sur les cuves l'écume, qui maintient la température du jus, et de ne la faire tomber que lorsqu'elle menace de déborder.

On choisit, pour en faire une cuve-mère, celle qui a fermenté le plus vite et dont le jus est le mieux tombé à l'aréomètre. On distille les autres à mesure que leur fermentation s'achève. Quant à la cuve-mère, on la partage avec deux ou trois autres que l'on nourrit simultanément. On continue d'opérer ainsi en choisissant toujours la meilleure pour la couper et en ayant soin, autant que possible, que ce choix ne tombe pas deux fois de suite sur la même, afin qu'on puisse la nettoyer en temps utile.

Le coupage des cuves se fait de soi-même en les mettant en communication par leur tuyau général de collection. Ce tuyau est aussi celui qui écoule les vins fermentés.

On reconnaît l'insuffisance de l'acide à l'arrosage, lorsque le jus, ajouté dans la cuve en fermentation, se trouble et colore les écumes.

Dans ce cas, si on ne pouvait pas compléter le dosage de l'acide, il faudrait avoir soin d'introduire de très-petites quantités à la fois de ce jus non déféqué dans les cuves qui fermentent, afin que l'acide carbonique, se maintenant en excès, ait le temps de saturer les bases alcalines qui retiennent en dissolution les matières albumineuses, et de jouer ainsi le même rôle défécateur que l'acide sulfurique.

La température des cuves en fermentation peut varier utilement depuis 22 jusqu'à 30 degrés au maximum, suivant leurs dimensions et suivant la saison; mais, en général, il convient de ne pas dépasser 22°.

On procure aux jus la température initiale en en conduisant une partie, au sortir des tables, par la bifurcation de la conduite aux cuves, qui les force à descendre et à remonter autour du syphon de décharge de la colonne, de manière à obtenir le degré voulu. Il suffit pour cela de placer une brique en travers de l'un ou de l'autre canal.

Les jus fermentés sont repris dans les cuves par une pompe et remontés dans l'appareil à distiller.

Au sortir de la colonne de distillation les vinasses circulent à l'extérieur par une rigole qui les ramène, près des tables, dans un réservoir où elles approvisionnent l'arrosage de celles-ci.

Il est facile de donner à la rigole un parcours plus ou moins long, de manière que les vinasses arrivent froides au réservoir.

Ce qui vient d'être expliqué pour le traitement des betteraves s'applique, sans aucune variante, à toutes les racines ou fruits qui contiennent tout formés soit l'inuline, soit le sucre, et qui peuvent subir l'action de la râpe.

Dans le travail des fruits sucrés, on peut employer les tables non-seulement en vue de la distillation, mais aussi dans le but de produire uniquement du cidre ou d'autres boissons.

On obtiendra des produits concentrés en ne recueillant que les jus riches, et en employant les jus faibles, au lieu d'eau, pour opérer les déplacements.

Telles sont l'installation et les manutentions propres à ce système dans le traitement des racines ou des fruits sucrés; voyons son application au traitement des féculents.

Dans le traitement de la pomme de terre, celle-ci est d'abord râpée; sa pulpe tombe dans le bac à charger, qui, ainsi que nous l'avons vu précédemment, peut se convertir immédiatement en une cuve à saccharifier, sans autre modification que d'ajouter et de luter la seconde moitié du cylindre.

Entre la râpe et le bac est placé un tamis grossier qui arrête les pellicules et les morceaux. Ceux-ci, rejetés sur la râpe, repassent au tamis, en sorte que rien n'échappe.

Un filet d'eau favorise l'écoulement de la matière et son tamisage.

Si le bac contient la pulpe de 400 kilogr. (soit de 5 hectolitres et demi) de pommes de terre, on la mélange avec 2 hectolitres d'eau à 50 ou 60 degrés environ, chauffée au moyen des vinasses, comme les jus de betterave. On agite et l'on ajoute peu à peu 400 à 450 litres d'eau bouillante.

Avant que toute cette quantité soit introduite, la pulpe transformée en empois devient épaisse et opaline; lorsque le reste du liquide est versé, la matière se liquéfie en prenant de la transparence.

On a fait tremper à part 20 à 25 kilogr. d'orge maltée, réduite en farine fine, dans de l'eau à 35 degrés, pendant environ une demi-heure. S'il en est besoin on découvre le bac, qui se refroidit rapidement en tournant à l'air l'empois que sa caisse renferme. On ajoute le malt lorsque la matière est amenée à 65 ou 70 degrés. A cette température on tient pendant deux ou trois heures l'appareil clos en agitant. Au bout de ce temps la saccharification est opérée. On conduit alors, de la manière qui a été décrite pour les betteraves, le moût sur les tables; il s'y filtre et s'y refroidit au degré convenable pour la mise en fermentation (28 à 32 degrés environ dans la cuve).

Si l'on préfère ne point filtrer, on enlève les châssis filtrants des tables, et l'on se sert de celles-ci comme les brasseurs se servent de leurs bacs à refroidir, en bouchant l'orifice de sortie des jus.

De la sorte on obtient des moûts bien saccharifiés, dont on peut faire varier la densité en proportion de la quantité d'eau employée. Un litre de bonne levûre suffit pour les mettre en fermentation.

Ces moûts, filtrés sur les tables, sont aussi liquides que des jus, et ils sont susceptibles d'être distillés dans les mêmes appareils.

Le travail des grains diffère peu de celui de la pomme de terre.

Supposons que l'on opère sur 200 kilogr. de seigle ; on le mêle avec le quart ou le sixième de son poids d'orge maltée et on fait moudre le tout grossièrement ; on verse cette farine dans le bac en la délayant dans 2 hectolitres d'eau tiède, de manière que le mélange marque 40 à 50 degrés.

Quand elle est bien délayée on la laisse reposer un quart d'heure, afin qu'elle s'humecte dans toutes ses parties. Lorsque la *trempe* est suffisante on procède à la *saccharification*, en y ajoutant 8 hectolitres d'eau, à une température telle que le mélange porte de 65 à 70 degrés centigrades. On continue à agiter doucement en couvrant le bac pendant quelques heures.

Au bout de ce temps on envoie le liquide sur les tables, que l'on emploie, soit, en enlevant leur filtre, comme bacs refrigérants, soit en laissant leur double-fond dans le but d'avoir des liqueurs claires en même temps que refroidies.

On ramène enfin, par une addition d'eau, la température de ces moûts à 25 degrés, et on met en fermentation avec 2 litres de levûre de liquide. La fermentation dure trente heures à peu près. Le produit est d'environ 50 litres d'alcool pur.

Il est de beaucoup préférable d'employer la table comme surface filtrante. Outre l'avantage de n'avoir à distiller que des liquides, on y trouve encore celui de retirer la levûre produite par la fermentation et d'obtenir des résidus solides facilement transportables.

Il serait superflu d'insister sur le travail des féculents : nous l'avons exposé, avec le détail de toutes les opérations qu'il comporte, dans la partie de cet article qui lui est spécialement consacrée.

Nous le clôrons par cette observation : c'est que le même matériel peut être utilisé à l'extraction de la fécule de pomme de terre, en envoyant, au sortir de la râpe, la pulpe sur la toile filtrante d'une table, où elle est traitée comme nous l'avons vu à l'article FÉCULERIE. Les tables sont disposées à peu de frais de manière à offrir, par trop-plein, un long circuit pour le dépôt, et celui-ci s'achèverait, s'il y avait lieu, dans les cuves à fermentation.

Personne n'ignore que c'est à son annexion aux exploitations rurales que l'industrie de la distillation doit d'avoir pu traverser sans souffrance les époques critiques qui se sont présentées il y a quelques années. L'observation des conditions économiques dans lesquelles cette annexion l'a placée a naturellement conduit à rechercher s'il ne serait pas possible de procurer, par des moyens analogues, une égale sécurité à l'industrie du sucre.

Cette voie a déjà été indiquée à plusieurs reprises. Dès 1836 la Société centrale d'Agriculture, préoccupée de *la haute utilité de propager rapidement dans les campagnes la fabrication économique du sucre indigène*, avait décidé qu'un concours serait ouvert, et que plusieurs prix et médailles seraient proposés pour atteindre ce but. Dans son rapport sur le programme du concours, M. Payen signalait quelques exemples de petites fabrications entreprises par les cultivateurs : celle d'un propriétaire, dans la Limagne d'Auvergne, sur le pied de 50 à 75 kilogr. par jour ; d'autres petites fabriques dans le département du Nord, exploitées en famille par les habitants des fermes, etc.

Un rapport de M. de Chabrol-Volvic, publié par la Société, constate, d'autre part, qu'avec un matériel coûtant 550 fr. on a pu fabriquer par jour, dans un petit atelier, de 75 à 100 kil. de sucre.

Ces résultats concordent d'ailleurs avec ceux indiqués par Achard dans son *Instruction aux propriétaires* que nous indiquons dans la note bibliographique qui termine cet article.

Sans rechercher pourquoi ces tentatives sont restées infructueuses, ne montrent-elles pas qu'il y a, dans ce sens, quelque chose à faire, et les données nouvelles qu'apporte, dans la question, l'industrie de la distillation, ne sont-elles pas un acheminement vers le but ?

Certainement il est très-désirable, pour tous les intérêts, de voir assis sur des bases également solides ces deux grands mobiles du perfectionnement de notre agriculture. Les encouragements ne manqueront pas aux études entreprises pour amener cette situation.

M. Kessler s'est appliqué, de son côté, à la solution du problème. Il propose de mettre à profit les facilités qu'offrent ses tables à l'extraction du jus de la betterave pour combiner économiquement le travail de la distillerie, qui emploierait les jus faibles, avec le travail d'une siroperie, à laquelle seraient réservés les jus forts. « Supposons, dit-il, que la table de déplacement contienne 1000 kilogr. de pulpe et qu'on l'arrose avec de l'eau ; on observe que, si l'on a ajouté à la pulpe, avec un agent défécateur, une partie des jus forts et troubles provenant d'une opération précédente, et si, d'ailleurs, le jus que contient la betterave marque 6 degrés à l'aréomètre de Baumé, on tirera d'abord 100 litres un peu troubles, qu'on emploiera pour les mélanger à un chargement voisin, ainsi que 100 litres de jus clairs qui passeront ensuite et laveront la table.

« Ces 200 litres marqueront, à l'aréomètre, exactement 6 degrés, comme le jus pur contenu dans la plante. Ils seront suivis de 600 autres litres parfaitement limpides et déféqués, sans que le mélange de ceux-ci marque 1/2 degré de moins que 6°, comme celui contenu dans la betterave.

« Cette proportion sera encore augmentée au gré du fabricant s'il reprend les jus faibles à 4° d'une précédente opération, pour commencer l'arrosage, au lieu d'eau ; en sorte qu'on a le moyen d'extraire rapidement à haut degré, sans force dépensée, avec une main-d'œuvre presque nulle (2 hommes pour 20,000 kilogr. de betteraves par jour), 60 à 70 pour 100 du jus contenu dans la racine.

« On ne perd pas plus ainsi sur la densité de ce jus que dans la méthode ordinaire, avec laquelle on a l'habitude de verser sur la râpe une certaine quantité d'eau pour la dégorger et pour faciliter le travail des presses hydrauliques.

« Après ce premier départ des jus concentrés, et pendant que la table s'épuise, il coule une certaine quantité de jus plus faibles, dont la moyenne pèse encore 2 ou 1 degré et demi, que l'on peut faire fermenter et distiller pour ne perdre aucune portion de sucre.

« Quant aux jus forts, ils iront à la bassine et pourront donner un sirop à 27° sans que le matériel de la distillerie ait reçu d'autres augmentations que cette bassine à évaporer et quelques cuves de dépôt. »

Nous ne suivrons pas M. Kessler dans le développement de ses études sur la défécation à froid et sur ses appareils d'évaporation à multiple effet. Quelque intérêt qu'elles inspirent, ces données sortent du cadre de cet article ; il leur reste d'ailleurs à passer du laboratoire dans l'usine pour recevoir la sanction de la pratique. Nous devions nous borner ici à constater la voie dans laquelle la question est engagée.

Rien n'est plus désirable que la réalisation pratique du programme de la Société d'Agriculture. Non-seulement elle procurera

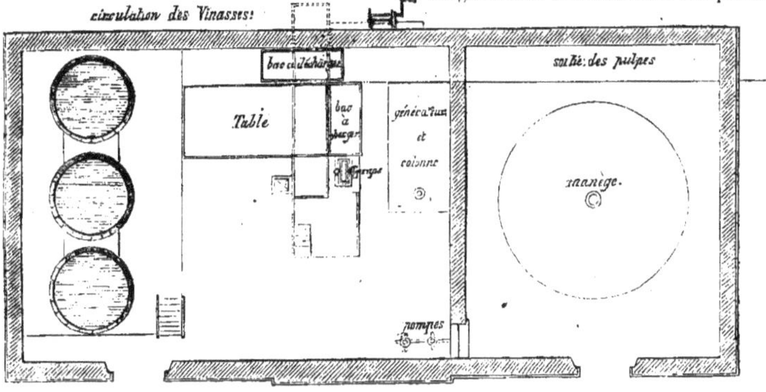

57. — Plan d'une distillerie Kessler à une seule table.

à la ferme de nouvelles ressources par la fabrication des sirops ou des cassonades, mais elle réagira sur le régime de la production agricole. De graves accidents dans les récoltes semblent l'avoir déviée, dans ces derniers temps, de la spécialisation rationnelle ; tout le monde a intérêt à l'y voir revenir. La féconde diversité de notre sol et de notre climat suffit à tous les besoins. Pour que leurs forces productives soient le mieux utilisées, il faut ne demander à la betterave que du sucre, n'emprunter qu'à la vigne le vin et l'eau-de-vie de consommation, et consacrer à l'alcool que réclament les arts et l'industrie toutes les autres matières alcoolisables dont nous sommes si richement pourvus.

M. Kessler établit ainsi qu'il suit la dépense du matériel que nécessite l'application de son système de distillerie :

1° pour traiter, par 24 heures, 5,000 kil. de betteraves ou 2,000 kil. de pommes de terre ou 800 à 1,000 kil. de grains :

Appareils.

	fr.	
Un générateur...........	600	
Une colonne à distiller...	2,000	
Deux pompes et tuyaux..	200	3,300
Une râpe................	200	
Un laveur et bacs........	250	
Une table de déplacement.	50	

                                 4,500

Divers.

Un manége	400	
Transmissions...........	300	1,200
Cuves	400	
Robinets et divers.	100	

Le personnel nécessaire est de trois ouvriers : un distillateur, un râpeur-fermenteur et un arroseur.

2° Pour traiter de 15 à 18,000 kil. de betteraves ou leur équivalent en grains et pommes de terre :

Appareils.	fr.	
Un générateur...........	1,200	
Une colonne.............	3,000	
Pompes et tuyaux........	300	
Râpe	300	5,300
Un laveur et bacs........	350	
Trois tables.............	150	
Divers.		
Une machine de 4 chevaux.	2,000	
Transmissions............	500	4,500
Cuves et accessoires.....	1,500	
Outillage et divers........	500	

9,800

Le nombre d'ouvriers nécessaires est de 5 :
Un distillateur, un râpeur, un fermenteur, un arroseur et un aide.

Explication des dessins.

Les figures 57, 58 et 60 donnent le plan, l'élévation intérieure et l'élévation extérieure d'une petite distillerie d'une seule table.

Un manége met en mouvement le monte-charge, le laveur, la râpe et deux pompes, l'une pour l'eau, l'autre pour le jus.

Les divers appareils sont étagés ainsi que le montre l'élévation intérieure. Au plan le plus élevé, le laveur, ensuite la râpe, installés sur un massif en maçonnerie desservi par un escalier. En contre-bas, derrière la râpe, le bac à charger ; au-dessous, à gauche, la table de déplacement, et, en contre-bas, derrière la table, le bac à décharger, que des rails conduisent à l'étable ou aux silos.

Enfin en sous-sol sont placées les cuves à fermentation, dans lesquelles les jus se ren-

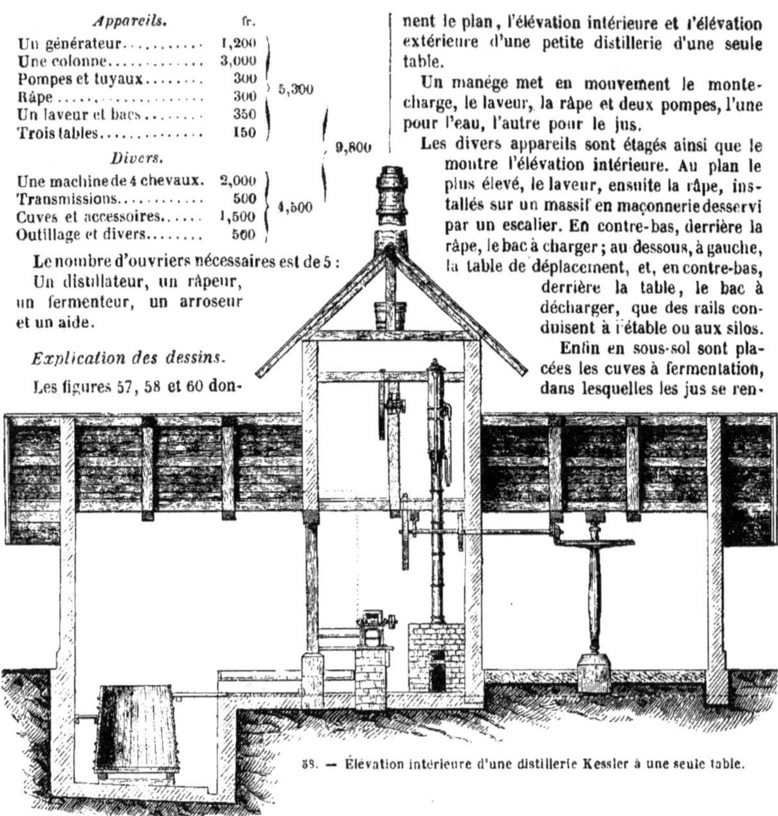

58. — Élévation intérieure d'une distillerie Kessler à une seule table.

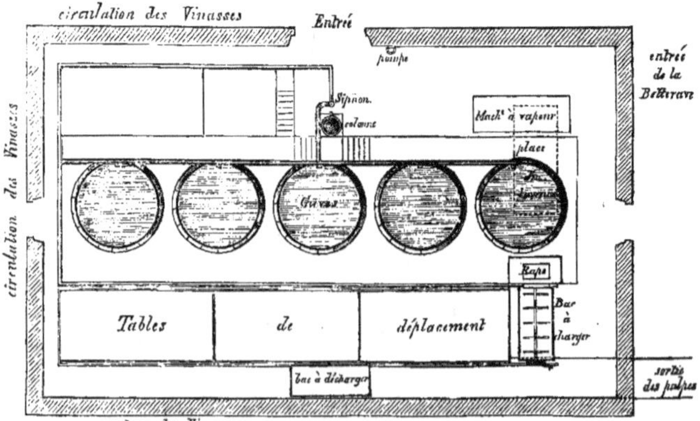

59. — Plan d'une distillerie Kessler à plusieurs tables.

dent par des caniveaux. La cheminée est extérieure.

Du moment où la fabrication exige plus d'une table, les dispositions sont modifiées ainsi que le représente la fig. 59.

Ce type se prête à toute l'extension ainsi qu'à toutes les applications que peut comporter le système. Le moteur devient une machine à vapeur. L'installation étagée des divers groupes d'appareils est conservée. Les tables de déplacement s'ajoutent les unes au bout des autres sur la même ligne et ont ainsi des divisions communes. Les cuves s'alignent parallèlement aux tables.

Le fonctionnement des bacs chargeurs et déchargeurs a lieu de la même manière que dans les figures 57 et 58.

Le bac déchargeur, au lieu d'être installé en contre-bas des tables, peut aussi fonctionner sur les mêmes rails que le bac chargeur, en le remisant, pendant le travail de celui-ci, à l'extrémité des tables, d'où partira alors le prolongement qui conduit aux étables ou aux silos.

60. — Élévation extérieure d'une distillerie Kessler.

Dans ce cas, au lieu de tirer les pulpes transversalement avec un râteau, l'ouvrier les chargera à la pelle en poussant devant lui le bac déchargeur. Les toiles des filtres seront conduites au lavage par le même moyen ; tout le service s'effectuera ainsi au-dessus des tables, et les voies de circulation seront maintenues plus facilement en état de propreté.

Si on veut adjoindre au travail des racines le travail des grains, le germoir occupera l'intérieur du massif sur lequel fonctionnent le laveur et la râpe, et la touraille, installée à côté, recevra l'air échauffé par la chaleur perdue de la machine, fig. 59.

Les explications dans lesquelles nous sommes entré à l'égard du procédé de M. Kessler suffisent pour faire connaître les ingénieuses combinaisons par lesquelles il a su appliquer le même matériel à la distillation des racines sucrées et des féculents, à l'extraction de la fécule, à la fabrication des sirops de sucre, et jus-

tifier ainsi son titre de *distillerie-féculerie-siropterie*.

§ 8. *Comparaison et résumé des procédés.*

Comparées à grands traits, voici les principales données caractéristiques des systèmes de MM. Champonnois, Leplay et Kessler.

Préparation des matières. — MM. Champonnois et Leplay les réduisent en rubans ou cossettes au moyen du coupe-racines.

M. Kessler les réduit en pulpe au moyen de la râpe.

Extraction du jus. — M. Champonnois extrait *à chaud* le jus sucré, par macération dans des cuviers, au moyen des vinasses qui se substituent aux jus par endosmose.

M. Kessler extrait *à froid* sur un filtre par déplacement successif, au moyen d'eau, de jus faibles ou de vinasses ; de sorte que les derniers liquides employés au déplacement restent engagés dans la pulpe à la place du jus qui a été chassé.

M. Leplay n'opère aucune extraction du jus ; il le laisse engagé dans les cellules jusqu'à la distillation.

Fermentation. — MM. Champonnois et Kessler font fermenter les jus mis en liberté.

Le premier opère toujours d'une manière continue, par dédoublement et renouvellement méthodique et successif de toutes les cuves, en ajoutant constamment, à des masses en pleine fermentation, de faibles quantités de jus nouveau.

Le second opère d'une manière intermittente par groupes de 3 ou 4 cuves, en faisant arriver le jus nouveau sur des pieds de cuve résultant du dédoublement d'une cuve-mère déjà fermentée, et en renouvelant, après le travail du groupe, cette cuve-mère par sélection.

M. Leplay opère aussi d'une manière intermittente, non plus sur les jus libres, mais sur les jus emprisonnés dans les cossettes, en les immergeant dans un bain fermenté qui n'est pas renouvelé pendant toute la campagne.

Distillation. — MM. Champonnois et Kessler emploient des appareils ordinaires à distillation continue et à rectification qui ne sont applicables qu'aux vins libres.

M. Leplay emploie des appareils continus spéciaux propres à la distillation des vins engagés dans des matières solides, et rectifie dans ces mêmes appareils.

Pulpes. — Enfin les pulpes de M. Champonnois sont amorties par un séjour de dix à douze heures dans un bain de 70 à 75 degrés.

Celles de M. Leplay sont cuites par l'action de la vapeur à deux ou trois atmosphères.

Celles de M. Kessler sont à volonté ou entièrement crues, ou amorties par l'emploi des vinasses chaudes dans la dernière opération de déplacement.

La valeur respective de chacun de ces systèmes a été, lors de l'avénement des deux derniers, l'objet de vives polémiques dans lesquelles sont intervenus des professeurs, des publicistes, des agronomes et des praticiens.

De 1856 à 1860 de volumineux documents ont été publiés par la presse et par les Sociétés d'agriculture. L'attention que le public agricole a accordé, sans se lasser, à ces longs débats, témoigne de l'importance des questions qu'ils ont soulevées.

On ne devait trouver ici qu'un simple exposé des méthodes. Pour en assurer l'exactitude nous l'avons demandé à l'étude pratique des usines, aux descriptions publiées et à des communications inédites de leurs auteurs.

On a vu, par tout ce qui précède, que l'agriculteur a à sa disposition, pour l'alcoolisation de ses divers produits, un grand nombre de moyens ou procédés. Rappelons-les succinctement en les classant dans un ordre méthodique.

Traitement des féculents.

Grains. — On peut les moudre, les concasser, les écraser ou les travailler en nature.

On les saccharifie, soit en les faisant malter en tout ou en partie, soit, sans maltage, par l'action seule du gluten, ou par l'emploi de l'acide sulfurique.

On obtient, selon les moyens employés, ou des bouillies, ou des extraits, et on distille des matières pâteuses ou des vins clairs.

Racines ou fruits féculents. — On peut les faire cuire ou les râper.

Dans le premier cas on saccharifie par la diastase ou l'acide et on distille des vins pâteux. Dans le second cas, après la saccharification on procède par extraits, au moyen de lavages successifs qui donnent des vins clairs.

Fécule. — On extrait l'amidon des grains et la fécule des racines ou des fruits par des moyens analogues à ceux employés dans les féculeries, et on les traite, comme les grains moulus, par la diastase ou l'acide.

Traitement des racines et des fruits sucrés.

On peut :

1° Les *faire cuire*, les réduire en purée et les fermenter directement en nature soit avec la levûre, soit avec l'acide ; ou les macérer préaiablement avec addition de malt ;

2° Les *râper*, traiter la pulpe crue comme de la purée, et fermenter avec ou sans emploi de vinasses, de tannin et d'acide ;

(Dans ces deux cas on distille des vins pâteux) ;

Ou opérer l'extraction du jus par lévigation ou déplacement, à froid ou à chaud, avec l'eau ou les vinasses, et fermenter à la levûre ou à l'acide ;

Ou extraire le jus par la presse, en l'acidulant et en le fermentant comme précédemment ;

3° Les *découper* en rubans ou cossettes, et extraire le jus par une macération à froid ou à chaud, à l'eau ou aux vinasses, avant ou après la fermentation ;

(Dans les trois cas précédents on distille des vins clairs) ;

4° Après le découpage, fermenter directement les cossettes sans extraction de jus, et alors on distille les cossettes elles-mêmes dans des appareils à vins pâteux.

§ 9. *Valeur alimentaire et conservation des résidus.*

Rien n'est plus difficile à apprécier que la valeur nutritive d'une substance et la détermination de ses équivalents. On peut en juger par les écarts considérables que l'on remarque dans les indications des auteurs les plus accrédités.

A une certaine limite les phénomènes de la nutrition échappent à notre examen. Ces phénomènes sont tellement complexes, et chacune des substances susceptibles de concourir à l'alimentation joue un rôle si différent, selon qu'on l'étudie à l'état isolé ou en combinaison avec d'autres, selon les quantités et la nature de celles associées, selon l'âge, l'état, le milieu hygiénique de l'animal, etc., qu'on ne saurait apporter trop de réserve dans son jugement avant qu'une expérience très-longue et bien suivie ait fourni sa sanction.

En ce qui concerne les résidus de la distillation des matières féculentes l'expérience dure depuis un demi-siècle dans plus de la moitié de l'Europe : le mode et les effets de leur administration, ainsi que leur importance pour la nourriture du bétail, sont parfaitement connus.

Malheureusement ces résidus doivent être consommés au fur et à mesure de la production. C'est à peine si l'on peut, par la méthode des extraits, ajourner d'une semaine la consommation des résidus solides des grains. Ceux de la pomme de terre et des racines sucrées soumises à la cuisson sont dans le même cas.

A la vérité cet inconvénient est compensé par la possibilité de distiller les grains toute l'année, et d'extraire de la pomme de terre sa fécule, qui est encore d'une conservation plus longue et plus facile. Le cultivateur proportionne alors son travail journalier à la quantité de bétail qu'il entretient.

On ne saurait se dissimuler, toutefois, que ce n'est, dans beaucoup de circonstances, qu'un palliatif ; car, si l'industrie de la distillation est à la portée de l'agriculture, c'est surtout en ce qu'elle occupe les loisirs de l'hiver, et on en changerait les conditions en l'obligeant à devenir permanente.

Pour rester complétement le maître de la situation il faut d'abord pouvoir préparer, en traitant pendant l'hiver les matières altérables, une nourriture qui se conserve au moins jusqu'à la pousse des herbages, c'est-à-dire plus de trois mois après l'époque à laquelle cesse ordinairement le travail de l'usine, sauf à le prolonger, selon les convenances, au moyen des grains et des fécules.

C'est ce qu'on obtient par un bon traitement des racines sucrées.

On admet, d'une manière absolue, que les féculents donnent des résidus d'autant meilleurs que l'alcoolisation a été moins complète. Si, avec les procédés les plus parfaits, on extrait les deux tiers de leurs parties alcoolisables, il restera encore dans les résidus, en matières nutritives proprement dites (fécule et matières grasses), plus de 33 kil. par 100 kil. de grains, et 7 kil. par 100 kil. de pommes de terre.

On peut dire déjà que la perte due à la distillation n'est, au maximum, que des deux tiers.

Maintenant, que l'on consulte l'expérience des contrées où la distillation des féculents est pratiquée depuis le commencement du siècle : on verra qu'on n'estime cette perte qu'à un tiers. Il y a donc lieu d'admettre que cette préparation de la substance la rend plus assimilable de toute cette différence, ce qui sera vrai surtout de la pomme de terre, qui n'est digérée à l'état cru que dans une proportion restreinte.

A quelques nuances près en faveur du topinambour et de la carotte, les racines sucrées sont également indigestes à l'état cru.

Aussi, lorsque le développement de leur culture conduisit à les faire entrer en plus grande proportion dans la nourriture des animaux, les bons éleveurs les soumirent à la cuisson, ou au moins à une fermentation prolongée en mélange avec des fourrages hachés et des grains moulus.

En remplaçant cette pratique par la distillation on peut abaisser à ses dernières limites le prix de revient de la ration alimentaire sans compromettre les résultats hygiéniques.

Avec les méthodes qui conservent ou qui rendent aux résidus les matières albuminoïdes et grasses qui constituent la principale richesse de la racine, la perte en valeur nutritive se réduit à celle du sucre, dont le rôle paraît très-secondaire, tandis que l'amortissement de ces résidus par une température élevée détruit leur crudité.

Ici les faits parlent plus haut que la théorie, et, pour être encore récente, l'expérience n'en est pas moins irrécusable. Sans doute, en pareille matière, les conditions de l'expérimentation ne sauraient être identiques. Il est naturel que, même à l'égard des résidus d'une même provenance, des différences dans leurs proportions, dans leur mode d'emploi et dans leur application, entraînent des divergences dans l'appréciation de leur valeur; mais leur efficacité ne peut plus être contestée.

L'enquête à laquelle s'est livrée la Société centrale d'Agriculture, dans la campagne de 1856, a fait justice des appréhensions et des préjugés, et la pratique des cinq dernières années a confirmé ses conclusions.

Le document le plus important de cette enquête, qui a porté sur 20 établissements opérant par le procédé Champonnois, est le compte rendu des expériences entreprises a l'Institut agricole de Grignon sur les données pratiques de l'emploi des résidus. Personne n'était mieux placé que son éminent directeur et ne pouvait traiter avec plus d'autorité ces questions si complexes et si délicates. En négligeant les faits relatifs au travail et aux rendements en alcool, nous reproduisons l'analyse de ce compte rendu d'après le rapport de M. Baudement, que nous avons déjà cité.

« La position de ce grand établissement, dit l'honorable rapporteur, la confiance qui s'attache aux documents émanés de son habile direction, le caractère plus scientifique qu'y revêt l'expérience, donnent une portée plus grande et plus précise aux renseignements recueillis à Grignon, aux notes que notre honorable collègue, M. Bella, a bien voulu nous remettre. La valeur des pulpes dans l'alimentation a été surtout étudiée avec une exactitude qui mérite votre attention, parce que c'est là le côté important de la question. »

Les variétés cultivées étaient la rose de Flandre, la Silésie blanche, la Globe jaune et la Disette rose, qui se classent, pour leur richesse en sucre constatée au moment de la récolte, dans l'ordre où elles sont nommées. Leur rendement moyen, à l'hectare, a dépassé 41,000 kilogr.

Le produit en pulpes a été de 60 à 68 pour 100 du poids de la betterave, suivant la variété, l'époque du travail, le degré de conservation, qui, d'ailleurs, n'a rien laissé à désirer. Abandonnées à elles-mêmes, ces pulpes prenaient rapidement un goût alcoolique très-prononcé; données aux animaux, elles ont eu pour effet général de les échauffer, surtout au commencement de leur introduction dans la ration. On a dû balancer leur influence par l'emploi des betteraves et des carottes.

Voici l'indication des rations auxquelles on s'est arrêté après tâtonnements, et qui n'ont eu aucun autre inconvénient que celui d'avoir probablement moins bien préparé le bétail à la nourriture d'été que ne l'avait fait le régime des années précédentes.

Les vaches, de race schwitz, normande et durham, pesant en moyenne 570 kilogr., ont reçu, en moyenne, par tête, 21 kilogr. de pulpe en mélange avec 1 kilogr. 500 de menue paille, 4 kilogr. de paille, 5 kilogr. de foin, et 0 kilogr. 025 de sel.

Les moutons à l'engrais, pesant en moyenne 48 kil., ont reçu 5 kil. de pulpe et de menues pailles (1), 0 kilogr. 600 de paille, 0 kilogr. 600 de foin, et 0 kilogr. 400 de tourteaux de colza.

Les agneaux ont reçu 2 kilogr. 600 de pulpe, 0 kilogr. 700 de paille, 0 kilogr. 800 de foin, et, pendant le dernier mois du régime, 1 litre d'avoine. Leur poids, au 4 janvier, était de 30 kilogr. 250; en vingt-deux jours ils avaient gagné 3 kilogr. 160 ou 0 kilogr. 144 par jour; le 22 mars ils pesaient 40 kilogr. 750.

Les plus fortes rations en pulpe n'ont pas dépassé 10 pour 100 du poids vif pour les bêtes

(1) On a commencé par 1 kil. 100 de pulpe, en augmentant successivement tous les huit à dix jours.

à l'engrais, 5 pour 100 pour les vaches à lait, 2 pour 100 pour les animaux d'élevage, et cette limite paraît être *maxima*, si l'on veut à la fois conserver la santé des animaux et obtenir de l'aliment le plus grand effet utile.

L'influence de l'alimentation aux pulpes sur la production du lait, quantité et qualité, comparativement à l'influence du régime aux betteraves crues, a été l'objet d'une expérience spéciale dont le programme est le suivant :

1° Prendre deux vaches ayant vêlé à la même époque et donnant sensiblement la même quantité de lait ;

2° Constater le poids de chaque vache ;

3° Constater la quantité de lait produit ;

4° S'assurer, par des analyses répétées, de la qualité du lait ;

5° Donner à chacune des deux vaches la même ration, en poids, à l'une de betterave, à l'autre de pulpe ;

6° Établir des séparations dans les mangeoires de manière à prévenir toute erreur dans la consommation ;

7° Prendre ces diverses mesures avant l'expérience, s'assurer de temps à autre, par des pesées et des analyses, des changements qui ont pu survenir ;

8° Pour être bien sûr des résultats, intervertir le régime au bout de quelque temps, c'est-à-dire donner les rations de pulpe à la vache qui mangeait des betteraves, et réciproquement, après avoir vérifié, aussitôt après ce changement, tous les points indiqués plus haut ;

9° Pendant la durée du régime, observer avec soin la santé des animaux, l'état du poil, de la peau, des excréments, en un mot tout ce qui peut annoncer soit que l'animal se trouve bien, soit qu'il ne pourrait supporter longtemps le régime auquel on le soumet.

On a fait choix de deux vaches, *Zerbette* et *Aylette*, qui satisfaisaient complétement aux conditions cherchées.

A partir du 29 février 1856
Zerbette a reçu l'alimentation suivante :

Foin	5 kil.;	équival. en foin,	5 kil.
Betterave crue.	25	—	6,25
Menue paille. .	3	—	1,876
Paille	5	—	1,25
			14,376

Aylette recevait, dans le même temps :

Foin	5 k.;	équivalent en foin,	5 k.
Pulpes de distill.	25	—	6,25
Menue paille. . .	3	—	1,876
Paille	5	—	1,25
			14,376

Provisoirement le même équivalent est attribué, ici, aux pulpes et aux betteraves (400 : 100).

Sous l'influence des deux alimentations, les vaches ont produit les quantités de lait suivantes :

	28 février, avant l'expérience.	29 février.	1er mars.	2.	3.	4.	5.	6.	7.	8.	9.	10.	11.	12.	13.	14.	Total.	Moyenne.
	lit.	lit.	lit.	lit.	lit.	lit.	lit.	lit.	lit.	lit.	lit.	lit.	lit.	lit.	lit.	lit.	lit.	lit.
Zerbette...	7,4	7,4	7,3	7,4	7,4	7,4	7,2	6,5	7	7	7,5	7,6	6,2	6,3	7,2	7,1	106,60	7,06
Aylette....	7,2	7,2	7,3	7,8	8	8	7,8	7	7,4	7,4	8,2	9	7,4	7,3	7,8	7,8	115,40	7,66

Il résulte de ce tableau que la nourriture à la pulpe a augmenté de près d'un dixième la production du lait, comparativement à la nourriture à la betterave : 8 litres 80 sur 106 litres 60.

Le 29 mars, après un intervalle de quinze jours laissé entre les deux expériences, le régime est interverti. *Zerbette* reçoit, pendant vingt et un jours, de la pulpe ; *Aylette*, au contraire, reçoit de la betterave crue.

RENDEMENT EN LAIT SOUS L'INFLUENCE DE CE NOUVEAU RÉGIME :

	29 mars.	30.	31.	1er avril.	2.	3.	4.	5.	6.	7.	8.	9.	10.	11.	12.	13.	14.	15.	16.	17.	18.	Total.
	lit.	lit.	lit.	lit.	lit.	lit.	lit.	lit.	lit.	lit.	lit.	lit.	lit.	lit.	lit.	lit.	lit.	lit.	lit.	lit.	lit.	lit.
Zerbette...	7,7	7,8	7,9	7,9	7,8	6,5	7,5	9,1	9,3	6,8	7,7	7,2	7,1	7,1	7,4	7,4	6,7	7	6	7,2	7,1	156,2
Aylette....	8,1	8	8	8	7,9	6,9	6,0	8,2	8,1	6,7	6,6	6,7	6,3	6,3	6,9	6,9	6,7	6,3	5,4	6,5	7,2	148,6

Zerbette, mise à la pulpe, a donc produit, pendant ces vingt et un jours, 156 litres 2 ; moyenne, 7 litr. 4.

Aylette, nourrie à la betterave, a produit, pendant ces vingt et un jours, 148 litres 6 ; moyenne, 7 litres.

Ainsi, pendant ces deux périodes de quinze jours et de vingt et un jours,

La nourriture à la pulpe a produit.. 115,40 et 156,20 lit.; total, 271,60 lit.

La nourriture à la betterave a produit............... 106,60 et 148,60 lit.; total, 255,20 lit.

Différence à l'avantage de la pulpe, total. 16,40

Analyse du lait.

	Pour obtenir	
	1 kil. beurre.	1 kil. caséine.
Il fallait, avant l'expérience, du lait de *Zerbette*............	28,26 lit.	32,12 lit.
Le 14 mars, nourrie à la betterave	29, »	38,10
Le 3 avril, nourrie à la pulpe....	27, 5	41,01
Le 11 avril, nourrie à la pulpe....	25, 5	38, »
Le 19 avril, nourrie à la pulpe....	23, 5	38,80
Il fallait, avant l'expérience, du lait d'*Aylette*............	29, 9 lit.	46,24 lit.
Le 14 mars, nourrie à la pulpe...	27, »	36, »
Le 3 avril, nourrie à la betterave	27, »	41, »
Le 11 avril, nourrie à la betterave	31, 8	57, 7
Le 19 avril, nourrie à la betterave	32, 1	49, 9

Ces chiffres montrent dans quelles proportions la qualité du lait s'améliore sous l'influence de la pulpe et s'affaiblit par le retour de la betterave.

L'augmentation du poids produite par chacun des deux régimes est consignée dans le tableau suivant :

	ZERBETTE.		AYLETTE.	
	Nourriture à la betterave. 1re expérience.	Nourriture à la pulpe. 2e expérience.	Nourriture à la pulpe. 1re expérience.	Nourriture à la betterave. 2e expérience.
	kil.	kil.	kil.	kil.
Avant...	510	517	465	477
Après...	517	555	477	494
	7	38	12	17

Il résulte de ce tableau que l'augmentation en poids des deux vaches soumises à la pulpe est double de celle obtenue par le régime des betteraves.

État de santé des animaux.

Zerbette. Avant l'expérience : betterave : pulpe :
Bon.   Mauvais   A bien
         aspect.   repris.

Aylette. Avant l'expérience : pulpe : betterave :
Bon.   Bon.   A perdu.

De ces divers tableaux il résulte, dit en se résumant la note de Grignon :

« 1° Qu'il y a plus d'augmentation de produit par les pulpes que par la betterave ;

« 2° Que la qualité du lait s'est aussi améliorée par cette nourriture ;

« 3° Que le poids brut a augmenté ;

« 4° Que l'embonpoint est plus satisfaisant.

Enfin les veaux buvant le lait des vaches nourries à la pulpe n'ont pas souffert.

« La perturbation apportée, dans l'état de santé des animaux, au début de l'administration des pulpes, et l'observation de ce fait qu'ils ont plus perdu depuis la cessation de leur régime qu'ils ne perdent ordinairement après la nourriture d'hiver, prouvent que les transitions doivent être ménagées avec le plus grand soin.

« On a constaté à Grignon cette donnée, déjà révélée par l'expérience, que la proportion des aliments très-aqueux, comme l'est la pulpe, comme le sont les racines, doit varier suivant l'espèce d'animaux, leur condition et le but qu'on veut atteindre.

« Pour les bêtes à l'engrais, la quantité de pulpe peut être très-considérable si l'engraissement est conduit rapidement ; autrement le régime semble mener à la cachexie, surtout chez le mouton.

« Pour les bêtes d'élevage la proportion de pulpe doit être beaucoup moins forte si on veut leur conserver une énergie suffisante et solliciter l'activité de leur appareil digestif. »

Comme complément des intéressantes recherches de l'Institut de Grignon on peut formuler de la manière suivante l'état actuel de l'expérience sur la question des résidus de la distillation :

Toutes choses égales d'ailleurs, la richesse des résidus est en raison inverse de la quantité de liquide qu'ils contiennent.

Ceux des féculents sont aussi d'autant meilleurs qu'une plus grande quantité de fécule a échappé à la saccharification.

Dans ceux des racines sucrées, l'entière alcoolisation du sucre paraît exercer peu d'influence sur la richesse nutritive, qui consiste principalement dans les matières albumineuses et grasses.

A l'état cru ils présentent, à quantité égale de liquide, tous les dangers des racines crues, et ils ont en moins le correctif de l'élément sucré qui agit comme condiment.

La cuisson augmente la valeur des résidus, non-seulement en obviant à ces dangers, mais aussi en rendant assimilable une partie du ligneux.

Dans les procédés qui emploient la cuisson en présence du malt, la perte de la fécule de la racine qui est saccharifiée est plus que compensée par les résidus du malt.

L'extraction du jus à froid appauvrit les résidus des matières nutritives qui sont entraînées ; il est indispensable de les leur restituer par les vinasses.

Le traitement à chaud coagule ces matières et les conserve aux résidus.

Néanmoins la macération à l'eau, même chaude, doit être bannie des distilleries agricoles et remplacée par la macération aux vinasses.

Quel que soit le procédé employé, les vinasses doivent rentrer en totalité dans les rations, et on ne doit éliminer que celles qui proviennent de mauvaises fermentations.

A moins que la dose n'en soit exagérée presque jusqu'à muter le moût, l'emploi de l'acide n'offre aucun danger pour la santé du bétail. Les rares accidents qui ont été signalés sont dus soit aux mauvaises fermentations, soit surtout à l'oxydation du cuivre des appareils.

Dans les distilleries agricoles il est prudent de n'employer que des appareils en fonte ou en tôle et de supprimer le cuivre partout où c'est possible.

Sans que leur rôle soit exactement défini, les sels que contiennent les racines sucrées paraissent contribuer, dans une certaine proportion, à l'amélioration des résidus, ou au moins à leur conservation.

Celle-ci est d'autant plus assurée que l'alcoolisation a été plus complète, et que la neutralisation, par la coagulation, du ferment des matières azotées est plus parfaite.

On conserve les résidus d'une année à l'autre en les tassant fortement dans un silo auquel on a ménagé un moyen d'égouttage, et on les recouvre d'une chappe de terre battue, en forme de dos d'âne, afin d'empêcher la pluie d'y pénétrer.

La mise en silo doit avoir lieu, autant que possible, après l'entier refroidissement.

Lorsqu'ils sont bien traités, les résidus s'améliorent en vieillissant, par la perte du liquide et par l'effet de la seconde fermentation qui s'opère de même qu'à l'égard des vins.

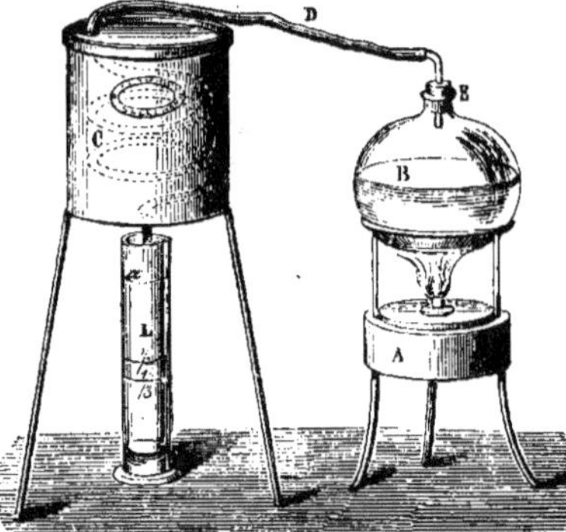

61. — Alambic d'essai de J. Salleron.

62. — Alambic d'essai de J. Salleron.

§ 10. Des essais, des vérifications et de la comptabilité dans une distillerie.

Nous avons signalé, à plusieurs reprises, la nécessité de pratiquer des essais multipliés sur la richesse saccharine des matières que l'on veut soumettre à l'alcoolisation; de vérifier l'état des moûts et des vins; de constater fréquemment les températures pendant la marche du travail, et nous avons indiqué, en leur lieu, les méthodes qu'on peut employer. L'usage des papiers bleu et rouge de tournesol, de la teinture d'iode, des balances de précision, des thermomètres, densimètres, etc., doit être familier au distillateur qui conduit l'opération industriellement.

D'un autre côté, comme la perception des droits sur la production s'exerce d'après le titre et que les ventes ont la même base, il lui importe de se renseigner avec sécurité.

L'insuffisance des aréomètres, pour faire apprécier la richesse alcoolique réelle des liqueurs spiritueuses qui tiennent en dissolution des matières étrangères, a porté plusieurs physiciens et chimistes à rechercher un procédé alcoométrique plus sûr et plus exact. Duval, Descroizilles et après eux Gay-Lussac ont proposé des instruments fondés sur le principe de la distillation. Ces instruments donnent des résultats satisfaisants, mais ils ont l'inconvénient d'être volumineux, d'un usage peu commode, et d'exiger une opération trop longue.

Néanmoins l'instrument de Gay-Lussac était généralement en usage en France, lorsqu'en 1849 l'administration des contributions indirectes confia, à l'habile constructeur M. Salleron, le soin de le simplifier. Il construisit alors l'alambic représenté par les fig. 61 et 62, et qui est aujourd'hui adopté par les octrois des grandes villes et par un grand nombre de commerçants.

L'instrument se compose de :

1° Une lampe A, alimentée par de l'esprit-de-vin;

2° Un ballon de verre B, qui sert de chaudière;

3° Un serpentin contenu dans un vase en cuivre C, qui remplit la fonction de réfrigérant et qui est supporté par trois pieds;

4° Un tube en caoutchouc D, servant à faire communiquer le réfrigérant avec le ballon et s'adaptant à celui-ci à l'aide d'un bouchon en caoutchouc E;

5° Une burette L, sur laquelle sont gravées trois divisions : l'une, a, sert à mesurer le vin qu'on doit soumettre à la distillation; les deux autres, marquées 1/2 et 1/3, sont destinées à évaluer le volume du liquide recueilli sous le serpentin;

6° Un aréomètre F, gradué comme l'alcoomètre de Gay-Lussac;

7° Un petit thermomètre G;

8° Un petit tube de verre H, qui sert de pipette;

9° Une table de correction pour les températures.

Manière d'opérer. On mesure dans la burette L le liquide qu'on veut distiller, et on amène exactement le niveau devant le trait *a*, en se servant, s'il y a lieu, de la pipette H.

On vide le contenu de la burette dans le ballon B ; on ferme celui-ci avec le bouchon E ; on verse de l'eau froide dans le réfrigérant C ; on place la burette sous le serpentin, et on allume la lampe A. Le vin ne tarde pas à entrer en ébullition, et la distillation commence. On la prolonge jusqu'à ce que le produit s'élève, dans la burette, au trait marqué 1/3, lorsque l'on opère sur un vin ordinaire, sur du cidre, de la bière, du vin de féculents ou de racines sucrées, ou tout autre liquide dont la teneur ne dépasse pas 10 ou 12 centièmes.

Si l'on essaie des vins capiteux, tels que ceux de Cette, de Madère, de Porto ; des liqueurs sucrées ou d'autres liquides dont la richesse varie entre 12 et 25 0/0, on distille jusqu'au trait 1/2. Il n'y a, du reste, aucun inconvénient à dépasser l'une ou l'autre limite ; et, lorsque l'on ne connaît pas approximativement la richesse du liquide à essayer, il est préférable de distiller jusqu'à la moitié de la burette. On est sûr alors que tout l'alcool que renfermait ce liquide se trouve dans le produit de la distillation. On éteint la lampe et on achève de remplir la burette avec de l'eau pure jusqu'au trait *a*. On a ainsi un liquide occupant le même volume et contenant la même quantité d'alcool que le vin qu'on a distillé, et le représentant, par suite, exactement, au point de vue de la richesse spiritueuse ; seulement toute matière étrangère s'en trouve éliminée ; il ne reste donc plus qu'à faire usage de l'alcoomètre ordinaire pour connaître exactement cette richesse. Le thermomètre et les tables qui accompagnent l'appareil donnent les corrections de température qu'il faut apporter à l'indication de l'alcoomètre.

M. Forthomme, professeur de physique et de chimie au lycée de Nancy, a fait connaître en France un nouvel instrument destiné également à mesurer la richesse alcoolique des boissons fermentées. On le doit à M. Geissler, de Bonn (Prusse), qui a déjà enrichi la physique des tubes merveilleux qui portent son nom. M. Forthomme en donne la description suivante :

« Cet instrument est fondé sur la tension des vapeurs émises par un mélange d'alcool et d'eau, à la température de l'ébullition de l'eau. Imaginez un tube de verre d'environ 7 à 8 centimètres de diamètre. Il est fermé à une extrémité. L'autre bout est soudé à un tube étroit, formant une sorte de petit goulot qui entre à frottement à l'émeri dans un tube qui, se redressant verticalement, est fixé sur une planchette graduée. Un peu au-dessous du goulot du réservoir est un étranglement à une distance telle que l'espèce d'ampoule ainsi formée contienne un centimètre cube ; du reste, deux traits

marqués sur le réservoir indiquent exactement cette capacité. On remplit le réservoir de mercure jusqu'au premier trait, on verse le liquide à essayer jusqu'au second ; on retourne le réservoir ; le liquide monte vers la partie fermée et on adapte le tube manométrique. On place la partie contenant le liquide dans une petite étuve dont on fait bouillir l'eau. La vapeur fait monter le mercure dans le tube, et la division où s'arrête le sommet indique la quantité pour 100 d'alcool pur. Comme le point d'ébullition de l'eau change avec la pression atmosphérique, un thermomètre très-sensible indique la température, et une table jointe à l'appareil fait connaître la correction à faire.

« Cet instrument, construit sur un principe rigoureux, a l'avantage de permettre d'opérer sur de petites quantités, 1 centimètre cube ; en outre, le liquide étant dans un espace hermétiquement fermé, aucune trace de vapeur n'est perdue ; enfin la différence des tensions du mélange est très-grande pour une petite différence dans la proportion d'alcool.

« Lorsque l'on veut essayer des boissons gazeuses, un traitement préliminaire à la chaux les débarrasse de l'acide carbonique.

« Est-il nécessaire d'ajouter que tous les résultats accusés par les essais et les vérifications, ainsi que tous les rendements, doivent être constatés exactement et régulièrement sur des registres spéciaux que le distillateur aura toujours sous les yeux pour éclairer sa marche ?

« Nous pensons lui être utile en donnant un spécimen de l'un de ces registres, emprunté à la comptabilité de l'établissement de Bresles (Oise), qui présente à cet égard, comme dans tous les détails de sa vaste administration, un modèle que l'on peut suivre avec confiance.

« Les trois tableaux suivants représentent une journée de travail de la distillerie et sont extraits textuellement. »

Fermentation.

| Mois. | Dates. | N° des cuves. | Contenance. | DENSITÉ | | Betteraves coupées. | JUS PRODUIT. | |
				avant fermentation	après fermentation		hectolitres.	pour 100 kil. de betteraves.
Octobre.	26	163	105	3,5	0,8	kilog.		
		7	»	3,4	0,8			
		8	»	3,3	0,8			
		9	»	3,4	0,8			
		10	»	3,4	0,8			
		11	»	3,3	0,8			
		12	»	3,4	0,8			
		13	»	3,2	0,9	61,500	81.2	21,3

Distillation.

Mois.	Dates.	Contenance.	Densité intermédiaire.	FLEGMES OBTENUS.		Alcool à 100 degrés.	RENDEMENT	
				hectolitres.	degré.		par hectol. de jus.	par 100 kilog. de betteraves.
Octobre.	27	hect. 105	2.7					
		»	2,6					
		»	2,5					
		»	2,6					
		»	2,6					
		»	2,5					
		»	2,6					
		»	2,3	49,12	58	28,49	3,39	4,52

§ 11. *Distilleries belges et anglaises.*

Les grands établissements de distillation sont rares en France, et il n'est pas dans notre tendance agricole de leur donner ce développement considérable qui appartient aux industries manufacturières et commerciales. Le plus important était celui monté à Sermaize (Marne), par le système Leplay, pour le traitement des betteraves. Cette colossale usine a dû fermer sous le coup des procès intentés à une certaine époque aux exploitants du système, bien que plus tard il soit sorti victorieux de cette lutte. Dans la nomenclature des distilleries montées d'après le système Champonnois, on en trouve qui fabriquent 60 et 80,000 kilogr. de betteraves par vingt-quatre heures, mais ce sont des exceptions. Il n'en est pas de même à l'étranger, surtout en ce qui concerne la distillation des grains.

Rectification.

Mois.	Dates.	Numéro des rectifications.	Charge à 100 et 15 de température.			RENDEMENTS.					RENDEMENT pour 100.			
			Flegmes.	D. F.	Total.	Bon goût.	Demi-fin.	Mauvais goût.	Perte.	Total.	B. G.	D. F.	M. G.	Perte.
Novembre.	19	I	35,00	»	35,00	28	6,20	0,78	0,02	35	80	16	2	2
		2	24,56	4,60	29,16	24,16	4,80	0,18	0,02	29,16	81	16	1	2

Il n'est pas rare de rencontrer, en Belgique, de grandes usines qui travaillent à la fois des grains, des pommes de terre et des betteraves. M. Lacambre donne le dessin d'une de ces distilleries mixtes. Nous le reproduisons afin qu'on puisse se faire une idée des dispositions qui y ont été adoptées.

DISTILLERIE BELGE,
Montée pour travailler les grains, les pommes de terre et les betteraves.

Les grains sont maltés, saccharifiés et distillés en matières pâteuses. Les pommes de terre sont cuites et distillées de la même manière. Les betteraves sont râpées, le jus en est extrait par déplacement et pressage. On emploie un alambic simple à barbotage de vapeur, et un appareil de rectification simple à feu nu.

La fig. 63 donne une élévation intérieure passant selon la ligne A B de la fig. suivante.

La fig. 64 donne un plan horizontal passant à 2^m,80 au-dessus du sol.

Dans ces deux figures les mêmes lettres indiquent les mêmes objets.

L'usine, pour laquelle on a utilisé d'anciens bâtiments, est séparée des corps de ferme par une porte charretière I. A gauche sont les étables A pour les vaches laitières et à leur suite celles d'engraissement. A droite est le four J, où on cuit le pain de la ferme ; ensuite le groupe industriel.

Celui-ci se compose, au rez-de-chaussée, de 5 pièces séparées par des murs.

La première, B, est occupée par un manége à 4 chevaux $a\,a$, consolidé au moyen d'un assemblage supérieur $b\,b\,b$, par les poulies de transmission $c\,c'\,c''$ et d, et par une pompe e qui alimente d'eau toute l'usine en l'envoyant dans un réservoir L situé au premier étage, d'où elle est ensuite répartie.

La seconde, D, est l'atelier pour le travail des betteraves. Elle renferme un laveur f, qui sert également au lavage des pommes de terre ; une râpe à betteraves g ; une citerne à résidus P', munie de sa pompe e' ; trois cuves $h\,h\,h$ pour le déplacement du jus ; un monte-jus j et un bac superposé.

La troisième, C, est le magasin pour les pommes de terre et les betteraves. Elle renferme des bacs $k\,k$ en bois doublé de cuivre, qui reçoivent le jus des betteraves, et deux presses à levier avec leur récipient h'.

La quatrième, E, est l'atelier de distillation. Elle renferme :

Une citerne à genièvre P' munie de sa pompe e^2 ;

Un appareil de rectification q, pourvu de sa cheminée y et de son réfrigérant R' à serpentin, avec lequel il communique par le tuyau t ;

Cinq cuves à fermentation $l\,l\,l\,l\,l$, contenant environ 12 hectol. chacune ;

Une petite cuve l' à la hauteur d'un demi-étage pour la macération des grains ;

63. — Distillerie belge. Élévation intérieure selon AB de la fig. 64.

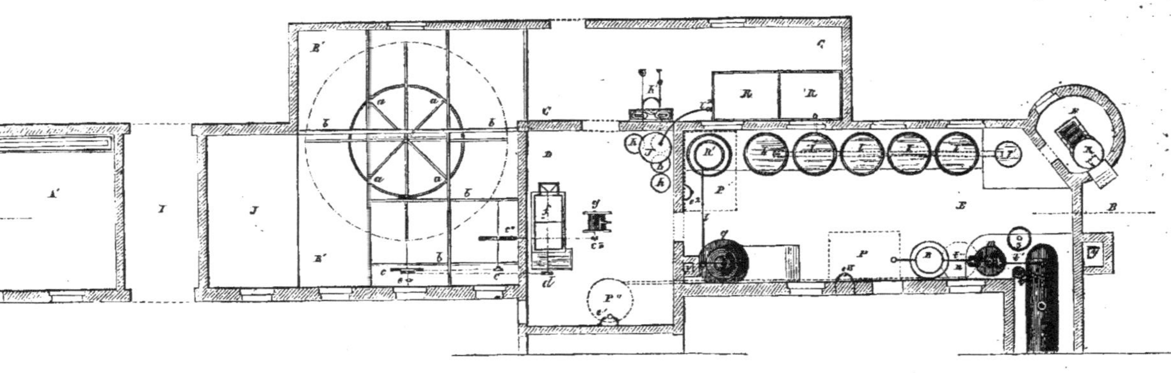

64. — Distillerie belge. Plan.

Une chaudière tubulaire x', de six chevaux, avec sa cheminée y accolée extérieurement au mur, sa tuyauterie t t' communiquant d'une part avec un vase alimentaire v, d'autre part avec l'alambic m ;

Une petite cuve d'eau chaude s, montée sur le massif ;

Une cuve à vinasse n, puisant directement dans l'alambic au moyen d'une pompe, et installée à une hauteur suffisante pour dominer la cuve à macération l', précédemment indiquée ;

Un alambic simple à barbotage de vapeur m, communiquant par le tuyau t'' avec le réfrigérant à serpentin R, d'où les flegmes tombent dans une citerne P, munie de sa pompe e^3.

Dans la cinquième pièce F, formant tourelle, sont installés un appareil de cuisson et des cylindres broyeurs X pour la préparation des pommes de terre.

Un germoir voûté H occupe le dessous de la pièce E, et une touraille 3', desservie par la cheminée de la chaudière, est placée au 1er étage, dans le grenier à grains G, qui règne au-dessus du groupe industriel. La cheminée est munie, à la hauteur de l'étage, d'un registre qui l'interrompt sur ce point et force les gaz de la combustion de circuler dans un double système de carnaux à larges sections 3, qui forment le dessous de la touraille, après quoi ils rentrent dans la cheminée. Le plancher de la touraille est formé par de grandes briques cuite, recouvrant ces carnaux. Leur nettoyage s'opère par des regards ménagés vis-à-vis de chacun d'eux.

L'arbre de couche du manège commande directement la pompe à eau e, et indirectement, par des poulies, le laveur et la râpe.

L'eau du réservoir supérieur L se distribue, au moyen d'une tuyauterie horizontale t^3 sur laquelle sont branchés des tuyaux verticaux terminés par des robinets x, au laveur, à la râpe, aux cuves de déplacement, aux cuves de fermentation, à celle de macération, aux réfrigérants, enfin à la cuve d'eau chaude de la machine.

Les pompes des citernes se manœuvrent à la main. Il en est de même de celles des vinasses et de l'eau chaude. La pompe e envoie directement, dans les auges des diverses étables, au moyen de conduits ouverts en bois, les résidus de la citerne P''.

Le travail des grains et celui des pommes de terre s'opère par les procédés connus. Les vinasses sont employées à la macération. On les pompe directement de l'alambic dans la cuve n, qui est large et peu profonde. Elles y déposent et s'y refroidissent à la température voulue. Le clair est alors envoyé à la cuve à macération l', et le dépôt est envoyé à la citerne à résidus P''.

La cuve à macération l' est à double enveloppe chauffée par la vapeur.

Quant aux betteraves, elles sont râpées. La pulpe est mise dans des sacs en fort canevas, contenant de 50 à 60 litres, et portée dans les cuves à déplacement h h h, munies au fond d'un fort grillage sur lequel on place le sac. Celui-ci a un diamètre plus grand que celui de la cuve et entre à frottement. Sur le premier sac, qui renferme de la pulpe fraîche, on en place un second renfermant de la pulpe qui a déjà subi un premier lavage, et on le couvre d'une couche d'eau froide de 18 à 20 centimètres.

Alors intervient l'appareil nommé le monte-jus, qui exige une description particulière.

Cet appareil, qui peut, dans beaucoup de cas, remplacer une pompe, agit en faisant le vide. Il est composé d'un cylindre vertical en forte tôle terminé par deux calottes sphériques. A l'axe de la calotte supérieure est la tubulure d'un robinet qui reçoit un tuyau de vapeur. De chaque côté sont deux petits robinets pour l'échappement de l'air. La calotte inférieure a deux tubulures latérales également munies de robinets ; l'une communique avec le réservoir du liquide à élever ; l'autre, qui porte en prolongement un tuyau descendant jusqu'à 2 ou 3 centimètres du fond de cette calotte, aboutit au réservoir où on veut élever le liquide.

On introduit la vapeur, et, lorsque l'air est expulsé, on ferme le robinet d'introduction et ceux d'échappement de l'air. Alors la vapeur se condense et fait le vide dans l'appareil. Au bout de quelques instants on ouvre le tuyau par lequel le liquide est aspiré. Quand l'appareil est rempli on ferme l'aspiration ; on ouvre le refoulement au réservoir supérieur et on introduit de nouveau la vapeur, qui, par sa pression, force le liquide à s'élever.

Si le générateur fonctionne à 4 atmosphères de pression, cet appareil peut aspirer un liquide à 8 mètres et le refouler à 25 ou 28 mètres.

Dans l'espèce, le tuyau d'aspiration communique avec le fond de chaque cuve de déplacement, et il soutire le jus qui est remplacé par l'eau versée sur la pulpe. Dès que cette substitution est opérée, on ferme l'appareil ; on refoule ce jus dans les bacs k k ; on enlève le sac supérieur ; on le soumet à la presse à levier pour en extraire le jus faible mélangé d'eau, qui est également envoyé aux bacs. Le sac inférieur prend à son tour le rôle supérieur dans une nouvelle opération, et ainsi de suite.

Enfin, un conduit ouvert 1, 2 (fig. 63), communiquant d'une part avec le réservoir d'eau froide, d'autre part avec les bacs k k, règne sur toute la longueur des cuves à fermentation et les alimente.

Nous empruntons au même ouvrage de M. Lacambre les dessins et aussi la description de l'une des grandes distilleries de grains de l'Angleterre. Il est regrettable que cet auteur ait laissé ignorer sa situation et sa production journalière ; mais à l'ampleur de son agencement on

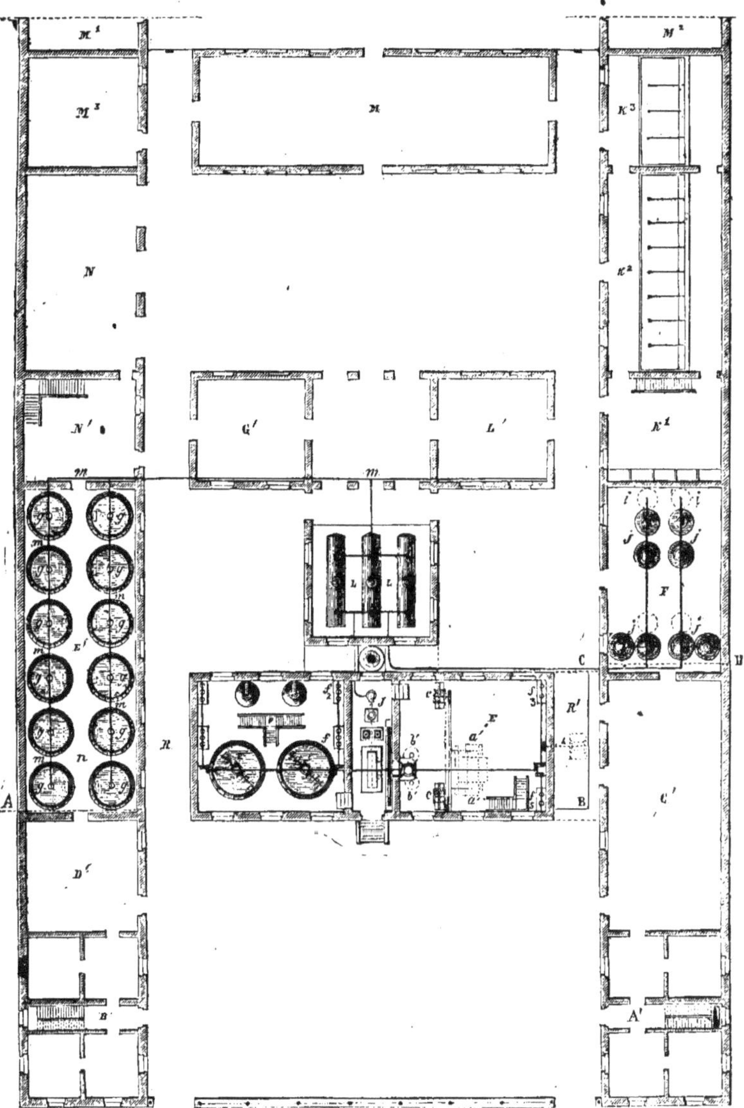

65. — Distillerie anglaise. Plan d'ensemble.

ne peut pas douter que sa fabrication n'atteigne un chiffre très-considérable.

DISTILLERIE ANGLAISE.

Fig. 65. Plan d'ensemble de la distillerie.
— 66. Coupe verticale selon la ligne brisée A, B, C, D de la figure 65.

Fig. 67. Coupe verticale suivant l'axe du balancier de la machine à vapeur.

Légende.

Dans ces figures les mêmes lettres indiquent les mêmes objets.

A′ Bureau d'expédition des matières fabriquées, etc.

B′ Bureau d'entrée des matières premières.

C′ Magasin d'expédition et d'entonnage des produits fabriqués.

D′ Laboratoire du contre-maître.

E Partie du bâtiment central où s'opère la mouture des grains.

E′ Cellier de fermentation renfermant douze cuves énormes, vues en plan dans la figure 65 et en élévation dans la figure 66.

E³ Magasin à malt et à grains.

F Atelier où s'opère la saccharification des grains.

F′ Atelier de distillation proprement dit, renfermant deux appareils continus à colonne d'un système particulier et deux rectificateurs simples à vapeur.

G Bacs en fonte recouvrant une grande partie de l'usine. Une partie de ces bacs sert à refroidir le moût, et l'autre partie est employée pour alimenter l'usine d'eau froide.

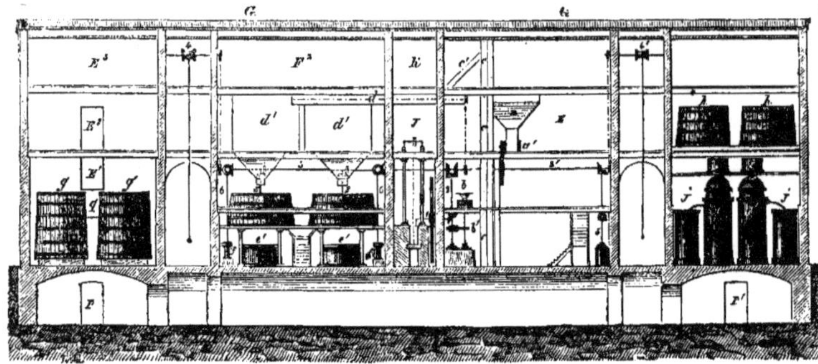

66. — Distillerie anglaise. Élévation intérieure transversale selon la ligne brisée A B C D de la fig. 65.

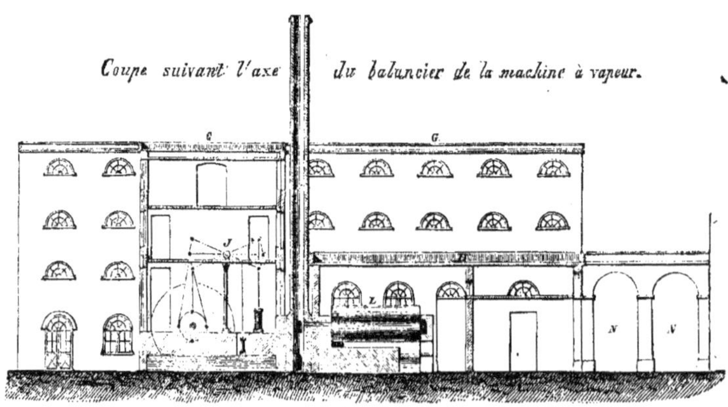

67. — Distillerie anglaise. Élévation intérieure longitudinale.

J Machine à vapeur à moyenne pression et à condensation, de la force de 20 à 30 chevaux.

K Place dont un côté sert de passage et l'autre de chambre pour le machiniste.

K¹, K², K³, Écuries. La place K¹ sert à mettre l'avoine, et la place K³ est une infirmerie pour les chevaux malades. Ces écuries, dont les crèches sont en fonte, sont vraiment remarquables pour le confort.

L Générateurs de vapeur à tubes intérieurs, de la force de 30 à 36 chevaux chacun.

L′ Laverie à la vapeur pour nettoyer et désinfecter les tonneaux et les autres futailles.

M Étables pour les vaches laitières.

M¹, M², M³ Étables pour les bœufs et les moutons.

Dans ces étables, qui forment deux cours rectangulaires, il y a place pour 400 à 500 bêtes à cornes et 800 à 900 moutons. La place M² est une infirmerie pour les moutons; à l'extrémité opposée se trouve une seconde place, un peu plus grande, qui est spécialement destinée aux

bêtes à cornes qui sont accidentellement malades.

NN Remises et sellerie pour les harnais.

PP Caves et magasins.

a, Trémie double pour recevoir le malt et
alimenter deux paires de cylindres *a'*, *a'*, placés
immédiatement au-dessous. Ces cylindres sont
mis en jeu par l'arbre de couche 3' et les engrenages qu'on voit figurés dans la coupe, fig. 66.

b, *b*, Meules ordinaires pour la mouture des
grains crus ; ces meules sont mises en jeu par un
système d'engrenages cylindriques *b'* qui n'offre
rien de particulier.

c, Caisse en bois dans laquelle tourne une
chaîne à godets. Elle élève la mouture qui, par
la trémie *e'*, arrive dans le conducteur à hélice
d, *d*. Celui-ci l'amène dans les grandes trémies
d d.

d, *d*, Grandes trémies doubles, réservoir de
farines pour contenir toute la mouture nécessaire
pour remplir les deux cuves de macération, *e*, *e*.

e, *e*, Cuves de macération entièrement semblables aux cuves-matières dont se servent les
brasseurs en Angleterre; elles sont aussi munies de moulinets brasseurs et d'arrosoirs à force
centrifuge, semblables à ceux qu'on emploie
dans les grandes brasseries de Londres.

e' e', Bacs en fer, qu'en terme de brasserie
on nomme bacs reverdoirs.

f, *f*, Pompes servant à élever le moût avant
de le refroidir.

f¹, *f²*, Pompes servant à élever le moût après
l'avoir refroidi en partie aux réfrigérants *g'*.

f², *f³*, Pompes servant à élever le moût fermenté dans les cuves *h*, *h*.

g, *g*, Cuves de fermentation de 280 à 300 barils de capacité chacune. Dans l'intérieur de
ces cuves se trouve un serpentin en cuivre,
qu'on peut à volonté mettre en communication
avec de l'eau froide ou de la vapeur, pour rafraîchir ou échauffer le liquide, selon que l'o-
pération marche trop vite ou trop lentement.

Au moyen de tuyaux et de robinets, l'une
quelconque de ces cuves peut être mise en
communication avec les pompes *f*,*f*, qui élèvent
le moût fermenté dans les réservoirs, *h*, *h*.

h, *h*, Cuves servant de réservoirs d'alimentation pour les appareils de distillation.

j, *j*, Appareils de distillation et de rectification à la vapeur.

m, *m*, Tuyaux formant serpentin à l'intérieur des cuves de fermentation, servant tantôt
à chauffer et tantôt à refroidir le liquide, et pouvant, au moyen de robinets, être mis à volonté
en communication avec les générateurs et les
réservoirs d'eau froide.

Dans quelques distilleries anglaises ces cuves
sont en outre munies de tuyaux et d'un appareil réfrigérant dans lequel on fait passer le
gaz acide carbonique qui, d'après cette disposition, se dégage hors de l'atelier, tandis que les
vapeurs alcooliques sont condensées et recueil-

lies. Mais, comme la fermentation est très-mo-
dérée en Angleterre, les produits alcooliques
condensés par ces appareils ont fort peu d'importance. Toutefois cette disposition est fort
bonne, en ce qu'elle dispense de ventiler ces
ateliers en portant au dehors les torrents d'a-
cide carbonique qui se dégagent par la fermentation d'un aussi grand volume de moût.

n, *n*, Larges ouvertures munies de branches
à charnières s'ouvrant et se fermant à volonté ;
ces bouches servent à entrer dans les cuves au
moyen d'échelles.

1, 2, 3, 4, 5, 6. Arbres transmettant le mouvement aux divers appareils et machines.

4, 4', Tire-sacs pour charger et décharger les
chariots à couvert.

S, S, Bouches de trémies, munies de glissières
en fonte, se manœuvrant au moyen d'une
manivelle et de petits pignons engrenant dans
des crémaillères reliées deux à deux aux glissières.

Les appareils pour la bouillée fonctionnent
d'une manière continue, mais ils sont construits
d'après un tout autre système que celui de Cellier-Blumenthal. Comme je n'ai pu donner les
plans détaillés de ces appareils, je crois devoir
m'arrêter ici un instant, pour les décrire sommairement et faire comprendre l'ensemble des
éléments dont ils sont composés, ainsi que les
principes sur lesquels ils reposent.

Les grands appareils de distillation à vapeur
qui sont les plus usités en Angleterre, et dont
l'ensemble est représenté par les fig. 65 et 66, se
composent de deux parties principales bien distinctes : le refrigérant à eau et l'appareil de distillation proprement dit, qui, l'un et l'autre, ont à
l'extérieur une forme cylindrique. Le réfrigérant
n'offre ordinairement rien qui mérite d'être
mentionné d'une manière spéciale ; mais il n'en
est pas de même de l'appareil de distillation proprement dit. Son enveloppe extérieure se compose ordinairement d'un énorme cylindre en
cuivre, en fonte ou en bois, muni de larges
bouches ou trous d'hommes par où on peut pénétrer dans l'intérieur qui renferme un double
système de plateaux analogues à ceux du système Cellier-Blumenthal-Derosne. Seulement
ces plateaux, beaucoup plus larges, sont fixés
sur le cylindre extérieur et placés de manière
à former une série de plans inclinés destinés à
multiplier les surfaces de contact du liquide et
de la vapeur alcoolique, qui est forcée de les
parcourir successivement en sens inverse du
liquide qui descend d'un diaphragme à l'autre
en formant cascade.

Dans la partie supérieure du grand cylindre
se trouve une espèce de chauffe-vin rectificateur, composé d'une série de diaphragmes à
doubles enveloppes, plongés dans de l'eau dont
la température est maintenue à un degré à peu
près constant. Ces doubles enveloppes circulaires, à l'intérieur desquelles circulent les vapeurs

alcooliques et l'eau à l'extérieur, sont disposées de manière que les vapeurs, au fur et à mesure qu'elles se condensent, descendent de chicane en chicane, et de là dans la partie inférieure de la colonne; tandis que les vapeurs alcooliques se chargent des parties les plus spiritueuses condensées et se dépouillent de plus en plus des parties aqueuses · et des huiles essentielles qu'elles renferment, étant en contact avec des surfaces constamment rafraîchies à un degré déterminé. On obtient ainsi facilement des produits qui renferment 38 à 50 centièmes d'alcool, qu'on rectifie ensuite dans des appareils à distillation simple à feu nu ou à la vapeur.

Avec les appareils cylindriques que je viens de décrire on compte qu'il faut quinze chevaux-vapeur pour distiller 600 barils de moût par 24 heures. La marche de l'opération avec ce genre d'appareil est sensiblement la même qu'avec l'appareil continu de Cellier-Blumenthal-Derosne.

Un autre système d'alambic aussi très-usité en Angleterre pour la distillation des grains, et qui mérite d'être cité à cause de sa perfection, se compose de trois parties entièrement distinctes et ne communiquant entre elles que par de simples tuyaux : ce sont l'alambic, ou l'appareil distillatoire proprement dit, une espèce de rectificateur, et un réfrigérant de forme particulière que je vais décrire sommairement.

L'alambic proprement dit n'est autre chose qu'une chaudière très-large et peu profonde, souvent chauffée à la vapeur par le contact seulement; à cet effet elle est alors munie d'une forte enveloppe sur ses parois latérales et inférieures. Le col de l'alambic va déboucher au bas de l'appareil rectificateur, qui est placé au-dessus et se compose d'une enveloppe extérieure à section carrée ou rectangulaire contenant l'appareil dans lequel le liquide à distiller et les vapeurs alcooliques circulent en sens inverse.

Cet appareil en cuivre, dont les surfaces intérieures sont doublées en étain ou tout au moins sont parfaitement étamées, se compose d'un certain nombre de cases à section rectangulaire, renfermant une multitude de lames métalliques, superposées de manière que le liquide à distiller doive parcourir successivement, dans toute leur longueur, toutes celles que renferme chaque case. Toutes ces cases sont semblables et alimentées par le même tuyau, et toutes communiquent avec le col incliné de l'alambic, par où le liquide, a peu près dépouillé de tout l'alcool qu'il renferme, arrive dans la cucurbite avec les produits des vapeurs aqueuses condensées, en cheminant en sens inverse du liquide à distiller. Cette série de cases, séparées entre elles par des capacités à sections rectangulaires ouvertes de côté, sont entièrement plongées dans l'eau que renferme l'enveloppe extérieure de l'ensemble de l'appareil; au moyen d'un robinet à eau froide, dont la clef s'ouvre par l'effet de la dilatation d'une double

tige, l'eau que renferme cet appareil rectificateur est constamment maintenue à une température de 77 à 78° centigr., de manière qu'en s'élevant les vapeurs alcooliques se dépouillent d'une grande partie de l'eau qu'elles renferment, et, lorsqu'elles passent dans le réfrigérant, elles ont un degré d'autant plus élevé que la température de l'eau dans laquelle plonge cet appareil est plus basse.

Au moyen de cet appareil, qui fonctionne d'une manière continue, l'on peut fort bien obtenir des produits alcooliques de 50 à 60 centièmes; mais, communément, on se borne à retirer des flegmes marquant 25 à 30°, qu'on rectifie ensuite avec le même système d'appareil, après les avoir préalablement étendus avec de l'eau tiède.

Voici comment on opère avec ce dernier genre d'appareil : on introduit d'abord dans la cucurbite de l'appareil une quantité de liquide à distiller suffisante pour échauffer, puis on met le feu ou on donne la vapeur, selon que l'appareil est chauffé à la vapeur ou à feu nu, et, dès que les vapeurs produites par l'ébullition du liquide ont porté au degré convenable la température de l'eau qui environne l'appareil rectificateur (c'est-à-dire à 77 ou 78° centigr.), on règle la tige du robinet régulateur qui donne l'eau froide, puis on ouvre le robinet d'alimentation, dont on règle l'ouverture selon la marche plus ou moins prompte de l'appareil distillatoire. La liqueur fermentée coule alors lentement et en mince nappe sur les diaphragmes des différentes cases inclinées, et descend de diaphragme en diaphragme, se dépouillant de plus en plus de l'alcool qu'elle renferme, tandis que les vapeurs qui marchent en sens inverse en s'élevant deviennent de plus en plus spiritueuses en se dépouillant des parties aqueuses condensées par les surfaces de l'appareil et le liquide à distiller, qui sont maintenus à la température constante de 77 à 78°.

On obtient ainsi, sans la moindre pression de vapeur dans l'appareil, le résultat distillatoire le plus complet, c'est à-dire qu'en fort peu de temps, avec très-peu de main-d'œuvre et de combustible, on obtient des quantités considérables de produits alcooliques très-purs. Les vapeurs ne rencontrent de résistance sur aucun point de l'appareil, tandis que, dans presque tous les autres alambics continus, elles passent à travers plusieurs couches de liquide, ce qui nécessite un barbotage tumultueux qui est plus ou moins préjudiciable à la rectification (1).

On peut facilement appliquer ce procédé de distillation à un alambic ordinaire; il suffit pour cela de placer entre le réfrigérant et l'alambic l'appareil que je viens de décrire. »

(1) D'après la description que donne M. Lacambre, le principe de construction de ces deux appareils de distillation offre une grande analogie avec celui de l'appareil de M. Robert (de Vienne), représenté page 27.

§ 12. *Bibliographie.*

Ce n'est pas avant le commencement de ce siècle qu'on trouve la distillation étudiée au point de vue agricole dans les auteurs français, et avant le siècle précédent que les produits alcooliques sont entrés dans la consommation.

Les anciens ne connaissaient l'eau-de-vie que comme produit de laboratoire. La *Maison rustique d'Estienne et Liebaut*, le premier ouvrage français que nous possédions sur l'agriculture, et qui, de 1565 à 1702, n'a pas eu moins de 40 éditions, a consacré près de 30 pages très-curieuses à *l'Art des maitres distilleurs et abstracteurs de quinte essence*, comme on les appelait, avec les figures des appareils employés. Mais cet art, qui a donné naissance aux industries qui nous occupent, ne s'appliquait alors qu'aux essences de fleurs, de fruits, de plantes, etc., et à ces mille drogues et recettes de la médecine alchimiste. L'eau-de-vie n'y figure qu'à ce titre.

Ollivier de Serres, qui lui consacre aussi une douzaine de pages, n'a fait que reproduire ce travail en l'abrégeant.

Le Dictionnaire de l'abbé Rozier ne traite que de la distillation des vins. Il en est de même du *Cours d'Agriculture* de Déterville, qui date de 1838, à part une note très-succincte de Bosc sur l'eau-de-vie de grains et de pommes de terre. Le *Cours complet d'Agriculture* de Vivien, publié en 1840, rappelle seulement, au mot *pommes de terre*, qu'on en extrait de l'eau-de-vie ; au mot *eau-de-vie*, que les carottes et les autres racines sucrées peuvent en fournir, et, au mot *betterave*, il ne traite que de la fabrication du sucre.

Le 3° volume de la *Maison rustique du dix-neuvième siècle* contient une série d'articles remarquables dus à M. Payen, dans lesquels sont exposés, avec la clarté qui caractérise les travaux de ce savant, les procédés employés pour l'extraction de l'eau-de-vie des grains, des fécules et des pommes de terre. La fabrication du sucre y est également traitée avec détails, mais l'alcoolisation de la betterave et des autres racines sucrées n'y figure que comme une simple mention.

Diverses revues consacrées à l'agriculture et à l'industrie depuis le commencement du siècle renferment quelques articles intéressants sur la fermentation et la distillation des grains et des pommes de terre, sur les cultures, sur les appareils de ces industries, etc. Les principales sont :

Les *Annales des Arts et Manufactures*, par Barbier de Veimars, publiées dès 1802, à raison de 4 volumes par année, avec planches ; le *Mercure technologique*, par Le Normand et de Moléon, 25 vol. de 1809 à 1820, et 23 vol. de 1820 à 1826 ; le *Bulletin des Sciences agricoles et économiques*, par Férussac, 1824 à 1829 ;

le *Bulletin de la Société d'Encouragement*, et surtout le *Bulletin* ainsi que les *Mémoires de la Société centrale d'Agriculture*.

Il en est de même des *Dictionnaires encyclopédiques*, tels que le *Dictionnaire technologique*, celui de *l'Industrie manufacturière*, celui des *Arts et Métiers*, enfin l'*Encyclopédie des Arts et Manufactures*, de Laboulaye, l'ouvrage le plus complet et le plus récent sur l'ensemble des connaissances industrielles.

Mais c'est aux organes de la presse agricole qu'il faut s'adresser pour connaître tout ce qui s'est produit en ce sens, soit comme tendances, soit comme tentatives, soit comme procédés sanctionnés par la pratique, depuis une vingtaine d'années et surtout dans les huit dernières.

Les débats, on pourrait dire les enquêtes, qu'ils contiennent forment un recueil de documents et d'appréciations qui ont porté la lumière sur tous les points de ces questions complexes.

Citons principalement, par ordre d'ancienneté : les *Annales de l'Agriculture française*, dont la création remonte à l'année 1798 ; l'*Écho agricole*, où le regrettable M. Pommier s'était dévoué à la propagation des industries rurales ; le *Journal d'Agriculture pratique*, qui a donné à ces enquêtes la plus large hospitalité, et dont le savant directeur, M. Barral, a toujours pris le soin de contrôler la discussion en rappelant les vrais principes de l'économie rurale ; *l'Agriculteur praticien* ; le *Moniteur des Comices*, le *Journal d'Agriculture progressive*, le *Journal des brasseurs, des fabricants de sucre et des distillateurs*, organe spécial et compétent de ces industries, et *la Culture*, écho des comices, sous la direction de M. Sanson.

La liste des ouvrages spéciaux sur la distillation est peu nombreuse. La tendance que nous avons signalée à grouper la distillerie et la siroperie nous engage à y comprendre ceux qui traitent de la betterave destinée à la fabrication du sucre et dans lesquels on trouve d'ailleurs d'utiles documents sur sa culture, sa récolte et sa conservation.

Art du Distillateur, par Dubuisson, 1719, 2 vol. in-12. *Art du Distillateur*, par de Machy, 1775, 1 vol. in-folio.

Mémoire sur la meilleure manière de construire les alambics et les fourneaux propres à la distillation, par Beaumé, 1778, 1 vol. in-8°.

Traité de la Distillation, par Dejean, 1779, 1 vol. in-12.

Mémoire et instruction sur la culture, l'usage et les avantages de la racine de disette, par l'abbé de Commerell, 1787, broch. in-8°.

Dissertation sur la betterave et la poirée, leur culture ; méthode pour en tirer le sucre, par Buchoz, 1787, 1 vol. in-folio.

Instruction pour cultiver et exploiter la betterave à sucre, par Detmar-Basse, 1799, in-8°.

Art de faire les eaux-de-vie et les vinaigres, par Parmentier, 1801, in-8°.

Instruction sur la fabrication du sucre et sirop de betteraves, ou Avis à tout propriétaire, comment, en consacrant 5 à 6 journaux de terre à la culture de cette racine, il peut récolter, chaque année, de 2 à 300 livres de moscouade, et 1000 à 2000 livres de sirop, la dépense en ustensiles s'élevant de 7 à 1100 francs au plus, par Achard, traduit de l'allemand par Desertine, avec planches comprenant 43 figures, Hambourg, 1811.

Traité complet sur le sucre européen de betterave et culture de cette plante sous le rapport agronomique et manufacturier, par Achard, traduit par Angar et Derosne, 1812, 1 vol. in-8°, avec planches.

Réflexions générales concernant les sirops et sucres extraits de végétaux indigènes, par Parmentier, 1813, imprimerie imp., 1 vol. in-8°.

Mémoire sur la distillation de l'eau-de-vie de pommes de terre en usage dans plusieurs départements du Rhin, en rapport avec la grande culture, par Van Recum, 1813, Creuznach, broch. in-18.

Essai sur la distillation, 1 vol. in-8°, avec planches. L'*Art du distillateur des eaux-de-vie et esprits,* par Le Normand, 1817, 2 vol. in-8°, avec planches.

Notice sur la conversion du sirop de fécule de pommes de terre en eau-de-vie, par Labbé, 1818, in-8°.

Mémoire sur la saccharification des fécules, par M. Dubrunfaut, 1823, in-8° (couronné par la Société centrale d'Agriculture).

Traité complet de l'art de la distillation, par M. Dubrunfaut, 1824, 2 vol. in-12, avec planches. Malgré sa date déjà ancienne ce traité est resté l'ouvrage classique sur la matière. Il peut être regardé comme la souche de tous ceux qui sont venus après lui. C'est le manuel indispensable des distillateurs.

Traité de la pomme de terre et de ses emplois, par MM. Payen et Chevallier, 1826, in-8°, avec planches.

Notice sur la culture de la betterave à sucre, par Hannequand-Brame et Chaptal, 1837, Chambéry, imprimerie royale.

Procédés et appareils nouveaux pour la grande et la petite fabrication du sucre indigène, par Dmitri Davidow, 1837, grand in-8°, avec planches.

Traité pratique de la culture et de l'alcoolisation de la betterave, par M. Basset, 1854, in-18.

Traité complet de la fabrication des bières et de la distillation des grains, pommes de terre, betteraves, topinambours, etc., augmenté de la fabrication des vinaigres, par M. Lacambre, ingénieur belge, ancien élève de l'École centrale de Paris, 1856; 2e édit., 2 vol. grand in-8°, avec planches. Cet ouvrage justifie pleinement son titre ; c'est, en effet, sur toutes ces matières, le traité le plus détaillé et le plus complet qui ait paru. Les agriculteurs industriels y trouveront de nombreux renseignements sur toutes les matières alcoolisables, sur les procédés et les rendements. On peut apprécier la manière pratique dont l'auteur traite son sujet par les reproductions qu'il a généreusement autorisées. Cette seconde édition étant épuisée, l'auteur en prépare une troisième, qui sera une bonne fortune dans les tendances actuelles.

Traité complet d'alcoolisation, par M. Basset, 2e édition, 1857, 1 vol. in-18.

Traité des liqueurs et de la distillation des alcools, 1858, 2 vol. in-8°, avec planches, par M. Duplais, auquel nous avons fait aussi d'utiles emprunts.

Enfin le dernier ouvrage paru est le *Traité de la distillation des principales substances qui peuvent fournir de l'alcool,* par M. Payen, 1861, 1 vol. in-8°, avec planches. Ch. BARBIER.

TABLE DES MATIÈRES.